汽车查勘与定损

主　编　赵海宾
副主编　檀彦波

北京理工大学出版社
BEIJING INSTITUTE OF TECHNOLOGY PRESS

内 容 简 介

本书依据事故车辆查勘定损相关的岗位应具备的知识与职业技能要求而编写，扼要介绍了汽车保险理赔基础知识、车险理赔流程、车险查勘定损人员的职业素养。着重介绍了汽车碰撞事故查勘技术及现场查勘技能、汽车配件常识、事故车辆损失评估、水淹车辆损失评估、火灾事故及损失评估等内容。书中有针对性地选择了事故车辆查勘定损的实际案例，以培养读者运用所学的专业知识解决实际问题的能力。

本书主要供高等职业院校汽车保险理赔专业及汽车相关专业教学使用，也可作为财产保险公司、保险公估公司车险查勘、定损、核赔岗位员工的培训教材和自学用书。

图书在版编目（ＣＩＰ）数据

汽车查勘与定损 / 赵海宾主编. --北京：北京理工大学出版社，2016.8（2024.12重印）

ISBN 978-7-5682-2989-0

Ⅰ. ①汽… Ⅱ. ①赵… Ⅲ. ①汽车保险-理赔-中国-高等学校-教材 Ⅳ. ①F842.63

中国版本图书馆 CIP 数据核字（2016）第 202847 号

责任编辑：陈莉华　　　　**文案编辑**：陈莉华
责任校对：周瑞红　　　　**责任印制**：李志强

出版发行 / 北京理工大学出版社有限责任公司
社　　址 / 北京市丰台区四合庄路 6 号
邮　　编 / 100070
电　　话 / （010）68914026（教材售后服务热线）
　　　　　　（010）63726648（课件资源服务热线）
网　　址 / http://www.bitpress.com.cn

版 印 次 / 2024 年 12 月第 1 版第 6 次印刷
印　　刷 / 廊坊市印艺阁数字科技有限公司
开　　本 / 787 mm×1092 mm　1/16
印　　张 / 15
字　　数 / 344 千字
定　　价 / 43.00 元

图书出现印装质量问题，请拨打售后服务热线，负责调换

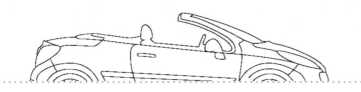

前 言

PREFACE

随着我国汽车工业的快速发展，国内汽车保有量激增，交通事故也随之增加。交通事故车辆的保险理赔，需要保险公司、公估公司和汽车4S店（修理厂）的不同岗位的专业人员完成，与汽车保险理赔相关职业的人员需求量逐年增加，特别是车辆事故查勘、定损与理赔、核赔的专业人员缺口更大。从事汽车事故查勘和定损理赔的人员，除了对汽车的构造和工作原理非常熟悉外，还需要对车身结构、碰撞原理、损坏机理、汽车配件等知识有全面了解。为了培养汽车专业复合型、实用型人才，适合保险公司业务需求，本教材从内容选取上严格把关，根据保险公司车险查勘理赔业务的工作流程，注重车险查勘、定损技能知识，力求使内容组织与工作过程相一致。同时，本书内容完整，系统地讲解了车险理赔的基本流程、汽车意外及交通事故的成因分析、交通事故查勘技术要领、汽车碰撞事故的查勘与损失确定、涉水车辆事故的查勘与定损和自燃火灾车辆的查勘与定损，通过本教材的学习，能够满足学生掌握汽车保险事故的查勘技术和操作技能的需求。

本书立足实际，适应新情，内容简明扼要，博采众长，具有新颖性和实用性较强的特点。

本书共分8个项目，由河北交通职业技术学院赵海宾担任主编，编写了项目二至项目六，并负责确定全书的框架结构，编制学习项目及内容编写要点，最后对全书进行统稿、调整、定稿；中国人保财险河北省分公司檀彦波担任副主编，编写了项目一、项目七和项目八。本书的顺利完稿得到了河北交通职业技术学院骆孟波副教授及中国人保财险河北省分公司的部分同志的大力支持，在此表示感谢。

本书在编写过程中，参考了许多国内外书籍和资料以及一些相关网站资源，在此对原作者表示诚挚的谢意！

由于编者水平所限，书中难免有不当甚至谬误之处，敬请读者批评指正。

编 者

2016.7

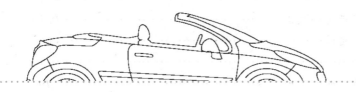

目 录
CONTENTS

目录

项目一

汽车保险理赔概述

项目要求

(1) 了解汽车保险业务的特点。

(2) 理解汽车保险理赔的原则。

(3) 熟悉汽车保险事故类型和报险知识。

(4) 掌握汽车事故保险理赔的服务流程。

(5) 会使用各类查勘设备及工具。

相关知识

一、汽车保险理赔基础知识

(一) 保险的概念

1. 广义的保险与狭义的保险

一般来说，保险（Insurance）有广义和狭义之分。广义的保险是指通过建立专门用途的后备基金或保障基金，用于补偿因自然灾害和意外造成的损失，是为社会安定发展而建立物质储备的一种经济补偿制度。为此，广义的保险包括国家政府部门经办的社会保险、按商业原则经营的商业保险以及由保险人集资合办的合作保险等，范围比较广泛。狭义的保险仅指商业保险，即按照商业化的原则，通过合同的形式，采用科学的计算方法，集合多数单位和个人，收取保险费，建立保险基金，用于在合同范围内的灾害事故所造成的损失进行补偿的经济保障制度。

通过对狭义商业保险分析，可以得到以下结论。

从经济的角度来看，保险是分摊灾害事故的一种方法。保险把具有同样危险威胁的人和单位组织起来，根据保险费率收取保险费，建立保险基金，以补偿财产损失或对人身事件给付保险金，因此保险对现实生活中面临的危险给予了经济保障。

从法律的角度来看，保险是通过合同的形式，运用商业化的经营原则，由保险经营者向投保人收取保险费，建立保险基金，当发生保险责任范围内的事故时或保险条件实现时，保险人对财产的损失进行补偿、对人身伤亡或年老丧失劳动能力时给付的一种经济保障制度。

2. 保险的定义

《中华人民共和国保险法》（以下简称《保险法》）第 2 条规定："保险是指投保人根据合同的约定，向保险人支付保险费，保险人对于合同约定的可能发生的事故因其发生所造成

的财产损失承担配成保险金责任，或者当被保险人死亡、伤残、疾病或者达到合同约定的年龄、期限时承担给付保险金责任的商业保险行为"。

现代保险学认为，保险定义应该包括 4 个方面的内容：一是指商业保险行为；二是合同行为；三是权利义务行为；四是经济补偿或保险金给付以合同约定的保险事故发生为条件。

（二）保险的构成要素

保险的构成要素主要包括 3 个方面，即前提要素、基础要素、功能要素。保险的前提要素是危险的存在。保险的基础要素是众人协力，即多数人参与。保险的功能要素是损失补偿。在保险实务中如何运用三大基本要素，要从以下 5 个方面体现。

1. 可保风险的存在

可保风险是指符合保险人承保条件的特定风险。一般来讲，可保风险需具备以下条件。

（1）风险应当是纯粹风险。保险人承保的风险，只能是仅有损失可能而无获利机会的风险，对于买卖股票而产生的风险，保险人是不承保的。因为投资者既有因股票价格下跌而亏损的可能，又有因股票价格上涨而盈利的机会，所以这是一种投机风险而不是纯粹风险。

（2）风险必须是意外发生的。意外的风险损失不包括必然会发生和被保险人的故意行为造成的风险，诸如货物的自然损耗和机器设备折旧等现象就是必然发生的，还有被保险人的故意行为（如故意纵火行为）造成的火灾损失，均不属于保险人的可保风险的责任范围。但是，在实际业务中，对一些必然发生的风险损失（如自然损耗的必然损失），经保险人同意，在收取适当保险费用后，也可特约承保。而且，保险人也可承保第三人的故意行为或不法行为所引起的风险损失。例如，在保证保险、信用保险中，保险人对由于另一方不履行与被保险人约定的义务，而应对被保险人承担的经济责任给予赔偿。再如，财产保险中的偷盗险，保险承担的赔偿责任也是由于盗贼的故意行为所造成的风险损失。

（3）必须要有大量保险标的均有遭受重大损失的可能性。可保风险必须是大量保险标的都有可能遭受重大损失的风险。因为，如果一种风险只会导致轻微损失，那就无须通过保险求得保障。再者，保险需要以大数法则作为保险人建立保险基金的数理基础，假如一种风险只是个别或者少量标的所具有，那就缺乏这种基础，保险人也就无法利用大数法则计算危险产生的概率和损失程度，从而难以确定保险费率，进行保险经营。

（4）风险的发生具有分散性。这一条件要求损失的发生具有分散性。因为保险的目的，是以多数人支付的小额保费，赔付少数人遭遇的大额损失。如果大多数保险标的同时遭受重大损失，则保险人通过向投保人收取保险费所建立起的保险资金根本无法抵消损失。

（5）风险的发生具有偶然性。如果风险发生及其所致的损失在时间和空间上是预期的、肯定发生的，那保险人就没有承保的必要。

（6）风险的发生具有可预测性。如果风险发生及其所致的损失无法测定，保险人也就无法制定可靠稳定的保险费率，也难以科学经营，这将使保险人面临很大的经营风险。

2. 大量同质风险的集合与分散

保险过程，既是风险的集合过程，又是风险的分散过程。保险人通过保险将众多投保人所面临的分散性风险集合起来，当发生保险责任范围内的损失时，又将少数人发生的损失分摊给全部投保人，也就是通过保险的补偿或给付行为分摊损失，将集合的风险予以分散。因此风险的集合与分散应满足的前提条件是：风险的大量性和风险的同质性。

3．保险费率的厘定

保险费率的厘定就是制定保险商品的价格。保险在形式上是一种经济保障活动，而实质上是一种特殊商品的交换行为，因此，制定保险商品的价格，即厘定保险费率，便构成了保险的基本要素。

4．保险基金的建立

保险基金是指保险人为保证其能够如约履行保险赔偿与给付义务，根据政府有关法律规定或业务特定需要，从保费收入或盈余中提取的与其所承担的保险责任相对应的一定量的基金。为了保证保险公司的正常经营，保护被保险人的利益，各国一般都以保险立法的形式规定保险公司应提存保险准备金，以确保保险公司具备与其保险业务规模相应的偿付能力。

5．保险合同的订立

保险是一种经济关系，是投保人与保险人之间的经济关系。这种经济关系是通过合同的订立来确定的。保险是专门对意外事故和不确定事件造成的经济损失给予赔偿的，风险是否发生，何时发生，其损失程度如何，均具有较大的随机性。保险的这一特性要求保险人与投保人应在确定的法律或契约关系约束下履行各自的权利与义务。倘若不具备在法律上或合同上规定的各自的权利与义务，保险经济关系则难以成立。因此，订立保险合同是保险得以成立的基本要素，它是保险成立的法律保证。

（三）保险的特征

1．经济性

保险的经济性体现为保险产品的商品属性。保险是一种经济保障活动，这种经济保障活动是整个国民经济活动的一个组成部分。此外，保险体现了一种经济关系，即商品等价交换关系。保险经营具有商品属性。

2．互助性

保险的互助性体现在"一人为众，众人为一"的思想。保险在一定条件下，分担了个别单位和个人所不能承担的风险，从而形成了一种经济互助关系。互助性是保险的基本特性。

3．法律性

保险的依法履行体现在保险合同的制约。保险的经济保障活动是根据合同来进行的。所以，从法律角度看，保险又是一种法律行为。

4．科学性

保险的科学性表现为保险费率的厘定、保险准备金的提存。保险费率的厘定、保险准备金的提存等都是以科学的数理计算为依据的，保险是一种科学处理风险的经济方法。

（四）保险的分类

1．按保险的实施方式划分

按保险实施方式划分，可将保险分为自愿保险与强制保险。

（1）自愿保险。自愿保险是在自愿原则下，保险当事人双方在平等互利、协商一致的基础上，根据自愿的原则签订的保险合同。投保人可以自由决定是否投保、向谁投保、中途退保等，也可以自由选择保险金额、保障范围、保障程度和保险期限等。保险人也可以根据情况自愿决定是否承保、怎样承保等。

（2）强制保险。强制保险（又称"法定保险"）是由国家（政府）通过法律或行政手段强制实施的一种保险。强制保险的保险关系虽然也是产生于投保人与保险人之间的合同行为，但是，合同的订立受制于国家或政府的法律规定。强制保险的实施方式有两种选择：一是保险标的与保险人均由法律限定；二是保险标的由法律限定，但投保人可以自由选择保险人。强制保险具有全面性与统一性的特征，如机动车辆交通事故责任强制保险。

2. 按保险的性质划分

（1）商业保险。它是指投保人根据合同约定，向保险人缴纳保险费，保险人对于合同约定的可能发生的事故造成的财产损失承担赔偿责任，或当被保险人死亡、伤残、疾病或达到约定年龄、期限时给付保险金的保险行为，如汽车保险、人寿保险等。

（2）社会保险。它是国家通过立法对社会劳动者暂时或永久丧失劳动能力或失业时提供一定的物质帮助以保障其基本生活的一种社会保障制度。例如，我国根据《劳动保障条例》实施的城镇职工医疗保险、新农村合作医疗保险及职工养老保险等。

（3）政策保险。这是政府为了一定的目的，运用普通保险的技术而开办的一种保险。例如，为辅助农、牧、渔业增产增收的种植业保险；为促进出口贸易的出口信用保险等。

3. 按保险保障的范围划分

按保险保障范围划分，可将保险分为财产保险和人身保险。

（1）财产保险。这里是指狭义的财产保险，它是以有形的财产作为保险标的的保险，保险人承担的保险标的因自然灾害和意外事故而受损失的经济赔偿责任。财产保险是以财产及其有关利益为保险标的的一种保险，包括财产损失保险、责任保险、信用保险等保险业务。财产保险是以各类有形财产为保险标的的财产保险。责任保险是以被保险人对第三者的财产损失或人身伤害依照法律和契约应负的赔偿责任为保险标的的保险。信用保险是以各种信用行为为保险标的的保险。

（2）人身保险。人身保险是以人的生命和身体作为保险标的的保险。人身保险的保险标的无法用货币来衡量，但保险金额可以根据投保人的经济生活需要和交费能力来决定，包括人寿保险、健康保险、意外伤害保险等保险业务。

4. 按风险转移的方式划分

按风险转移方式划分，可将保险分为原保险、再保险、共同保险和重复保险。

（1）原保险。原保险是指投保人与保险人之间直接订立合同，确立双方的权利和义务关系，投保人将危险转移给保险人。在原保险关系中，保险需求者将其风险转嫁给保险人，当保险标的遭受保险责任范围内的损失时，保险人直接对被保险人承担赔偿责任。原保险简称"保险"，平时用得最多的就是原保险。

（2）再保险。再保险是指保险人将所承保到的保险业务的一部分或全部，向另一个保险人再一次保险，也就是保险的保险，这种方式也称"分保"。转让业务的是原保险人，接受分保险业务的是再保险人。这种风险转嫁方式是保险人对原始风险的纵向转嫁，是保险人与保险人之间的业务往来，即第二次风险转嫁。

（3）共同保险。共同保险又称共保，是由多个保险人联合起来共同承担同一标的、同一风险、同一保险利益的保险，并且保险金额不得超过保险标的的价值，发生保险责任时，赔偿是依照各保险人承担的金额比例分摊的。与再保险不同，这种风险转嫁方式是保险人对原始风险的横向转嫁，它仍属于风险的第一次转嫁。

（4）重复保险。重复保险是投保人以同一保险标的、同一保险利益、同一保险事故分别与两个或两个以上保险人订立保险合同的一种保险，并且各保险人承担的保险金额总和大于保险标的的保险价值。重复保险也是投保人对原始风险的横向转嫁，也属于风险的第一次转嫁。

（五）机动车辆保险理赔的意义

机动车辆保险理赔工作是保险政策和作用的重要体现，是指当保险合同所规定的事故发生后，保险人履行合同的承诺，对被保险人提供经济损失补偿或给付的处理程序。保险理赔程序一般是依据保单条款来解释的，由于保单条款一般不列明细节，因而还要按照政府有关法规的规定、法院的判决、有关行业权威部门出具的鉴定或援用过去的惯例等事实酌情处理。

保险汽车在发生风险事故后，被保险人发生的经济损失有的属于保险责任，有的则属于保险责任免除，即使被保险人的损失是由于保险责任，因多种因素和条件的制约，被保险人的损失不和保险人的赔偿额有所差异。所以说，汽车保险理赔涉及保险合同双方的权利与义务的实现，是保险经营中的一项重要内容。

汽车保险理赔的质量，决定于保险人赔案处理的效率和是否履行了保险合同的约定，关系到保险人的成本与信誉，也关系到被保险人的切身利益。所以，汽车保险理赔是整个汽车保险过程中非常重要的一个环节，保险人应当谨慎处理汽车保险理赔事宜。

近年来，由于汽车设计技术和制造技术的发展完善，加之以电子技术为主的高新技术在汽车上的普及应用，使得现代汽车的结构性能日趋合理，因车辆本身的原因导致的交通事故比例呈下降趋势，而由人为因素引起的交通事故则在迅速增加。由于人为因素极其复杂难辨，这种变化无疑增加了汽车保险理赔工作的难度。

投保人购买汽车保险的主要目的是为了在发生保险事故的时候得到保险保障，所以保险车辆发生事故后，保险人应及时履行赔偿责任，因此，保险理赔的意义在于：通过理赔，被保险人所享受的保险利益得到实现；保险人为客户提供服务，为社会再生产过程提供保障；保险承保的质量得到检验；增强人们的法律意识；保险经济效益得到充分体现。

二、汽车保险理赔

（一）汽车保险理赔的原则

汽车保险理赔工作涉及面广，情况比较复杂。为确保汽车保险理赔的快捷与高效，在汽车保险理赔时应遵循以下原则。

1. 重合同、守信用原则

车险理赔是保险人对保险合同履行义务的具体体现。在保险合同中，明确规定了保险人与被保险人的权利和义务，保险合同双方当事人都应恪守合同约定，使保证合同顺利实施。对于保险人来说，在处理各种赔案时，应严格按照保险合同的条款规定，受理赔案、确定损失。该赔的一定要赔，而且要按照赔偿标准赔足；不属于保险责任范围的损失，不滥赔，同时还要向被保险人讲明道理，拒赔部分要讲事实、重证据。只有依法办事、重合同、守信用，才能树立保险的信誉，扩大保险的积极影响。

2. 坚持实事求是原则

在汽车保险合同中虽然对车祸发生后的经济赔偿责任做了明确规定，但是，实际生活中出现的赔案要比人们事先预料的复杂得多，因此，对于一些损失原因复杂的索赔，保险人除了按照条款规定处理赔案外，还须实事求是、合情合理地处理。这就要求保险人在评估事故损失时，既不夸大，也不缩小；在补偿事故损失时，既不惜赔，也不乱赔、滥赔。

3. 坚决贯彻"主动、迅速、准确、合理"的八字理赔原则

"主动、迅速、准确、合理"是保险理赔人员在长期的工作实践中总结出的经验，是保险理赔工作优质服务的最基本要求。

主动是指接到出险通知后，理赔人员应主动热情受理，要积极、主动地进行调查、了解和勘查现场，掌握出险情况，进行事故分析，确定保险责任。对前来索赔的客户要热情接待，多替保户着想，那种接待投保时满面春风，接待索赔时冷若冰霜的"两面人"做法是绝对要不得的。

迅速是指理赔人员接到出险通知后，及时赶赴事故现场，在索赔手续完备的情况下，尽快赔偿被保险人的损失，即办得快、查得准、赔得及时。迅速乃是效率原则的关键，认真执行这两个字，缩短理赔时间，必然能提高保户的满意度。发生保险事故后及时得到赔付，保户感到的是一种安慰，感觉是雪中送炭，他们自然高兴；反之，理赔速度慢如牛，拖拖拉拉，保户"跑断了腿、磨破了嘴"，经过持久战弄得筋疲力尽之后才得到赔付，最后留给他们的印象只能是"想说爱你（保险公司）不容易"。

准确是指在理赔中正确认定责任范围和责任程度，准确核定赔付金额，杜绝差错，保证双方当事人的合法权益。目前，在保险理赔实务中理赔不准确的情况时有发生，表现为同样的案子在不同的保险公司之间掌握的尺度不一样；在公司内部掌握的标准不一样；同一个理赔员在不同的时间掌握的标准不一样。

合理就是要求在理赔工作过程中，要本着实事求是的精神，坚持按条款办事。在许多情况下，要结合具体案情准确定性，尤其是在对事故车辆进行定损过程中，要合理确定事故车辆维修方案。

理赔工作的"八字"原则是辩证的统一体，不可偏废。如果片面追求速度，不深入调查了解，不对具体情况作具体分析，盲目下结论，或者计算不准确，草率处理，则可能会发生错案，甚至引起诉讼纠纷。当然，如果只追求准确、合理，忽视速度，不讲工作效率，赔案久拖不决，则可能造成极坏的社会影响，损害保险公司的形象。

4. 注重《交通事故责任认定书》的证据作用

《交通事故责任认定书》（以下简称《认定书》）对事故当事人和保险当事人在利益调整上起着举足轻重的作用，在保险理赔中是必不可少的证据材料。

根据《中华人民共和国道路交通安全法》（以下简称《交法》）中的有关规定，《认定书》在民事诉讼案中不属于司法审查范围。因其特殊的地位，保险人形成了一种思维定式，在理赔中把它当作具有无可辩驳的证明力的证据来对待，采取了"拿来主义"，给保险企业留下巨大的证据风险和经营风险。因此，对《认定书》不宜采用"拿来主义"，应对其进行证据审查后方可作为证据予以采信，以防范风险。

从事故当事人的情况来看，《认定书》作为证据的真实性受到了影响和破坏，客观上要求保险从业人员对其证据的真实性进行审查。《交法》还规定：经调解未达成协议或调解生效后任何一方不履行的，公安机关不再调解，当事人可以向人民法院提起民事诉讼。可知在

交通事故处理过程中，事故处理机关虽然拥有一定的行政强制措施，但其调解效力弱于司法调解，不具有法律上的强制力，而一旦进入诉讼程序，被保险人的诉讼成本又会相应加大。最明显的一例，对于伤残者或其家属的精神损害赔偿请求，根据《民法通则》和《最高人民法院关于确定民事侵权精神损害赔偿责任若干问题的解释》的有关规定，能够得到法院的支持。而根据各保险公司制定的《机动车辆保险条款》（以下简称《条款》）均规定：因保险事故引起的任何有关精神损害赔偿，保险人不负责赔偿。由于《条款》和有关法律在损害赔偿方面的差异，一定程度上促成被保险人选择行政调解。但是行政调解之路并非坦途，调解时伤残者或其家属不是据其本身在事故中所负责任的轻重通过合法的程序和方式向车方提出合理合法的索赔请求，而是通过某种有形或无形的胁迫手段来逼迫车方就范，达到其目的。一是出于避免进入诉讼程序的考虑，二是想尽快解决事故赔偿纠纷，被保险人往往被迫做出妥协。承担比责任更重的损害赔偿金，这已是非常普遍的事实。另外，在保险赔偿中存有合法却未必合理的现象。也由于前述的原因，在被保险人支付给第三者的赔偿额一定的情况下，责任轻，获得的保险赔偿少；责任重，获得的保险赔偿多；保险成了一个经济杠杆，无形中鼓励车方承担更重的事故责任，在赔偿中处于更有利位置，这也是不争的事实。"两害相权取其轻，两利相衡取其重"。因此，对于保险车辆与未保险车辆、行人之间发生的交通事故，尤其是在车方投保了无免赔责任险的情况下，当事人采取故意破坏、伪造现场、毁灭证据、当事人一方有条件报案而未报案或未及时报案的情形，或其他情形，驾驶员主动包揽起事故的全部责任或主要责任，为在以后的保险理赔中获取更多的利益奠定好证据基础，这类情形也是屡见不鲜的。

从责任认定主体的情况看，《认定书》的真实性受到了影响和破坏，同样须进行证据审查。客观上说，《认定书》是责任认定人根据现场查勘材料结合有关法律法规，对当事人在交通事故中所起的作用做出的定性定量分析结论，与其他材料相比，应该说具有不可比拟的优越性、权威性、客观性，其可信度高，但这并不能代表它的全部。《认定书》能否反映事故的客观情况，受多方面因素的制约。一是实践经验，经办人员能否搜集到全面充足的现场材料，能否由表及里，去粗取精，去伪存真，提出反映事故本来面目的客观材料；二是法律知识和相关专业知识，经办人员能否把手中的材料与有关法律法规有机结合；三是职业道德因素，经办人员能否不徇私情，不谋私利，秉公执法；四是认定程序和取证方法，一份合格的法律文书或行政文书的内容是否合法，不仅要主体合法，还要程序合法。因此，《认定书》不可避免地受主、客观因素的制约，在一定程度上具有很大的随意性和主观性。毋庸讳言，如机动车辆与行人之间发生的交通事故，认定人在感情上往往倾向于伤者这个弱势群体，也为了利于其自身更快捷地进行损害赔偿的调解工作，在划分责任时自然或不自然地向有利于伤者方发生偏移。

综上所述，这种受事故当事人的故意行为，责任认定人的故意行为或失职行为，而出具的《认定书》，从形式上看是合法的，但其内容却无法反映客观真实性。因此，《认定书》作为理赔的证据，显而易见不合适。其原因如下。

1）偏离了证据的基本属性——真实性

我国的《民事诉讼法》第 63 条、《刑事诉讼法》第 42 条和《行政诉讼法》第 31 条均规定，证据必须查证属实后，才能作为定案的依据。保险活动作为重要的民事活动，同样也不例外。不进行证据审查而采信，与有关法律法规的精神相违背。《民法通则》第 4 条规

定，民事活动应遵循自愿、公平、合理、诚实信用的原则；《合同法》第 5 条规定，当事人应当遵循公平原则确定各方的权利和义务；第 52 条第二、三款规定，恶意串通、损害国家集体或者第三人利益的，以合法形式掩盖非法目的，合同无效。《保险法》第 4 条、第 5 条规定，从事保险活动必须遵守法律、行政法规，遵循自愿和诚实信用的原则。《认定书》实质是被保险人借助形式上合法的法律文件把该由自身承担的社会成本和法律成本转嫁到保险公司承担，无疑加大了保险人的经营成本和经营风险，违背了法律规定的公平原则和最大诚信原则。

2）《认定书》直接关系到保险当事人的切身利益

《条款》规定：根据保险车辆驾驶人员在事故中所负责任，车辆损失险和第三者责任险在符合赔偿规定的金额内实行绝对免赔率，负全部责任的免赔率为 20%，负主要责任的免赔率为 15%，负同等责任的免赔率为 10%，负次要责任的免赔率为 5%。因此，必须采取审慎认真、客观全面、科学公正的态度来认定事实、划分责任、采信证据，才能使保险双方当事人的利益都能得到保护，同时遏制事故当事人和责任认定人对事故责任认定的随意性。

对于《认定书》，尽管保险人无权改变其属性，但对保险人仍应有积极作用。

（1）有权决定是否采信。根据《民事诉讼法》第 67 条规定，经过法定程序公证证明的法律行为、法律事实和文书可以采信。但有相反证据，足以推翻公证证明的除外。因此，要求保险人提高现场查勘效率，掌握第一手资料。一方面在《认定书》出具前起到监督作用，另一方面在事后作为理赔审查的材料，为不采信提供"足以推翻公证证明"的依据。

（2）在保险条款上给予完善。对于车辆和财产损失的核定，《条款》上有明确规定，保险人有权重新核定或拒绝赔偿。对于《认定书》与事实明显不符，或重大不符的，《条款》宜同样做出规定，对涉及保险理赔范围内的责任认定事宜，保险人有权依据事实重新核定或拒绝赔偿。

（3）充分利用法律武器，打击骗赔行为。依据《保险法》和《刑法》等法律法规的有关规定，对于采取伪造、变造与保险事故有关的证明、资料和其他证据，或者指使、教唆、收买他人提供虚假证明、资料及其他证据，编造虚假的事故原因，夸大损失程度，骗取保险金的行为，应依法予以处理。

总之，遵循车险理赔原则进行处理赔案的根本目的是让保险公司和保户双方都满意，尤其是让保户满意。因为被保险人往往因保险事故的发生而使心理上处于惊恐的失衡状态，而理赔会使受损的企业绝处逢生，使惨遭不幸的家庭得到拯救，理赔为出险的保户送去了金钱，送去了关心和问候，送去了保险人的浓浓亲情，能使被保险人受伤的心灵得到抚慰，所以，对保户来说，他们最关心的莫过于出了事故后能否得到赔偿，赔偿是否及时、准确，所以说，最简单的理赔宗旨是：以主动、热情、诚恳的工作态度，在尽可能短的时间内，最大限度地让保户得到其应有的保障。

（二）汽车保险理赔的特点

理赔工作人员了解和掌握车险理赔特点是做好汽车理赔工作的前提和关键，因此，要求理赔人员对车险理赔特点必须有一个清醒和系统的认识。汽车保险与其他保险不同，其理赔工作具有显著的特点，具体如下。

1. 被保险人的公众性

我国汽车保险的被保险人以前主要是企事业单位，但是，随着私家车数量的增加，被保险人中私家车车主的比例正在逐年增加。由于这些被保险人文化、知识和修养的局限，再加上他们对保险、交通事故处理、车辆修理等方面知识的匮乏，使得他们购买保险具有较大的被动色彩。另外，由于利益的驱动，使得检验和理算人员在理赔过程中与其交流时存在较大的障碍。

2. 损失率高且损失幅度较小

汽车保险的另一个特征是保险事故损失金额一般不大，但是，事故发生的频率高，保险公司在经营过程中需要投入的精力和费用较大。另外，从局部看个案的赔偿金额虽然不大，但小案件小赔偿积少成多也将对保险公司经营产生不利影响，所以保险公司同样应予以足够重视。

3. 标的流动性大

由于汽车的功能特点，决定了其具有相当大的流动性。因此，汽车发生事故的地点和时间具有不确定性，这就要求保险公司必须拥有一个强大的服务网络来支持它的理赔服务，做到随时随地都能接受报案并予以及时处理。这就需要有一个全天候的报案受理机制和庞大而高效的检验网络。

4. 受制于修理厂的程度较大

由于汽车保险中对车辆损失的赔偿方式多以维修为主，所以修理厂在汽车保险的理赔中也扮演着重要的角色，其修理价格、工期和质量直接影响汽车保险的服务。因为，大多数被保险人在发生事故后，均认为由于有保险，保险公司就必须负责将车辆修复，所以，在车辆交给修理厂之后就很少过问，一旦出现质量或工期甚至价格等问题时，均将保险公司和修理厂一并指责。而事实上，保险公司在保险合同项下承担的仅仅是经济补偿义务，对于事故车辆的修理以及相关的事宜并没有负责的义务。

5. 道德风险普遍

在财产保险业务中，汽车保险是道德风险的"重灾区"。这主要是由于汽车保险具有标的流动性强、户籍管理中存在缺陷、保险信息不对称、汽车保险条款不完善、相关法律环境不健全的特点，这从很大程度上给了不法之徒可乘之机。

三、汽车保险事故的类型及报险

（一）汽车保险事故的类型

1. 保险公司最常用的分类方法

保险事故一般可分为单方事故和双方（多方）事故两种。

（1）单方事故。仅有一辆被保险车辆，无其他机动车参与而导致的损害或伤害。如被保险车辆与电线杆、树木、护栏、墙壁等发生的事故。

（2）双方（多方）事故。被保险车辆与其他一辆或多辆机动车之间发生保险合同约定的危险，而造成的损害或伤害后果，如两车相撞、多辆车追尾等事故。

另外，在查勘工作中，若有一种事故损失应该由第三者赔偿，却找不到第三者，如有标的车在停放中被擦碰，这种事故称为"无法找到第三者"事故。

2. 公安局最常用的分类方法

公安局最常用的分类方法是按事故后果分类，可以分为以下 4 种。

（1）轻微事故。轻微事故是指一次造成轻伤 1～2 人，或财产损失，机动车事故不足 1 000 元，非机动车不足 200 元的事故。

（2）一般事故。一般事故是指一次造成重伤 1～2 人，或轻伤 3 人以上，或财产损失不足 3 万元的事故。

（3）重大事故。重大事故是指一次造成死亡 1～2 人，或重伤 3 人以上 10 人以下，或财产损失 3 万元以上不足 6 万元的事故。

（4）特大事故。特大事故是指一次造成死亡 3 人以上，或重伤 11 人以上，或死亡 2 人同时重伤 5 人以上，或财产损失 6 万元以上的事故。

（二）汽车保险事故报险

1. 报险的定义

保险事故发生后，被保险人或受益人应当将保险事故发生的时间、地点、原因及造成的损失，以最快的方式通知保险人，便于保险人及时调查核实，确认责任。同时，被保险人或受益人也应当把保险单证号码、保险标的、保险险种险别、保险期限等事项一并告知保险人。

如果保险标的在异地出险受损，被保险人应向原保险人及其出险当地的分支机构或其代理人报案并提出索赔要求。这就是通知出险，简称为"报险"。

2. 交通事故报险五原则

交通事故报险应坚持以下原则。

（1）无论是单方事故还是双方事故，假如造成了人员伤亡，一定要在向保险公司报险的同时拨打 122 交通事故报警电话，通知交通警察勘查现场，判定双方责任，确定赔付比例。同时，应在第一时间救治伤者。

（2）事故发生后，在报险之前尽量不要移动车辆，以免破坏现场及相关痕迹，为保险公司及交通警察勘查现场增加难度，影响事实及责任的判定。当然，假如责任明确，必要时在保证损失不扩大的前提下，可以对车辆进行合理移动。

（3）随身携带有摄影摄像器材的当事人，可在事故发生报险后自行拍摄现场情况，留下影像资料。

（4）事故发生后，当事人尽可能第一时间亲自向保险公司打电话报险，并如实说明事故经过，不得隐瞒相关信息或欺骗保险公司。

（5）驾驶员应随身携带自己的身份证、驾驶证以及被报险车辆的行驶证和保险卡，以便保险公司确认当事人身份以及是否投保车辆。

3. 不同事故的报险方式

（1）单方财产损失。现场拨打被保险车辆投保公司的报险电话。

（2）多方财产损失。如果是多方车辆发生交通事故（追尾事故除外），需要第一时间拨打公安交通管理部门交通肇事电话 122 报案，出具责任判定书。有责任的一方或多方需要通知自己的保险公司进行现场查勘。

（3）多方财产损失与人员伤亡。此类事故原则上要以保证受伤人员生命安全为第一位，事故处理比较复杂，建议如有此类事故，要及时通知被保险车辆投保的相关人员或者经销商。

4．报险的三要素

（1）报险时机。保险事故发生后，在 24 h 之内通知警察，在 48 h 内通知保险公司。

（2）常见报险方式。有电话报险、网上报险、传真报险、到保险公司报险和理赔人员转达报险 5 种。

（3）报险时应陈述的要素。报险时被保险人应说明事故的发生地点、时间、车型、车牌号码、事故起因、有无发生火灾或爆炸、有无人员伤亡、是否已造成交通堵塞等；保险人应说出出险人员的姓名、性别、年龄、住址、联系电话并待对方挂断电话后再挂机。

5．报险注意事项

（1）事故发生后，应妥善保护好现场，在 24 h 之内通知警察，无现场无交通警察处理的案件，保险公司原则上不予受理。

（2）事故发生后，必须及时向保险公司报险，报险时限为事故发生后 48 h 内。

（3）车（物）在修理之前必须先经保险公司定损。

四、查勘定损常用工具和装备

（一）举升架

1．举升架的用途

举升架并不经常使用，但专门用来检查和记录底盘的损坏程度。当检查底盘损伤时应配备良好的照明条件。

2．举升架的使用方法

（1）使用前应清除举升机附近妨碍作业的器具及杂物，并检查操作手柄是否正常。

（2）操作机构灵敏有效，液压系统不允许有爬行现象。

（3）车辆驶入后，应将举升机支撑块调整移动对正该车型规定的举升点。

（4）支车时，4 个支角应在同一个平面上，调整支角胶垫高度，使其接触车辆底盘支撑部位，支起后 4 个托架要锁紧。

（5）举升时人员应离开车辆，举升到需要高度时，必须插入保险锁销，并确保安全可靠后才可开始车底作业。

（6）举升要稳，降落要慢，且不得频繁起落。

（7）有人作业时严禁升降举升机。

3．举升架的保养

（1）发现操作机构不灵，电机不同步，托架不平或液压部分漏油，应急时保修，不得带故障操作。

（2）作业完毕后要清除杂物，并打扫举升机周围以保持场地整洁。

（3）定期（半年）排除举升机油缸积水，并检查油量，油量不足时应及时加注相同牌号的压力油，同时应检查润滑举升机传动齿轮及链条。

（二）千斤顶

1．千斤顶的用途

在没有举升架的情况下，可通过千斤顶将汽车举升，然后进行全面的汽车底部损坏检

查。为方便进入汽车底部检查，可用一个滑动躺板作为辅助工具。

2. 千斤顶使用的注意事项

（1）在进行车身底部检查之前，先要确保汽车已可靠地支撑，确保汽车的损坏不影响到举升设备的正常工作及查勘人员的安全。

（2）在检查密封或遮光部位时必须要用到工作灯或手电筒。

（3）搞好防护工作，防止泄漏液体、损坏零件对查勘员的损伤。

（三）卷尺和滑规式测尺

在通过几个矫准控制点对车身变形量进行检查时，要用到卷尺和滑规式测尺。同时，在对控制点进行测量时，应备有记录测量信息的纸张。

（四）其他常备工具

1. 数码相机

车损照片是必不可少的理赔资料，近年来为方便计算机管理，便于网上传输，数码相机被广泛应用于车险理赔工作中。为了现场查勘的顺利进行，查勘前需先检查好数码相机电池电量、性能、存储卡容量等。

2. 移动电话

与客户的及时沟通，对减少车损及顺利进行理赔工作非常重要。移动电话已成为车险理赔工作的常备工具。上岗前检查电池的电量、携带的耳机及车载充电器等必备附件，方便与客户的及时、有效沟通。

3. 照明设备

夜间出险现场还应该备有电力足、亮度够的手电筒、小型发电机及照明设备。

4. 相关单证

相关单证包括索赔须知、查勘报告、出险通知书等。

五、理赔工作的道德风险与规避

（一）理赔工作人员应具备的条件

保险公司一般都有专职的理赔人员，经营规模较大的公司都设有理赔部门专门处理赔案工作。机动车辆理赔工作是一项技术性、业务性都很强的工作。因此，要求从事机动车辆理赔的工作人员必须具备以下条件。

1. 廉洁奉公、秉公办事、认真负责

在理赔工作中，理赔人员接触对象广泛，要同保户、修理厂直接打交道。在与不同对象的接触中，有的人为达到其目的，会以请客送礼、行贿等手段拉拢理赔人员。也有个别保户，更多的是第三者受害方无理要求，态度蛮横。这就对理赔工作人员提出很高的要求。

（1）热爱机动车辆理赔工作，且有从事机动车辆技术工作的实践经验，有一定的工作能力。

（2）热爱保险事业，关心和维护保险公司声誉，为人正派，实事求是，坚持真理。

（3）自觉服从领导，遵纪守法，团结同志，要有任劳任怨的奉献精神，严格按照理赔人员工作守则行事。

2. 精熟条款、实事求是处理赔案

赔案的根据是保险合同条款，理赔人员必须认真领会和掌握保险条款。

在现场查勘时，对事故现场情况进行客观地、实事求是地研究分析，在搞清事故出险原因、确定是否属于保险责任后，应合理地确定损失程度，详细鉴定修理范围，制定合适的维修方案。特别是涉及第三者的损失，要本着实事求是精神慎重处理。

3. 熟练掌握有关专业知识

机动车辆种类繁多，车型复杂，特别是进口车型，要达到定责定损合理、准确，则要求理赔人员熟练掌握事故现场查勘要领，掌握和了解我国的道路交通法规及道路交通事故处理办法，熟悉机动车辆构造及其工作原理，了解事故车辆修理工艺，准确核定修理方式、工艺及准确掌握汽车配件价格，了解汽车配件市场动态。

另外，道路交通事故往往涉及第三者的人身伤亡、财产损失以及车上货物损失和人员伤亡。因此，要求理赔人员还要了解和掌握很多相关的知识及赔偿标准。

一般来讲，理赔工作质量高低、能否把好理赔出口关，往往取决于理赔人员对所涉及的专业知识熟悉和掌握的程度。如果不懂有关专业知识，定责定损时就会无说服力，人云亦云，不可避免要出现漏洞，影响保险公司的声誉及经济效益。

4. 查勘定损岗位职责

负责现场查勘取证，核实出险标的，核对现场和碰撞痕迹，判断事故真实性质，判断事故责任和保险责任。

拓印和拍照标的车 VIN 码、发动机号码，查勘受损车辆车损、财物损失、人伤损失情况，确定事故损失金额。

指导保户填写《机动车辆保险索赔申请书》或打印《机动车辆保险索赔申请书》，交保户签章，并告知保户索赔流程和所需的单证及材料。

及时处理受理案件，坚决杜绝案件积压，保证及时立案率和理赔时效。

协调好保户、维修厂、保险公司三者之间的关系。

（二）车险理赔中的道德问题及防范

1. 车险理赔中的道德问题

1）为追求利益擅自从中作梗

为追求利益擅自从中作梗是指修理企业为降低成本，追求修理企业利益最大化，对碰撞损坏的部件，要求一概更换，或者使用报废件或副厂配件代替原厂配件，严重侵害车主和保险公司的利益，这种现象在车险理赔中常见。实际中，有些部件只需进行简单维修就能恢复使用性能，也不影响汽车的行驶安全性。

2）节省扣除款

节省扣除款是指客户为了节省免赔款，要求修理企业作假来欺骗保险公司，这是最普遍的方法。例如，一个修理企业确定修理费为 80 元，而客户要求将修理费改为 100 元，这样客户便可以获得 20 元的免赔款。为了避免这种现象的发生，就需要理赔人员有一双明亮的眼睛，有很强的业务能力及良好的职业道德。

3）搭车维修

搭车维修是指客户利用保险条款的全额支付机会让修理企业翻新汽车，或让修理企业修理与事故无关的损坏件，或者索赔同一损坏零件的双份保险的方式。例如，一辆汽车的车门板受到轻微的损坏，车主办理了保险索赔单后，并没有维修车门；几个月后，在另一起交通事故中又撞到了该车门，于是该车经鉴定后进行修理，但总修理费用中已包括上次轻微损坏的修理费。

4）冒名顶替

冒名顶替是指出险时受损标的未投保，或驾驶员饮酒，出险后假借其他投保人名义或更换驾驶人员到保险公司索赔。

5）虚假理赔

虚假理赔是指保险公司内部人员勾结投保人，故意编造未发生的保险事故或者改动有关文字资料，骗取保险金归个人所有。

2．道德问题产生的原因

1）调查难度加大

查勘和核赔工作的难度大，以及缺少社会相关部门对理赔调查工作的支持与协作，是促使道德问题产生的重要原因。因为在具体调查核赔的过程中，并不是所有的相关部门都支持保险公司的工作，再加上"24 h取赔款"等快速理赔条例的出现，都大大增加了保险公司的经营风险。

2）查勘力量薄弱

由于业务量庞大、人员短缺，保险公司往往不能第一时间赶赴现场进行查勘，这给了骗赔者可乘之机。在处理理赔案的过程中，按照理赔原则，应双人查勘，逐级审批，但实际上，少数公司出现了从出险到赔偿整个理赔过程均由一个人经办的现象，一人查勘，一人定损，一人核赔，这也是造成理赔道德问题的重要原因。

3）法制观念淡薄

一些理赔员在长期定损工作中经不起利益的诱惑，相关部门忽视对理赔人员的道德及法制教育，常导致理赔人员产生道德问题。

3．道德问题的防范方法

为了防范车险理赔中的道德问题，第一，要加强理赔人员道德及法制教育，在理赔员与修理企业的谈判过程中减少个人主观意愿的介入；第二，建立、健全定点维修厂的监管机制，促使行业主管部门尽快出台相关标准，结束各保险公司各自为政的局面；第三，提高理赔人员专业素质，鼓励理赔员和维修人员参加培训，提高业务能力；第四，健全定损员监督机制。通过岗位轮换、交流等方式，对理赔员的工作进行监督，避免理赔员与修理企业之间产生"默契"；对高额定损案件应不定期进行数据分析，对定损金额时常高于平均水平的理赔员及维修厂应进行特别监督。

 复习思考题

一、简答题

1．汽车保险理赔的意义是什么？

2．汽车保险理赔应遵循哪些原则？

3．汽车保险理赔的特点有哪些？

4．汽车保险业务中面临哪些道德风险？应如何防范？

二、填空题

1. 汽车保险的保费收入占到财险公司总保费收入的_____以上，成为财险公司的"晴雨表"。

2. 机动车辆保险理赔工作是保险_____和_____的重要体现。

3. 汽车保险理赔的质量，决定于保险人赔案处理的_____和是否履行了_____的约定，关系到保险人的成本与信誉，也关系到被保险人的切身利益。

4. 汽车发生事故的地点和时间具有_____性，这就要求保险公司必须拥有一个强大的服务网络来支持他的理赔服务，做到随时随地都能接受报案并予以及时的处理。

三、单选题

1. "主动、迅速、准确、合理"的八字理赔原则的合理是指（   ）。

A. 公平公正　　　　B. 合乎情理　　　　C. 实事求是　　　　D. 控制风险

2. 由于汽车保险中对车辆损失的赔偿方式多以维修为主，所以（   ）在汽车保险的理赔中也扮演着重要的角色，其修理价格、工期和质量直接影响汽车保险的服务。

A. 保险人　　　　B. 修理厂　　　　C. 被保险人　　　　D. 保险公估人

四、多选题

1. 通常被保险人报案时可采取的报案方式有（   ）。

A. 客户上门报案　　　　　　　　　　B. 客户电话报案

C. 客户传真方式报案　　　　　　　　D. 互联网报案

2. 由于汽车保险具有标的（   ）、相关法律环境不健全的特点，所以成为道德风险的"重灾区"。

A. 流动性强　　　　　　　　　　　　B. 户籍管理中存在缺陷

C. 保险信息不对称　　　　　　　　　D. 保险条款不完善

五、实践题

模拟接、报案处理过程。

某日，某保险公司报案中心接到保户报案。保户称：其驾驶的一辆奥迪 A6 自动挡轿车在行驶途中不小心托底，停车查看，车下有漏油痕迹。

请问：您作为接线员应如何处置？

项目二
车险理赔流程介绍

项目要求

（1）了解车险理赔流程中各环节的特点。

（2）掌握汽车事故保险理赔的服务流程。

（3）熟悉定损和核损的具体流程。

（4）了解车险理赔岗位中的职能。

相关知识

车险理赔是由一系列的理赔岗位共同协作来完成的。车险理赔岗位一般包含理赔接报案、调度、查勘、定损、核损、报价、理算、核赔、结案支付等环节。在我国，各家保险公司虽因其规模、管理要求的不同，上述车险理赔的岗位名称或具体职责略有不同，但理赔的基本流程是一致的。

一名合格的定损员不仅要掌握本岗位的工作规范，还要对车险理赔的其他岗位工作职责有所了解。这样既有助于做好本职工作，也有助于为其他岗位提供更全面、翔实的查勘定损资料。图2-1所示为车险理赔整体流程示意。

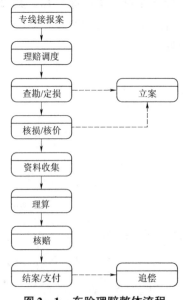

图2-1 车险理赔整体流程

一、接报案

保险理赔服务专线是接受客户出险报案的中心，也是保险公司联系客户的重要环节。接报案人员在受理客户报案时应认真做好报案记录工作，主要有以下几项内容。

（一）工作职能

（1）负责受理、记录客户报案信息。

（2）如实告知客户相关权益，提醒客户注意事项。

（3）负责对客户进行差异化理赔服务和索赔流程引导。

（4）负责对通过报案渠道获得的各类重大或特殊案件进行及时记录并上报。

（二）询问案情信息

询问案情时应主要了解以下信息。

1．报案人信息

报案人信息包括报案人姓名、报案人联系电话、联系人姓名及联系人电话等。

2．出险信息

出险信息包括出险日期、出险时间、出险地点、出险原因、本车责任、是否交强险责任、事故概况及事故涉及的损失等。

3．保险车辆的有关信息

保险车辆有关信息包括保单号码、被保险人名称、车牌号码、牌照底色和厂牌型号等。应确认报案人提供的保单信息与报案系统带出的保单信息是否一致。涉及主车和挂车事故的案件，应同时了解挂车有关信息。

4．第三方车辆信息及驾驶人员信息

对于涉及第三方车辆的事故，应询问第三方车辆的车型、车牌号码、牌照底色以及保险情况（提醒报案人查看第三方车辆是否投保了交强险）等信息。

5．记录事故处理结果

记录事故处理结果包括记录是否报警、交警对责任的初步意见、事故车辆的位置（现场、停车场、修理厂等）。

6．接报案人员认为有助案情了解的其他信息

（三）查询承保信息

根据报案人提供的保单号码、车牌号码、牌照底色、车型、发动机号等关键信息，查询出险车辆的承保情况和批改情况。特别注意承保险种、险别、保险期间以及是否通过可选免赔额特约条款约定了免赔额。

（四）查询历史出险、赔付信息

查询出险车辆的历史出险、报案信息（包括作为第三者车辆的出险信息），核实是否存在重复报案。

对两次事故出险时间相近的案件，应认真进行核查，并将有关情况在第一时间告知查勘、定损等相关岗位人员进一步调查。

（五）告知客户注意事项

（1）发生机动车之间的碰撞事故的，应告知客户先报警。对符合交强险"互碰自赔"

条件的案件应引导客户按相关规定进行处理。

（2）如当事人采取自行协商方式处理交通事故，应告知双方在事故现场或现场附近等待查勘人员；或在规定时间内共同将车开至约定地点定损。

（3）对于涉及人员伤亡，或事故损失超过交强险责任限额的，应提示报案人立即通知公安交通管理部门。

二、调度

（一）调度工作职能

（1）负责受理接报案岗提交的各类报案调度请求，根据调度规则以系统推送、电话、短信等形式通知查勘定损和人伤跟踪人员进行事故处理。

（2）负责受理报案岗提交的客户救援、救助请求，联系并调度协作单位开展相关工作。

（3）按调度工作流程（图2-2）对调度信息进行记录，并及时向客户反馈调度信息。

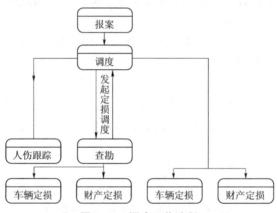

图2-2　调度工作流程

（二）调度工作要点

（1）判断报案信息是否完整、规范，如报案信息不规范且影响调度工作的，将报案信息补充完善。

（2）接到调度任务或需求时应迅速、准确、完整地进行调度，并及时通知被调度人员，登记后续处理人员及联系方式。

（3）调度时需要根据报案信息判断调度类型，调度类型分为查勘调度、定损调度和人伤跟踪调度，并按调度模式和规则进行任务调度。

（4）调度任务改派和追加时应及时通知后续处理人员，调度任务注销时应填写原因。

（5）做好调度后续跟踪工作，做好调度及其相关环节的流程监控。

（6）做好差异化客户识别，衔接好报案与查勘、定损、人伤跟踪等环节之间差异化流程适用的相关工作。

（7）客户及查勘人员需要提供救助服务的，应立即实施救助调度，通知施救单位，登记相关救援信息。

（8）确保掌握调度工作期间被调度人员的值班情况，协同理赔部门优化规范调度规则。

（9）当遇到特殊天气，报案量异常增多时，根据分公司安排，及时启动极端天气应急预案，并做好相关工作流程的衔接。

三、查勘

（一）查勘工作职能

（1）接受查勘任务，联系报案人，实施查勘并协助客户进行现场施救。

（2）核实事故真实性，收集事故相关信息，拍摄查勘照片，初步判断保险责任。

（3）指导客户填写"索赔申请书"，告知客户后续处理流程和咨询途径。

（4）绘制现场示意图，完成查勘报告。

（5）查勘结束后，及时录入理赔系统。

查勘工作流程如图2-3所示。

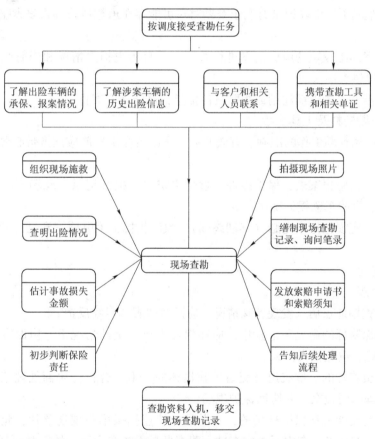

图2-3 查勘工作流程

（二）查勘工作要点

1. 查勘前的准备

1）查阅抄单

（1）保险期限。查验保单，确认出险时间是否在保险期限之内。对于出险时间接近保险起止时间的案件，要做出标记，重点核实。

（2）承保的险种。查验保单记录，重点注意以下问题：车主是否只投保了交强险及第三者责任险；对于报案称有人员伤亡的案件，还应注意车主是否投保了车上人员责任险，车上人员责任险是否指定座位；对于火灾车损案件，注意是否承保了自燃损失险等。

（3）保险金额、责任限额。注意各险种的保险金额、责任限额，以便在现场查勘时做到心中有数。

2）阅读报案记录

报案记录包括以下内容。

（1）被保险人名称，保险车辆车牌号。

（2）出险时间、地点、原因、处理机关、损失概要。

（3）被保险人、驾驶员及当事人的联系电话。

3）查询涉案车辆历史出险记录

查询涉案车辆历史出险记录有利于查勘时对可能存在道德风险和重复索赔的案件进行重点跟踪。

（1）对报案间距较短的历史信息进行查阅，了解历史损失情况和当时照片反映的车况车貌，为查勘提供参照。

（2）查阅涉案车辆近期注销或拒赔案件信息，严防虚假案件。

4）携带查勘资料及工具

为了保证现场查勘工作的准确、有效开展，查勘员在出发前应该携带必要的相关资料和查勘工具。

（1）资料。出险报案表、保单抄件、索赔申请书、报案记录、现场查勘记录、索赔须知、询问笔录、事故车辆损失确认书等。

（2）工具。定损笔记本电脑（移动终端）、数码相机、手电筒、卷尺、砂纸、笔、易碎贴、记录本等。

2. 现场查勘

1）现场处理

（1）到达查勘地点后，发现特殊情况，应及时向服务专线反馈。

（2）如果保险标的尚处于危险中，应在保证人员安全的情况下，协助客户采取有效的施救、保护措施，避免损失扩大。

（3）有人员伤亡的、造成道路交通设施损坏的、不符合自行协商处理范围的，应提醒客户向交通管理部门报案，并协助保护现场。

（4）因阻碍交通无法保护现场的，查勘员可快速拍摄第一现场照片，允许驾驶员将车移至不妨碍交通的地点，在附近等候查勘；若查勘员无法在合理的约定时间赶到现场的，可商定请被保险人或当事驾驶员拍摄现场照片，并将受损车辆移至约定定损点进行第二现场查勘，若有必要可约定时间回到出险地补勘复位现场。

2）查明肇事驾驶人、报案人的情况

（1）查验肇事驾驶人和报案人的身份，核实报案人、驾驶人与被保险人的关系。

（2）注意驾驶人员是否存在饮酒、醉酒、吸食或注射毒品、被药物麻醉后使用保险车辆情况，是否存在临时找他人顶替真实驾驶人员的情况。

（3）驾驶证是否有效，一般指驾驶证正页上有效日期是否过期；驾驶的车辆是否与准驾车型相符；驾驶人员是否被保险人或其允许的驾驶人；驾驶人员是否为保险合同中约定的驾驶人；特种车驾驶人是否具备国家有关部门核发的有效操作证；营业性客车的驾驶人是否具有国家有关行政管理部门核发的有效资格证书等。

3）查验出险车辆情况

（1）确认保险标的车辆信息。查验事故车辆的保险情况，号牌号码、牌照底色、发动机号、VIN 码/车架号、车型、车辆颜色等信息，并与保险单、证（批单）以及行驶证所载内容进行核对，确认是否就是承保标的。

（2）查验保险车辆的行驶证。查验行驶证是否有效，一般指行驶证副页是否正常年检；行驶证车主与投保人、被保险人不同的，车辆是否已经过户；车辆已经过户的，是否改变车辆使用性质并经保险人同意通过批单对被保险人进行批改。

（3）查验第三方车辆信息。涉及第三方车辆的，应查验并记录第三方车辆的号牌号码、车型以及第三方车辆的交强险保单号、驾驶人姓名、联系方式等信息。

（4）查验保险车辆的使用性质。应查验车辆出险时使用性质与保单载明的是否相符（两种常见的使用性质与保单不符的情况：① 营运货车按非营运货车投保；② 非营运乘用车从事营业性客运）；是否运载危险品；车辆结构有无改装或加装；是否有车辆标准配置以外的新增设备（详见交通管理部门《机动车登记规定》）。

4）查明出险经过及事故情况

（1）核实出险时间。对出险时间是否在保险有效期限内进行判断，对接近保险起讫期出险的案件，应特别慎重，认真查实。对出险时间和报案时间进行比对，看是否超过 48 h。了解车辆启程或返回的时间、行驶路线、委托运输单位的装卸货物时间、伤者住院治疗的时间等，以核实出险时间。

（2）核实出险地点。查验出险地点与保险单约定的行驶区域范围是否相符；出险地点是否是营业性修理场所；是否擅自移动现场或谎报出险地点。

（3）查明出险原因。结合车辆的损失状况，对报案人所陈述的出险经过的合理性、可能性进行分析判断，积极索取证明、收集证据。注意：驾驶人员是否存在醉酒或服用违禁药物后驾驶机动车的情况（特别是节假日午后或夜间发生的严重交通事故）；是否存在超载情况（主要是涉及大货车的追尾或倾覆事故，需要对货物装载情况进行清点）；是否存在故意行为（一般是老旧车型利用保险事故更换部分失灵配件或者已经索赔未修理车辆通过故意事故重复索赔）；对于服务专线提示出险时间接近的案件，须认真核查两起报案中事故车辆的损失部位、损失痕迹、事故现场、修理情况等，确定是否属于重复索赔。

（4）查明事故发生的真实性，严防虚假报案。发生碰撞的，要观察第一碰撞点的痕迹是否符合报案人所称的与碰撞物碰撞后所留痕迹，比如因碰撞物的不同，碰撞点往往会残留一定的灰屑、砖屑、土屑、油漆等；发生运动中碰撞的，要重点考虑碰撞部位，比如追尾事故因后车在碰撞时紧急制动会导致车头下沉，受损部位往往在保险杠以上更为严重；要对路面痕迹进行仔细观察，保险车辆紧急制动时会在路面留有轮胎摩擦的痕迹，有助于判断车辆发生碰撞前的行驶轨迹。

（5）对存在疑点的案件，应对事故真实性和出险经过进一步调查，可查找当事人和目

击者进行调查取证，并作询问笔录。

（6）如被保险人未按条款规定协助保险人勘验事故各方车辆，证明事故原因，应在查勘记录中注明。

5）估计事故损失情况

查明受损车辆、货物及其他财产的损失程度，估计事故涉及的各类损失金额，按查勘任务对应的损失标的为单位记录估损金额。记录、核定施救情况。

6）初步判断保险责任

（1）对事故是否属于保险责任进行初步判断。应结合承保情况和查勘情况，分别判断事故是否属于机动车交通事故责任强制保险或商业机动车保险的保险责任，对是否立案提出建议。对不属于保险责任或存在条款列明的责任免除的、加扣免赔情形的，应收集好相关证据，并在查勘记录中注明。暂时不能对保险责任进行判断的，应在查勘记录中写明理由。

（2）初步判断责任划分情况。交警部门介入事故处理的，依据交警部门的认定；当事人根据《交通事故处理程序规定》和当地有关交通事故处理法规自行协商处理交通事故的，应协助事故双方协商确定事故责任并填写《协议书》（对当事人自行协商处理的交通事故，如发现责任划分明显与实际情况不符，缩小或扩大责任的，应要求被保险人重新协商或由交警出具交通事故认定书）。

7）拍摄、分拣整理并上传事故现场、受损标的物照片

（1）对车辆和财产损失的事故现场和损失标的进行拍照。第一现场查勘的，应有反映事故现场全貌的全景照片，反映受损车辆车牌号码，车辆、财产损失部位、损失程度的近景照片；非第一现场查勘的，事故照片应重点反映受损车辆车牌号码，车辆、财产损失部位、损失程度的近景照片。对车辆牌照脱离车体、临时牌照或无牌照的车辆、全损车、火烧车及损失重大案件，要求对车架号、发动机号清晰拍照。

（2）拍摄相关证件及资料。拍摄内容包括：保险车辆的行驶证（客运车辆准运证）、驾驶人的驾驶证（驾驶客运车辆驾驶人准驾证、特种车辆驾驶人操作资格证）；交警责任认定书、自行协商协议书、其他相关证明。查勘人员应将此环节相关证件、资料尽可能拍照，照片汇总到车险理赔系统后，有利于核损、核赔环节进行系统审核。

（3）查勘现场照片拍摄的要求。拍摄第一现场的全景照片（能正确反映现场所处的位置）、痕迹照片、物证照片和特写照片；拍摄能反映车牌号码与损失部分的全景照片（为使车牌号码与损失部分在一张照片上反映出来，一般按受损部位一边的45°角对全车进行拍照）；拍摄能反映车辆局部损伤的特写照片；拍摄内容与交通事故查勘笔录的有关记载相一致；拍摄内容应当客观、真实、全面地反映被摄对象，不得有艺术夸张；拍摄痕迹时，可使用比例尺对高度、长度进行参照拍摄。

（4）查勘照片上传及分拣时应该注意：相关证件、资料照片应正确分类并上传至理赔系统，不能混淆上传。

8）完成查勘记录

（1）根据查勘内容填写查勘记录，并争取报案人签字确认。查勘员应尽量详细填写查勘记录单，以保证录入理赔系统时查勘资料的完整性。

（2）重大、复杂或有疑点的案件，应在询问有关当事人、证明人后，在"机动车保险

车辆事故现场查勘询问笔录"中记录，并由被询问人签字确认。

（3）重大、出险原因较为复杂的赔案应绘制机动车保险车辆事故现场查勘草图。现场草图要反映出事故车方位、道路情况及外界影响因素。

（4）对 VIP 客户案件或小额赔案制定优先处理流程的，应在查勘记录中注明案件处理等级。

3. 指导报案人进行后续处理

1）告知赔偿顺序

（1）发生机动车之间的碰撞事故的，应告知客户先通过交强险进行赔偿处理，超过交强险责任限额的部分，由商业保险进行赔偿。

（2）未承保交强险的，应指导客户向交强险承保公司报案，由交强险承保公司对第三者损失先行定损。

（3）符合交强险"互碰自赔"处理条件的，应向客户告知互碰处理后续流程。

2）向报案人提供"机动车保险索赔须知"（以下简称"索赔须知"）和"机动车保险索赔申请书"（以下简称"索赔申请书"）

（1）在"索赔须知"中完整勾选被保险人索赔时需要提供的单证，双方确认签字后交被保险人或报案人。

（2）指导报案人填写"索赔申请书"，告知报案人交被保险人签名或盖章后，在提交索赔单证时一并向保险人提供。

3）告知客户后续理赔流程

（1）查勘时不能当场定损的，查勘员应与被保险人或其代理人约定定损的时间、地点；对于事故车辆损失较重，需拆检后方能定损的案件，应安排车辆到拆检定损点集中拆检定损。

（2）向客户介绍公司理赔流程，协助客户了解快速、便捷的后续理赔服务。

（3）对于明显不属于保险责任或者存在条款列明除外责任的，应耐心向客户解释，向客户说明不属于保险责任的依据，取得客户放弃索赔的证据，如客户放弃索赔的签字或电话录音。

四、定损

车险定损工作流程如图 2 - 4 所示。

（一）定损工作职能

（1）查阅查勘记录、承保情况、历史出险记录，了解事故损失情况和查勘意见，损失所对应的险别及赔付限额，历史出险记录是否有损失情况类似的案件。

（2）确定受损机动车和其他财产的损失情况，并对损失项目进行拍照。

（3）与客户和承修单位协商确定修理方案，包括确定维修项目和换件项目、修理工时费。对需要询价、报价的零部件向报价岗询价、报价。协商一致后签字确认。

（4）对需要核损的案件提交核损岗核损。

（5）对修复车辆进行复勘和损余回收。

（6）确认施救费用。

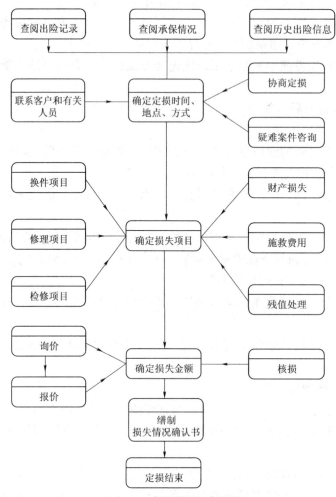

图 2-4　车险定损工作流程

（二）定损工作要点

1. 定损时效要求

案件定损必须在指定时效内完成。核损核价通过后，定损人应及时告知客户最终定损金额。严禁先修车，后定损、核损核价；严禁恶意拖赔、惜赔、无理拒赔等损害客户合法权益的行为。

2. 复核事故责任

（1）查阅查勘记录。进行定损工作时，首先要查阅查勘记录，了解事故损失情况和查勘员查勘意见，对非本次事故的损失不予确定。

（2）查看保险车辆承保情况，确定损失所对应的险别和赔付限额。定损时应查看保险车辆承保情况，属于未承保险别的损失项应不予赔付（常见车上人员伤亡、新增设备损失、发动机进水损失），且定损金额不应超过各险别的最高赔付限额。

（3）仔细查阅涉案车辆出险记录，避免重复索赔（常见的情况是已经另案定损但未修理又发生事故，历史案件中定损更换的零件只是修理未更换）。

（4）根据事故查勘结果，判断事故责任、事故中客户事故车辆的责任比例，合理判断案件是否存在疑点。案件没有疑点的，及时对受损车辆定损；案件存在疑点的，应及时联系查勘调查人员核实、复勘或转调查、稽查处理。

3. 对受损车辆进行拍照

对受损车辆进行拍照应注意以下几点。

（1）定损人员使用数码相机拍摄照片时，相机应正确设置拍照日期，按定损拍照规则顺序（如从前往后、由外到内）对受损车辆进行拍照。

（2）定损照片应清晰反映车辆的号牌、整体的损失情况、零部件的损失数量和受损程度。

（3）对价值较高的受损零部件和需要更换的零部件、残损零配件等应单独拍照；发动机、蓄电池等内部件损坏的，拆检前应掀起发动机罩拍摄全景受损照片；变速箱底壳、车架等底盘件受损的，拆检前应上举升架拍摄全景受损照片；更换挡风玻璃的，要求对玻璃左下角标记拍照，以便分辨国产或进口玻璃。

4. 确定车辆损失情况

1）车辆定损基本原则

定损范围仅限于本次事故造成的车辆损失；以修为主的原则要求不随意更换新的零部件；能局部修复的不能扩大到整体修理；能更换零部件的坚决不能更换总成件；根据修复工艺难易程度，参照当地工时费用水平，合理确定工时费用；依据承修资质确定价格方案。

2）确定保险车辆和三者车辆损失项目

接受定损任务的定损员处理自身权限内的案件，应根据定损标的事故车辆维修更换配件、维修工时、残值处理的项目及金额，经核价核损核定后打印定损单，完成定损任务；超出自身权限的案件，应根据相关规定及时转交具有相应权限人员及时处理。

注意：在定损项目中剔除保险车辆标准配置以外的新增设备损失（未承保新增设备损失险）；区分事故损失与机械损失（如机械故障本身的损失、轮胎自爆的损失、锈蚀零部件的损失）；剔除保险条款中除外责任所对应的损失（如发动机进水造成发动机的损失）；对照历史案件信息，剔除本次损失中重复索赔的项目。

3）与客户协商确定修理方案，包括换件项目、修理项目及检修项目

坚持修复为主的原则，如客户要求将应修零部件改为更换时，超出部分的费用应由其自行承担，并签字确认。

4）残值的处理

残值折旧归被保险人的，应合理作价，并在定损金额中扣除；保险公司回收残值的，应按照损余物资处理规定做好登记、移交工作。对于可修可换的零部件定损为更换的，尤其是一些价值较高的零部件，为防止道德风险，应要求回收残值。

5）对更换零部件进行询价、报价

属上级公司规定的报价车型和询价范围的，向上级公司询价。不属上级公司报价范围的，根据当地报价规定，核定配件价格。上级公司对于询价金额低于或等于上级公司报价金额的进行核准操作；对于询价金额高于上级公司报价金额的，应逐项报价。

6）工时费的确定

工时费的定价应以当地修理行业的平均价格为基础，并适当考虑修理厂的资质，与被保

险人协商确定。一般轻微事故中，可按维修项目分项定价；对重大事故的定损，也可采取工时费包干的办法与修理厂进行谈判，但一般应先谈妥工时费再拆解事故车辆，避免谈判不成变更修理厂时被动。

7）对超权限案件提交核损岗进行核损

核损未获通过的，按核损人员要求对定损项目进行重新确定。

8）出具损失情况确认书

核损通过后，可根据换件项目、修理项目的有关内容与被保险人签订协议，被保险人、保险人各执一份。

5．修复车辆的复勘

事故车辆修复完工，客户提取车辆之前，可选择安排车辆复勘，即对维修方案的落实情况、更换配件的品质和修理质量进行检验，以确保修理方案的实施，零配件修理、更换的真实性，防范道德风险的发生，保证被保险人的利益。

复勘的结果应在定损单上注明。如发现未更换定损换件或未按定损价格更换正厂件，应在定损单上扣除相应的差价。

6．车辆定损注意事项

1）追加定损问题的处理

受损车辆解体后，如发现尚有因本次事故损失的部位没有定损的，经定损员核实后，可追加修理项目和费用。追加定损时，应注意区分零部件损坏是在拆检过程中、保管过程中、施救过程中发生，还是在保险事故发生时造成的损失。

2）损失鉴定费的认定

经保险人同意，对保险事故车辆损失原因、损失程度进行鉴定的费用可以负责赔偿。未经保险公司同意，当事人在事故处理中发生的损失鉴定费不属于保险赔偿范围。

3）自行修理车辆的定损

受损车辆未经保险公司和被保险人共同查勘定损而自行修理的，根据条款规定，保险人有权重新核定修理费用或拒绝赔偿。在重新核定时，应对照查勘记录，逐项核对修理项目和费用，剔除其扩大修理和其他不合理的项目和费用。

五、核损

（一）核损工作职能

（1）检查查勘定损人员是否按查勘定损规范完成现场查勘、定损，查勘、定损系统操作是否规范，相关资料是否上传完整。

（2）通过审核承保情况、报案情况、查勘情况、历史出险记录等信息，审核事故是否属于保险责任，案件是否存在虚假成分。对可疑案件督促查勘员进行现场复勘。

（3）审核定损结果的合理性、准确性。对不合理、不准确的部分进行核损修改，并要求定损员按核损结果重新核定损失。

车险核损工作流程如图2-5所示。

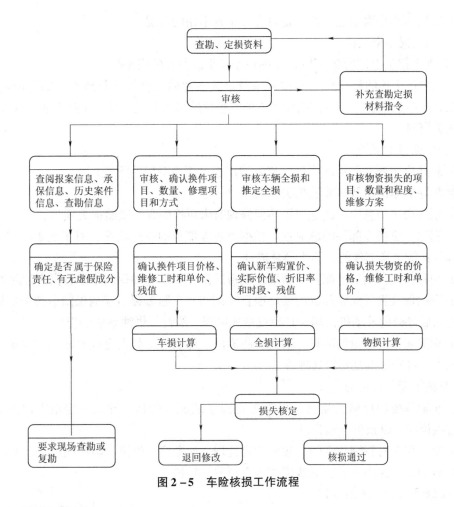

图 2-5 车险核损工作流程

（二）核损工作要点

1. 保险责任的复核

复核是否属于保险责任，即综合承保、报案、查勘、历史出险记录等环节的信息，判断事故是否属于保险责任，案件是否存在虚假成分。

（1）根据保单承保险别，审核事故损失是否能对应相应的承保险别，损失金额是否超过了对应险别的最高赔付限额（如划痕险限额）。

（2）查看保险期限，对临近保险起期或止期的保险事故应提高警惕，要对查勘情况进行重点审核。

（3）核对被保险人与行驶证车主是否相符，不符的是否已经过户，已经过户的有没有变更被保险人的批单。

（4）检查驾驶证、行驶证是否有效。

（5）检查事故现场照片是否符合拍摄规范（有无带车牌号的整车照片、拍摄能不能反映事故发生的全貌等），照片日期是否可疑（照片日期在报案时间之前的可能是虚假案件）。

（6）通过事故现场照片、查勘记录分析事故成因，判断是否存在虚假成分。需要现场复勘的，可联系查勘人员进行恢复现场复勘。

（7）查阅历史出险信息，检查是否存在重复索赔的情况。

2. 车辆定损结果复核

1）审查定损员上传的初（估）定损清单及事故照片的完整性

应对定损员上传的初（估）定损清单及事故照片的完整性进行审查，如上传资料不能完整反映事故损失的各项内容，或照片不能完整反映事故损失部位和事故全貌，应通知定损员补充相关资料。

2）换件项目的复核

（1）剔除应予修复的换件项目（修复费用超过更换费用的除外）。

（2）剔除非本次事故造成的损失项目。

（3）剔除历史信息中已经定损更换但修理时未更换的重复索赔损失项目。

（4）剔除可更换零部件的总成件。根据市场零部件的供应状况，对于能更换零配件的，不更换部件；能更换部件的，不更换总成件。

（5）剔除保险车辆标准配置外新增加设备的换件项目（加保新增设备损失险除外）。

（6）剔除保险责任免除部分的换件项目。例如，车胎爆裂引起的保险事故中所爆车胎，发动机进水后导致的发动机损坏，自燃仅造成电器、线路、供油系统的损失等。

（7）剔除超标准用量的油料、辅料、防冻液、冷媒等。如需更换汽车空调系统部件的，冷媒未漏失，可回收重复使用处理等。

3）车辆零配件价格的复核

（1）车辆零配件价格的复核可以参考定损系统配件价格，并在一定范围内上下浮动。已经经过报价的，以报价金额为准。

（2）对于保单有特别约定的，按照约定处理，如专修厂价格、国产或进口玻璃价格等。

（3）残值归被保险人的，对残值作价金额进行复核。

4）维修项目和方式的复核

（1）应严格区分事故损失和非事故损失的界限。剔除非本次事故产生的修理项目。

（2）应正确掌握维修工艺流程，剔除不必要的维修、拆装项目。

5）维修工时和单价的复核

（1）对照事故照片及修理件的数量、损坏程度，剔除超额工时部分。

（2）以当地的行业维修工时标准为最高上限，参照出险地当时的工时市场单价，剔除超额单价部分。

6）其他财产损失的复核

其他财产主要包括第三者非车辆财产和承运的货物。

其他财产的核损主要包括损失项目和数量、损失单价，维修方案或造价的核损。

7）核损的风险控制

核损人员根据案件的具体情况、理赔规范要求，对有疑点的案件及时发起调查、稽查等风险控制任务请求；监督查勘定损岗规则制度的执行情况。

核损人员通过对案件信息、事故/定损照片、定损单及相关资料的审核，及时发现案件风险，核定理赔成本管控效果和处理时效。

六、报价

(一) 报价工作职能

(1) 收集、整合系统内部、外部报价资源。

(2) 车辆定损系统价格数据的采集和维护。

(3) 进行日常报价审核。

(二) 报价工作要点

1. 案件基本信息审核

了解案件基本情况，做好案件审核工作，报价人员在系统内接受报价任务后，必须首先对定损栏目中的重要信息进行认真审核。

2. 报价任务审核

价格审核属于案件报价的中心环节，是报价人员准确、合理地对换件价格进行审核的过程。

3. 点选审核

报价人员要对定损员选定配件时是否使用系统点选给予特别关注。对不符合要求的定损单要退回定损员，要求其进行修改。

4. 报价审核注意事项

报价员询价过程中如对零配件价格存有疑义，需进行多方核实，确保零配件的适用车型、材质、功用、从属关系、品质、零件编号及价格准确，并在意见栏中注明相关核实情况，以便定损员掌握情况及时告知客户。

5. 数据采集和数据维护

各级报价机构在进行零配件价格信息采集时要坚持有价有市、保证质量、覆盖重点、格式规范的原则。

七、理算、核赔

(一) 理算工作职能和要点

(1) 审核赔案材料，对保险责任、索赔材料的真实合理性进行初审，对有疑问的材料作退回处理。

(2) 对相关数据录入有误的案件提出修改意见。

(3) 在本环节发现可疑赔案的情况，应提出处理意见后交调查岗审核。

(4) 对资料齐全的赔案进行理算，并保证数据的准确性和完整性。

(二) 核赔工作职能和要点

(1) 审核单证。确认按规定提供的单证、证明及其他材料是否齐全、真实、有效。

(2) 核定保险责任。核定保险责任包括审核被保险人是否具有保险利益、出险车辆是否为保险标的、驾驶人是否为保险合同约定的驾驶人、出险原因是否属于保险责任、赔偿责任是否与承保险别相符、出险时间是否在保险期限内、事故责任划分是否准确合理。

(3) 核定车辆、人伤、财产赔款及施救费计算是否合理、准确。

（4）审核赔付计算。审核赔付计算包括残值是否扣除、免赔率使用是否正确、赔款计算是否准确。

（三）支付结案处理流程

（1）赔案核赔通过后，通知财会部门支付赔款。

（2）审核领取赔款人身份证和被保险人出具的授权委托书，支付赔款。

（3）进行有关理赔单据清分。

一联赔款收据交被保险人；一联赔款收据连同一联机动车保险赔款计算书送财务部门留存；一联赔款收据和另一联机动车保险赔款计算书连同其他案件单证材料存入赔案案卷。

（4）核赔通过后，在系统中做结案处理。

一、问答题

1. 简述车险理赔的一般程序。

2. 如何正确分析事故责任认定书？

3. 简要叙述车险理赔的流程。

4. 简述车险施救费用的界定标准。

二、填空题

1. 车险新理赔系统对不属于保险责任报案注销的案件，在注销后_____，立案注销的案件_____。

2. 机动车商业保险分为_____和_____。

3. 保险理赔工作要做到3个"及时"，即_____、及时沟通和_____。

4. 理赔工作要做到3个"统一"，即_____、_____和统一要求。

三、单选题

1. 投保人重复投保交强险的应（　　）。

A. 解除起期在前的合同　　　　B. 解除起期在后的合同

C. 两份合同都解除，重新投保　　D. 可以保留两份合同，但每次出险只能理赔一次

2. 关于承保理赔信息自主查询说法，正确的有（　　）。

A. 客户来电核对承保信息可用新车险理赔系统快速查询。

B. 客户通过电子商务网站查询需要注册用户后方可查询。

C. 意外健康险的普通保单通过保单号、被保险人身份证件号码便可查询

D. 以上说法均错误

3. 在第三者责任险的赔偿计算中，主车与挂车连接时发生保险事故，在（　　）的责任限额内承担赔偿责任。

A. 主车　　　　B. 挂车　　　　C. 主车和挂车　　　　D. 交强险

四、多选题

1. 以下属于交强险死亡伤残赔偿限额下负责赔偿的为（　　）。

A. 护理费　　　　　　　　B. 诊疗费

C. 误工费　　　　　　　　D. 交通费

E. 住宿费

2. 交强险医疗费用赔偿限额下负责赔偿（ ）费用。

A. 医药费　　　　　　　　　　B. 住院费

C. 交通费　　　　　　　　　　D. 住院伙食补助费

E. 误工费

3. 下列属于家庭自用汽车损失保险责任的是（ ）。

A. 碰撞、倾覆、坠落

B. 自燃

C. 暴风、龙卷风

D. 地陷、冰陷、崖崩、雪崩、泥石流、滑坡

五、实践题

一辆中巴车在载运乘客高速行驶过程中，因驾驶员操作不当，致使车辆撞上了路旁的隔离墩，将坐在车门边的一名乘客从车中甩出，摔在路面上。乘客尚来不及起身，又被失去控制的中巴车碾压而死。该车已投保了第三者责任保险和车上人员责任保险。请问是适用第三者责任险的赔偿限额进行赔偿还是车上人员责任保险的赔偿限额进行赔偿？

项目三

汽车碰撞事故查勘技术

项目要求

（1）能够运用运动力学原理、动力学原理分析各类汽车碰撞事故的发生过程，进而确定事故性质和保险责任。

（2）会区分碰撞事故的客观状态和道德风险。

相关知识

一、汽车碰撞事故概述

（一）汽车碰撞概述

汽车的碰撞事故是一种碰撞现象，碰撞有 3 种形式，即弹性碰撞、非弹性碰撞和塑性碰撞。汽车碰撞事故属于哪种碰撞要作具体分析。一些试验结果表明，汽车以 5 km/h 以下的速度对墙壁冲撞，汽车会完全弹回，而不受任何损坏，这种情况可近似地看成是弹性碰撞。实际上完全弹性碰撞只有试验模型才能实现。如果汽车以 60 km/h 以上的速度向墙壁冲撞，汽车前部会永久变形，基本不弹回，这种情况可近似地看成塑性碰撞。那么，在两种速度之间的碰撞，则会产生一部分不能恢复的永久变形，另一部分为弹性变形，这种碰撞称为非弹性碰撞。在实际运用中，碰撞形式可用恢复系数 e 来表示，弹性碰撞 $e=1$，塑性碰撞 $e=0$，非弹性碰撞 $0<e<1$。在汽车碰撞事故中，车辆不同的碰撞方向会形成不同的碰撞形式，不同的碰撞形式，会给车辆带来不同程度的损失。在查勘中，应根据不同材料的特性和损坏情况选择正确的修复方法，汽车材料分类及损坏特征如下。

1. 蒙皮类

蒙皮类材料主要用在汽车的外围，发生碰撞后，首先受损，往往会导致皱褶、撕裂、凹陷。

例如，叶子板碰撞后，如果不超过 3 个折区，应该修；但如车型低档，叶子板价格低，也可更换；高档车则以"修"为主。

2. 脆性材料

脆性材料（如玻璃、塑料等制品）主要用在保险杠、仪表盘、车上玻璃等处。发生故障时往往会导致破碎、断裂等。

脆性材料损坏时一般需要更换，但塑料保险杠可以焊接。一般地，大多数需要涂漆的保险杠可以通过焊接修复；少数不涂漆的保险杠只能更换——焊接后有痕迹。

3. 梁类

梁类结构件一般采用锻造等方式加工而成，如大梁、车架等。发生故障后容易扭曲、弯曲、变形、折断。

4. 柱

一般轿车车身有 3 个立柱，从前往后依次为前柱（A 柱）、中柱（B 柱）、后柱（C 柱）。对于轿车而言，立柱除了起支撑作用外，也起到门框的作用。

汽车的柱类结构在发生碰撞故障时一般会发生扭曲、弯曲、变形、折断等。

5. 轴

轴类零件的损伤形式有扭曲、弯曲、变形、折断等。

对于梁、柱、轴，如果发生折弯，应以更换为主。

6. 翻砂件

例如，发动机壳体、变速器壳体、后桥壳体等。发生事故时，容易造成裂纹、破碎，一般难以修复。

7. 纺织品

用于汽车的内饰、坐垫等，怕水，怕火。

8. 电气电子产品

怕水、怕火、怕短路或断路。

（二）汽车正面碰撞

汽车与汽车的正面碰撞主要有 3 种，是车辆在机动状态下发生碰撞事故的类型。一是超车时所形成的正面碰撞，即超越车在超越缓慢行驶的前车时，驶入对向车道而与迎面来车发生碰撞，多数是由于驾驶员的认知错误而产生的。二是在弯道上形成的正面碰撞，这种碰撞多数是由于视距过小，发现来车过晚或高速行驶脱离本车道，驶向对向车道等原因而引起的。三是瞌睡碰撞，即驾驶员由于瞌睡而失去知觉，丧失控制能力而造成的，在凌晨的交通事故中往往有这种因素。

1. 碰撞的基本规律

虽然汽车是具有一定尺寸的物体，但是，如果在碰撞过程中，两辆汽车的总体形状对质量分布影响不大，就可将它们简化为两个有质量大小的质点，从而可使用质点的动量原理和能量守恒定律分析碰撞。

2. 汽车正面碰撞的等效模型

假设正面碰撞中的两车是同型车，即质量 $m_1 = m_2$。若以 60 km/h 正面碰撞与用同样速度向墙壁碰撞相比较。前者碰撞激烈，相对速度达 120 km/h，后者只有 60 km/h。但是两车的运动和变形却是相同的，两车在对称面上，各点的运动均为零，这样就可将对称面完全等效为刚性墙壁。

如果两车不是同型车，A 车和 B 车碰撞时速度分别为 v_{10} 和 v_{20}，在冲突后，两车必然在某一时刻变为一体，速度为 v_c，根据动量守恒定律求出有效碰撞速度（即汽车的速度变化值），A 车和 B 车的有效碰撞速度分别为 v_{c1} 和 v_{c2}，即

$$v_{c1} = v_{10} - v_c \tag{3-1}$$

$$v_{c2} = v_c - v_{20} \tag{3-2}$$

此时可以认为两车是以速度 v_c 移动向墙壁冲撞。

3. 正面碰撞前后的速度

汽车正面碰撞时，相互作用的时间极短，而冲击力却极大，故其他外力的作用可以忽略不计。根据动量守恒定律可得有效碰撞速度越高，恢复系数越小，碰撞越激烈，越接近塑性变形。在有乘员伤亡的事故中，均可按塑性变形处理。

在汽车正面碰撞的事故中，因伴随有人身的伤亡和车体的塑性变形，为此，必须搞清车体变形与碰撞速度的关系。

在汽车碰撞的事故现场，只要能准确测量出车体的变形量和碰撞后车体的滑移距离，即可用计算机迅速地计算出碰撞前 A、B 两车的速度。

（三）汽车追尾碰撞

1. 追尾碰撞的特点

汽车追尾相撞，是指后车与前车在行驶中发生的碰撞。追尾碰撞和正面碰撞一样，也是一维碰撞。因此，正面碰撞中的方程式也适用于追尾碰撞。但追尾碰撞有下列特点。

（1）被碰撞车认知的时间很晚，很少有回避的举动。因此，斜碰撞少，碰撞现象与正面碰撞相比比较简单。

（2）恢复系数比正面碰撞小得多。因为车体前部装有发动机，刚度高，而车体后部（指轿车）是空腔，刚度低。追尾碰撞的变形主要是被撞车的后部，故恢复系数比正面碰撞小得多。有效碰撞速度达到 20 km/h 以上时，恢复系数近似为零，碰撞车停止后，有时被碰撞车还会继续向前滚动一段距离。

2. 追尾碰撞的运动特征

以碰撞的力学关系看，除两碰撞车的速度方向相同外，其他的和正面碰撞相同。因有效碰撞速度达到 20 km/h 以上时，恢复系数近似为零，故碰撞是相当激烈的，在这种情况下，碰撞后两车成一体（黏着碰撞）运动。另外，碰撞车驾驶员在发现有追尾发生的可能时，必须采取紧急制动措施，而在路面上留下明显的制动印迹。被冲撞车因为没有采取制动，碰撞后两车的运动能量均由碰撞车的轮胎和地面的摩擦来消耗。

在追尾事故中，如果是同型车，则碰撞车的减速度等于被碰撞车的加速度；如果不是同型车则减速度与质量成反比。碰撞车的前部变形很小，而被碰撞车的后部有较大的变形，故追尾事故中的机械损失应等于被碰撞车后部的变形能量。

对于轿车与载货汽车，由于结构的不同而有所不同，往往发生钻碰现象。

3. 汽车追尾碰撞的类型

按碰撞部位，可分为正面追尾相撞、左后追尾相撞、右后追尾相撞及台球式的追尾碰撞。

按行驶状态，可分为两车行进中碰撞、行进中的后车与停驶的前车碰撞、停驶的后车与倒车或溜车的前车碰撞。

按碰撞时机，可分为起步相撞、超车相撞及转弯相撞。

4. 追尾碰撞发生的原因

（1）驾驶员驾驶注意力不集中。

（2）跟车太近，车速太高。

（3）疲劳驾驶。

（4）酒后驾驶。

（5）带情绪驾车。

（6）道路状况（雨雪、陡坡等）。

（7）汽车的机械故障。常见的制动系统故障：制动管路破裂，各种接头漏油、漏气，制动皮碗老化损坏，制动蹄片与制动鼓间隙不均，长时间制动后制动蹄片和制动鼓过热失效等。

转向系统失灵，方向失控，导致事故发生。

（8）其他原因（超车相撞、十字路口错车、溜车及转弯等）。

引发追尾事故的外界因素如下。

① 车辆灯光安全设施不全。

② 车辆超载。

③ 在高速公路上不按规定停车。

（四）汽车迎头侧面碰撞

侧面碰撞大部分发生在交叉路口，包括迎头侧面碰撞、右转碰撞、左转碰撞和行车路线变更侧碰撞。一般迎头侧面碰撞多发生在视野不清晰的交叉路口。由于驾驶员不注意交通信号或懒于停车瞭望，未注意交叉路口是否驶入其他车辆，而漫不经心地驶入交叉路口的车辆与已进入交叉路口的车辆发生此类事故。而右转、左转时的侧碰撞有已发现对方车辆和未发现对方车辆两种情况。发现型属于"抢道事故"，事故原因是判断错误。未发现型属于"视线遮挡事故"，主要是在转弯车和直行车之间，存在一辆挡住视线的第三辆车。

迎头侧面碰撞是直角的侧面碰撞，而在右转和左转碰撞中一般是斜碰撞。

对于迎头侧面碰撞，由于被碰撞车多数是在行驶状态，因而相互碰撞的车辆除受碰撞力的力矩作用外，还受摩擦力的作用。

1. 迎头侧面碰撞运动学的分析

在迎头侧面碰撞中，相互碰撞的两车碰撞后不仅要做平移运动，而且还有回转运动，故为二维碰撞。甚至有的时候还可能成为三维碰撞，所以碰撞后的运动是相当复杂的。

迎头侧面碰撞的 3 种形式是碰撞车向被碰撞车的前部、中部和后部碰撞。对发动机前置前驱动的轿车来说，车辆的质心在相当于车长的前 1/3 处，即前排座的中间。

假设被碰撞车处于停止状态，图 3 - 1 所示为让 A 车侧面碰撞在停止的 B 车上。

前部碰撞时，冲击力作用在被碰撞车质心的前边，被碰撞车以左侧的某点为瞬心回转，这个瞬心称为击心。因为冲击力离被撞车质心的距离较短，所以被撞车的回转半径较大。若此时把被撞车的运动分解为平移运动和质心的回转运动，则回转运动少而平移运动大。

中部碰撞时冲击力作用在被碰撞车质心的后侧，被碰撞车以右侧的击心为中心，向右回转。后部碰撞与中部碰撞一样，但后部碰撞的冲击力作用点与被碰撞车质心相距很远，故击心靠近质心，回转运动较大。

对于行驶状态的车辆发生侧面碰撞，由于被碰撞车是行驶的，所以碰撞发生后，在被碰撞的冲击力表面要产生一个向左的摩擦力，其值等于冲击力乘上摩擦系数。

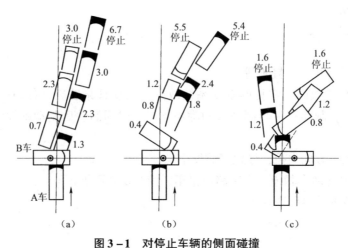

图 3 – 1　对停止车辆的侧面碰撞

（a）前部碰撞；（b）中部碰撞；（c）后部碰撞

冲击力和摩擦系数时时刻刻都是在变化的，摩擦系数最初是零，随时间的增加最后可达到 0.5 左右。

前部碰撞时，冲击力产生的力矩和摩擦力产生的力矩，相互抵消而削弱，故回转运动较弱；而在中部碰撞和后部碰撞时，这两个力矩方向相同，使回转运动加强。

其次，被碰撞车停止时和行驶时，碰撞车所受的荷重完全不同。碰撞发生后，被碰撞车给碰撞车一个冲击反力，由于被碰撞车是行驶的，故碰撞车还要受到使其本身向右回转的摩擦力。

作用到被碰撞车上的偏心距离短时，冲击力大，冲击的反力也大，摩擦力也大，使碰撞的回转运动加强。

2. 迎头侧面碰撞的碰撞速度特征

在迎头侧面碰撞中被碰撞车在碰撞方向上的速度分量是零。故碰撞时，碰撞车的速度就是有效碰撞速度。

碰撞变形量通常用损坏的长度（损坏部分的深度）、损坏面积（损坏部分的水平投影面积）及损坏体积来表示。试验结果表明，相对被碰撞车质心，碰撞点偏心距离短的前部碰撞，变形量最大；被碰撞车在行驶状态比静止状态的变形量大。

碰撞车和被碰撞车在行驶时，发生迎头侧面碰撞时，碰撞车的前部受摩擦力的作用，要出现弯鼻式的变形。

（五）汽车斜碰撞

正面碰撞和追尾碰撞可按一维碰撞来说明，直角侧面碰撞虽是二维碰撞，但其试验模型比较简单。然而，在实际交通事故中，发生较多的并非是一维碰撞和直角侧面碰撞，而是斜面碰撞。为此，深入地研究斜碰撞就更有现实意义。斜碰撞的形成有下列 3 种情况。

（1）在引起正面碰撞中，碰撞车在超越中心线或返回本车道的过程中，多形成斜碰撞。

（2）在直角侧面碰撞中，碰撞车的驾驶员总是力图摆脱事故的发生而急剧的打转向盘，而形成斜碰撞。

（3）在左转和右转碰撞中，多数也形成斜碰撞，但在这种情况下被碰撞车多数是处于停止或近似停止的缓慢行驶状态。

斜碰撞也是二维碰撞，汽车的运动是平面运动，即运动的方向不是确定的。在碰撞中除冲击力外尚存摩擦力，这两种力均要产生力矩，故碰撞车和被碰撞车除有平移运动外，尚有回转运动，且碰撞点也是固定不变的，碰撞后的作用点将随车辆的损坏而变化。这些均使碰撞后汽车的运动变得更为复杂。

斜碰撞中的受力关系可以通过图 3-2 来分析。A 车和 B 车发生下面的斜碰撞。A 车作用于 B 车的冲击力，方向与 A 车的行驶方向相同，根据牛顿第二定律，B 车给 A 车一个反作用力，两者大小相等、方向相反。同理，B 车作用于 A 车的冲击力，方向和 B 车的行驶方向相同，A 车给 B 车的反作用力，两者大小相等、方向相反。因此，A 车受到的力的矢量和与 B 车受到的力的矢量和，两者也是大小相等、方向相反。

此外，在碰撞车和被碰撞车的接触表面上，还要受摩擦力的作用。作用到 A 车的摩擦力等于摩擦系数和 A 车受到所有的力的矢量和法向力的乘积，作用到 B 车的摩擦力也是与作用到 A 车的摩擦力大小相等、方向相反的力。

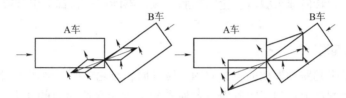

图 3-2　斜碰撞中的受力关系

碰撞后，A 车和 B 车都是围绕各自的质心顺时针回转，A 车车尾向左上方，B 车车尾向右下方移动，故不会引起二次碰撞。

对于轿车和载货车的斜碰撞，若载货车向着轿车的质心冲击时，也不一定不引起回转。若合力指向轿车的质心，则轿车只有平移运动而无回转运动；若作用在质心的左侧，轿车向右回转作用在轿车质心的右侧，则向左回转。

案例 1：威驰车受损事故

报案人贾某称本人驾驶其威驰轿车倒车时错将油门（加速踏板）当刹车（制动踏板）撞在墙上造成车损。

查勘人员对保险车辆进行了现场查勘和照相。查勘定损人员对该车进行了碰撞力学分析后得出，该车不可能是倒车撞固定物体造成的（倒车撞垂直面固定物后保险杠与行李箱盖之间的间隙只会变小），而该车一定是被小型汽车追尾所致（被他车追尾撞击常会造成后保险杠与行李箱盖之间的间隙变大）。

案例 2：东南富利卡被追尾事故

报案人刘某称在倒车时错将油门当刹车，将其富利卡撞在停放在路边的大货车上造成本车车损，大货车无损已离去。

保险公司车险查勘人员会同汽车专业人员，对该车碰撞受损情况进行分析后得出：如果该车碰撞停驶的大货车，则该车速度应在 35 km/h 以上。经现场查勘，出险地点道路平坦无明显的下坡，然而该车在倒车时其最大车速只有 30 km/h，结论为该车车损不可能是在该路段碰撞停驶的大货车，只有可能被大货车追尾造成。

二、汽车单独事故查勘分析

汽车的单独事故包括路上和路外两种事故，路上事故是汽车和路上停放的车辆、施工作业机械碰撞及路上翻车等事故；路外事故有汽车驶离车道冲向沟边或坠落，汽车撞向护栏、电杆、分隔带或行道树等。在绝大多数情况下，汽车单独事故是因驾驶员对车辆失控而发生的。汽车与路上的停放车辆或工作物的碰撞，是由于驾驶员的错觉，对路上的静止物认知过迟而造成的追尾现象。而汽车的路外单独事故，多是由于操作失误而造成的。最有代表性的操作失误如下：

紧急制动时，左右轮制动效果相差过大，使汽车驶向路外。

紧急转弯时，由于离心力作用，车向外滑，外侧车轮抵住路缘石或掉进边沟引起翻倾。

为了回避障碍物，急打转向盘，如果汽车速度过高，也易引起车辆驶出路外或翻倾。

高速行驶的汽车受横向阵风的作用，汽车偏离期望轨迹，为了修正侧偏，过度打转向盘，也易引起车辆驶出路外或翻倾。

机件失灵等。像转向球头脱落、轮胎爆胎、减振器断裂等，都会引起方向失控，使汽车驶出路外或侧翻。

（一）汽车的侧滑

汽车的侧滑是引起路外事故的主要原因。制动时，车轮之所以会产生侧向的滑移，是因为作用在车轮上的制动力达到了附着力，致使车轮失去承受侧向力的能力。图 3-3 是不同滑移率时，轮胎的横向附着力逐渐降低的情况。因此，当汽车的某一轴抱死时，只要该轴受到侧向力的作用，即使侧向力很小，该轴也会首先开始侧滑，这时汽车的运动情况与车轮首先抱死的车轴在汽车上的位置有关。

图 3-4 所示为转向盘固定不动时，在侧向力作用下，前轮抱死侧滑而后轮滚动的情况。这时，前轴以 v_y 的速度侧滑，其合成速度的矢量与汽车的纵轴线的夹角为 α，而后轴仍以 v_x 的速度沿汽车纵轴线的方向运动。速度 v 和 v_x 的矢量垂线的交点 O，即汽车的瞬时回转中心，汽车绕瞬时中心 O 做圆周运动时，便产生离心力 F_j，其侧向分力 F_{jy} 的方向与前轴侧滑的方向相反，因此侧滑可以自动停止。

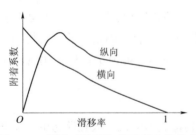

图 3-3 轮胎"抱死"失去横向附着力

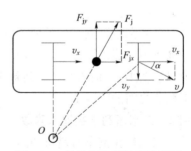

图 3-4 前轴侧滑时的运动简图

反之，如果后轴侧滑，如图 3-5 所示，则离心力的侧向分力 F_{jy} 与侧滑方向相同，从而进一步加剧了后轴侧滑倾向，后轴的侧滑反过来又促使分力 F_{jy} 加大，相互作用的结果往往会导致汽车做急剧回转运动，严重时发生侧翻。

如果前后车轮都有足够的制动力矩，在某确定附着系数的路面上实现前后轮同时抱死滑移，且开始侧滑的速度相同，则汽车只能朝侧向力作用的方向做直线滑移运动。

但在实际交通事故时，汽车前后轴的车轮同时抱死的情况极为少见，因此，前后轴车轮先后抱死的顺序和时间间隔，对汽车的侧滑影响是很大的。

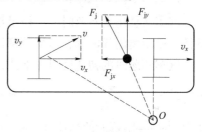

图 3–5　后轴侧滑的运动简图

汽车以 64 km/h 的初速度，在具有一定附着系数的试验路面上进行制动试验，试验结果表明，如果前轮先抱死滑移，则汽车基本上可保持直线运动；如果后轮比前轮先抱死滑移，当时间间隔短于 0.5 s 时，汽车基本上也能保持直线运动，但当时间间隔大于 0.5 s 时，后轴就要发生严重的侧滑，侧滑发生时汽车纵轴线的转角急剧增加。

试验还表明，前后轴的左右轮通常也不是同时抱死时，侧滑的程度决定于较晚抱死的前轮与后轮以及两者抱死的时间间隔。前后车轮抱死的顺序和时间间隔对汽车侧滑的影响是只有一边车轮抱死则不会侧滑，只会发生侧偏现象。再者，在前后车轮不能同时抱死时，汽车的偏转方向决定于先抱死一侧车轮。

汽车侧滑时将失去控制，而出现车辆不规则的各种旋转，这是引起车辆滑向边沟或坠车的重要因素，也是汽车撞及行人和自行车的因素。由于侧滑而引起的事故，在现场一般会留下侧滑印迹，这是最真实的重要现场记录，必须采集这种痕迹，因为它是判断车速、碰撞点和分析车辆运动状态的重要依据。

（二）汽车与电柱等固定物的碰撞

汽车与电柱等固定物碰撞时，由于车体承受冲击载荷的面积较小，故在相同的碰撞速度下与正面碰撞相比变形量（凹损部深度）较大。例如，轿车与直径 25 cm 的混凝土电柱发生正面碰撞时，其变形量与碰撞速度的近似关系为

$$v = 67X \qquad\qquad (3-3)$$

式中　v——碰撞速度，km/h；

X——塑性变形量，m。

而在汽车与汽车的正面碰撞时，则有近似公式，即

$$v_e = 105X \qquad\qquad (3-4)$$

式中　v_e——有效碰撞速度，km/h。

所以，汽车与电柱等固定物碰撞时，由于车体承受冲击载荷的面积较小，故在相同的碰撞速度下与正面碰撞相比变形量（凹损部深度）较大。

一般来说，汽车与电柱等固定物碰撞时的变形量要比汽车与汽车正面碰撞时变形量大 1.6 倍。

在汽车与电柱等的碰撞中，汽车前部变形后很快就触及刚性较高的发动机。在触及发动机后，有时发动机的后移及车体的变形并不与碰撞速度的增加成比例。

另外，同样撞及到电柱，但由于电柱的固定方向不同，发动机和电柱所吸收的能量也有差异。如果碰撞后电柱的基础差而位移较大时，即或是同样的碰撞速度，汽车的变形量也较小。当汽车和电柱碰撞点偏离汽车的重心时，则会引起车辆的回转运动，轮胎与路面的摩擦和车体与周围物体的二次碰撞均要吸收能量，这样也会使车体的变形减小。

(三）汽车路外坠车

汽车从悬崖上坠落时，最初是按抛物轨迹在空中自由落体飞行，然后，着陆或落水后再滑移一段距离消耗能量，地面的摩擦功将汽车的动能消耗掉，而最终停止。

汽车坠落时的初速度可按下式计算（参照图3-6），即

$$v = \sqrt{2gu}\left(\sqrt{h + \frac{x}{u}} - \sqrt{h}\right) \tag{3-5}$$

式中　v——坠落时的初速度，m/s；

　　　x——坠落后的移动距离，m；

　　　h——落下的高度，m；

　　　u——坠落后和地或水的滚动阻力系数（或者附着系数ϕ）；

　　　g——重力加速度，为9.81m/s^2。

然而，崖下的地面是极复杂的，故这里的滚动阻力系数u的变化范围很大。如果车坠在农田里，u是相当高的数值；如果车坠在水里，整个车体均要受到阻力，u应当更高。

通常，汽车坠落的着陆点会留下明显的轮胎或车体冲击地面的痕迹。如果车体在坠落过程中不擦刮崖缘，根据着陆点的印迹（注意不是停止点），可用式（3-6）计算坠落时的初速度，即

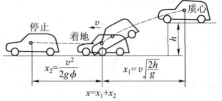

图3-6　路外坠落

$$v = x_1\sqrt{\frac{g}{2h}} \times 3.6 \tag{3-6}$$

式中　x_1——从崖缘开始到前轮着地点的距离，m。

例如，汽车在转弯处离开公路。脱离点之前的地面呈水平状，车辆首先接触坠落地面点至脱离点间的距离为11 m，脱离点落点的垂直高度为2.5 m（测量值均为汽车质量中心的位置），计算结果为

$$v = x_1\sqrt{\frac{g}{2h}} \times 3.6 = 11 \times \sqrt{\frac{9.81}{2 \times 2.5}} \times 3.6 = 55.5(\text{km/h})$$

(四）汽车与道路外缘碰撞的速度界限

汽车进入弯道后，发现前方有行人突然跳出，这时驾驶员采取紧急制动，汽车失去方向控制，几乎沿直线向路外缘冲去。在这种情况下，汽车能否在道路外缘前停住，取决于汽车的初速度v_0。汽车不与路缘碰撞的界限初速度如表3-1所示。

表3-1　汽车不与路缘碰撞的界限初速度

R/m	5	10	15	20
v_0 / (km·h^{-1})	29.5	33.2	35.8	38.1

当弯道半径不大于5 m时，车速超过30 km/h，汽车就有与路缘碰撞的危险。因此，只要限制汽车的初速度，汽车在弯道行驶就是安全的。

(五）汽车翻滚与跳跃时的车速判断

当车辆高速迎面碰撞或侧滑碰撞坚硬不可折断物体时，如侧面碰撞路缘石，由于物体高

度远低于汽车的质量中心高度,车辆将以碰撞点处为旋转点,产生急剧旋转,并在空中翻滚或跳跃,通常最终以仰面或侧面着地。通过确定在碰撞时车辆相对道路的质量中心位置,并测量出在翻滚或跳跃后首先接触地面时的质心位置以及两点之间的距离 L,就可按公式(3-7)近似计算出碰撞速度 v,即

$$v = 11.27 \frac{L}{\sqrt{L}} \qquad (3-7)$$

如果跳跃着落点或翻滚着落点在跃起点水平面以下时,应该考虑垂直距离的影响。此时,计算公式应修改为

$$v = 11.27 \frac{L}{\sqrt{L \pm h}} \qquad (3-8)$$

式中 h——跌落或上升的垂直距离。

例如,有一汽车驶入交叉路口,车前方与路缘石相撞,翻滚并在空中跳跃一段距离后,底朝天地落在地上。跳起和着落时的质心位置在同一水平面上,测得的水平距离为 18 m,计算碰撞速度为 $v = 47.8$ km/h。

若从质心的两个位置测量得知,着落点在起跃点平面以下 3 m,则计算得碰撞速度为 $v = 47.27$ km/h。若从质心的两个位置测量得知,着落点在起跃点平面以上 2 m,则计算得碰撞速度为 $v = 50.71$ km/h。

汽车的翻滚和跳跃时的起跃点与着落点的水平距离及垂直距离如图 3-7 所示。

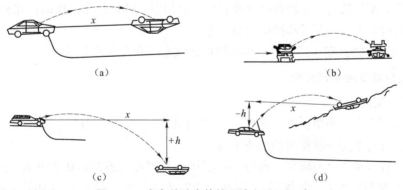

图 3-7 汽车单独事故的翻滚和跳跃运动

(六) 利用汽车的变形确定碰撞速度

汽车碰撞变形的同时消耗了变形能。汽车车身(包括发动机、车架、悬架)的变形功取决于汽车的碰撞变形与速度,碰撞变形和碰撞速度之间存在着因果关系。在汽车碰撞过程中,不同部位的结构和变形刚度不同,变形功与变形之间的关系也存在区别,因此,就需要划分汽车各部位的变形功与变形的关系。

汽车碰撞试验,一方面,从提高汽车的安全性角度着想;另一方面,相应的碰撞数据为事故分析和再现提供了支持。从不同的实车试验可获得一些有意义的变形能量(或变形力)与变形的关系,包括不同碰撞宽度、角度和不同楔入深度对变形性能都有影响。在事故分析过程中,借鉴碰撞中心提供的相应数据,通过对汽车碰撞变形进行分析,以确定汽车的碰撞速度。

在我国道路上行驶着不同国家、不同年代生产的汽车，在许多情况下，无法找到肇事汽车的变形与变形力关系的数据，可以利用汽车的刚度与其质量成正比的近似性，利用已有汽车的试验数据，通过比对方法进行近似计算。

三、汽车与自行车交通事故查勘分析

两轮车包括摩托车和自行车。本部分主要讨论自行车交通事故的特点、事故分析和事故再现。由于摩托车和自行车事故运动学关系的相似性，本部分在最后也附带讨论摩托车事故的碰撞运动学特性。

自行车参与的交通事故同汽车与汽车间的碰撞事故相比情况比较复杂，研究得也比较少，数目有限的模拟研究也是侧重于优化汽车外形设计方面考虑的。

（一）汽车碰撞自行车的类型

汽车碰撞自行车形式一般有：汽车从后面碰撞骑自行车人；汽车碰撞横穿公路的自行车；汽车转弯时碰撞骑自行车人；自行车碰撞汽车车门等。

（1）汽车从后面碰撞骑自行车人。道路狭窄，混合交通；汽车占用慢车道路线或者骑自行车人占用快车道路线；路滑，骑自行车人摔倒，汽车碰撞骑自行车人。

（2）汽车碰撞横穿公路的骑自行车人。骑自行车人突然截头猛拐，因驾驶员麻痹大意，车速较快，汽车碰撞横穿公路的骑自行车人。

（3）汽车转弯时碰撞骑自行车人。汽车左右转弯时，碰撞直行或转弯的骑自行车人。事故原因是交通流量较大、车辆行驶速度较快、路面滑、骑自行车人摔倒。此类事故分汽车前部碰撞骑自行车人、汽车后部挂碰骑自行车人。

（4）自行车碰撞汽车车门。自行车碰撞停驶汽车正在开启的车门。

（二）自行车交通事故分析

1. 自行车交通的特点

自行车不同于大、小型轿车，它是一种"门到门"或"户到户"的个人交通工具。就短距离来说，自行车是一种便利的交通工具。

根据荷兰自行车协会的研究，自行车一般运行所需要的道路面积为 9 m²（指自由交通流，也就是 A 级服务水平时的情况），轿车运行时平均每辆车所需要的面积为 40 m²，是自行车的 4.5 倍左右。自行车所需要的停车面积为 1.6 m²，而轿车所需要的停车面积为22 m²，为自行车的 14 倍左右。

自行车的运行轨迹不同于机动车，它的运动轨迹呈"蛇行"，是不稳定型交通工具。蛇行轨迹的宽度与车速及不同的骑车对象有关。根据日本交通工程研究会在一般道路上进行试验的结果表明，对于成年人，骑车速度越高，蛇行轨迹的宽度越小，如平均速度为 17 km/h 时，蛇行轨迹的宽度为 40 cm。对于中学生，如果骑车速度在 13 ~ 18 km/h 范围内，则随着速度的增加，蛇行轨迹的宽度相应增加。对于小学生，若骑车速度在 11 ~ 13 km/h 范围内，则随着速度的增加，蛇行轨迹的宽度相应减小。但骑车速度超过 13 km/h 时，蛇行轨迹的宽度相应增加。由于在道路上骑自行车的绝大多数人是成年人，因此，在分析自行车交通事故时，若自行车行驶在平坦的道路上，选择自行车的速度为 16 ~ 17 km/h，蛇行轨迹运行的标准宽度为 40 cm 左右为宜。若在纵坡度为 4% 的道路上骑自行车，蛇行轨迹的宽度与骑车速

度的关系如表 3 – 2 所示。

表 3 – 2　自行车在坡道上的速度和蛇行轨迹宽度

道路	骑车人	平均速度/（km·h⁻¹）	平均蛇形轨迹宽度/cm
上坡（4%）	成年人	8.3	36.0
	中学生	11.0	47.0
	小学生	10.0	36.0
	平均	9.8	39.7
下坡（4%）	成年人	15.2	40.0

很显然，在速度为 8～11 km/h 范围内，在一定坡度的道路上骑车与在平坦的道路上骑车比较，蛇行轨迹宽度可达 47 cm。

自行车的优点：灵活方便，操作技术要求不高，它的维修保养也简单、经济；使用时对道路要求也较低，适合众多人的需要；无污染，节约能源。

缺点：舒适性差，稳定性差，干扰性大。

自行车仅有两点接触地面，接触面积小，重心高度较高，所以稳定性较差。骑行过程中稍受干扰就会改变方向、摇晃或倾倒。稳定性差也是导致自行车事故率高的一个重要因素。

自行车灵活性大且稳定性差，所以自行车对机动车和行人交通，尤其是对城市道路交通秩序造成的干扰大，并且随着自行车数量的增多，这种干扰也就更大。在城市道路交通中，自行车严重侵占机动车道，与机动车抢道行驶，在机动车前截头猛拐等，迫使机动车行驶速度下降。特别是在交叉路口，自行车与机动车、行人形成许多交织的潜在冲突点，就是信号灯控制的交叉路口，自行车、行人、机动车的交织也是造成交叉路口阻塞、通行效率低、事故多的一个重要原因。

自行车交通对行人、机动车的交通安全威胁大。

由于自行车具有轻巧、灵活、方便的特点，人们骑车形态各异，姿态万千，遇情况慌张，易摔倒。某市公安交通管理局对自行车行驶特点总结成 16 字："小、散、多、快、抢、钻、猛、拐、急、躲、歪、闪、擦、刮、碰、摔"。在运行中，还有以下 4 个特点：逢友必并（遇见亲友两车并行）；逢闹必看（遇见热闹，爱停车围观）；逢慢必超（遇有前车速度稍慢时，后车就迫不及待地超车）；逢物必绕（遇有障碍物，则任意绕行）。

由于这些特点，使得自行车在行驶过程中，表现散漫、自由、任意抢路、超车、猛拐等现象，这不仅使自行车本身发生事故，而且对机动车、行人交通的安全构成很大的威胁。

2. 自行车交通事故的分析

在我国许多中小城市，自行车是最主要的市内交通工具，根据一些大中城市统计，自行车交通占城市交通量的 45%～90%。自行车为解决乘车难问题起到了一定作用，但同时又给城市交通带来了难以解决的问题。据一些大中城市统计，交通事故中由骑车人负主要责任的事故数、事故死亡人数和受伤人数，分别占总数的 38.9%、45.4% 和 32.1%。

依据近几年来京、津、沪等特大城市的交通事故统计分析，有 40% 以上的交通事故与

项目三　汽车碰撞事故查勘技术

自行车有关。自行车发生的交通事故次数占总数的 32.7%，死亡人数占总数的 25.9%。自行车交通死亡事故多数是骑车人的头部受伤致死。

（三）自行车交通事故的类型

（1）自行车左转弯造成的交通事故。自行车在交叉路口或路段左转弯时，要与同方向直行和右转弯机动车行驶路径相交，要与反向直行和左转弯机动车行驶路径相交，形成 4 个冲突点，通常这种类型的自行车交通事故率较高。

（2）自行车突然从支路或胡同快速驶出，这时直行和左转弯的自行车的行驶路径与直行的机动车行驶路径形成 4 个潜在的冲突点，这类交通事故要比第一类事故还要高一些。

（3）机动车突然从支路或胡同快速驶出，试图横过或进入主干道，由于汽车速度较高，这类交通事故率较高，事故后果较严重。

（4）自行车在路段行进中突然猛拐，造成自行车和汽车发生冲突，这是事故后果最为严重的一种自行车交通事故。因为，此时机动车驾驶员无任何思想准备，极易发生事故。这是由于骑自行车人不遵守交通规则造成的事故。

（5）自行车骑入机动车行驶的快车道与机动车相撞，这类事故主要有两种情况。一种是自行车与机动车同方向行驶，由于两者速度有差异，而发生追尾碰撞；另一种是自行车突然逆行进入机动车行驶的快车道，这也是最危险的一种情况。由于机动车驾驶员措施不及而发生车祸，这一类事故在城市交通事故中是比较多见的。

（6）机动车突然驶入慢车道与自行车相碰撞，这一类交通事故主要发生在以下 3 种情况：一是公交车站设在路沿，公交车辆由快车道进入公交车站时与自行车发生碰撞；二是大型货车或其他车辆在通过慢车道路边停车时与自行车发生碰撞；三是机动车方向或制动失控冲入慢车道与自行车相碰撞。

上述 6 种状况的初步分析，是针对两个车道的情况而言的。对于多车道道路，如两侧有非机动车道，潜在的冲突点更多，情况更复杂。

（四）自行车交通事故的成因

分析自行车交通事故的成因可以发现，以下原因是导致自行车交通事故的主要原因。

（1）道路类型与交通流状况。城区道路的自行车交通事故伤亡率要比郊区道路高；但对于重大伤亡交通事故，郊区道路要比城区道路高。干道上发生的自行车交通事故因速度快，事故后果较城区事故的后果严重。自行车交通事故主要出现在机动车交通流量大和交叉路口多的道路上。在交通管理不严或管理失控的城郊出入口处流量大，也容易发生自行车交通事故。在机动车速度快的道路上和在孩子常骑自行车多、玩耍频繁的道路上，自行车交通事故也较多。

（2）交通参与者的行为。自行车交通事故的主要原因是违章骑车，如违章带人载货、双手撒把、单手撑伞骑车、扶肩并行、攀扶车辆、截头猛拐、抢道行驶以及强行超车等行为。当然，自行车发生交通事故与机动车驾驶员的行为有关，在自行车交通事故中，很多是机动车驾驶员由于种种原因（如视线差、疏忽大意），而没有看见自行车所致。

（3）自行车交通事故与骑车人的性别、年龄有关。男性比女性骑自行车人的事故率高，特别是青少年好骑快车，随意超车抢道、截头猛拐，容易造成交通事故；一般女性比较谨小慎微，骑车速度慢，遇突发险情慌张，容易摔倒；青少年爱在路上追逐嬉戏，发现后面追逐者即将追上时，常采取猛拐或突然掉头等冒险行为；少年儿童骑车人不懂交通安全常识和交通规则，刚学会骑车就在道路上或街上到处骑快车乱跑。由此可见，青少年骑自行车所造成的交通事故要占骑自行车所造成的交通事故中的很大比例。还有，青少年骑自行车者对可能发生的危险状况的预见性和对自行车车身的维护太差，均是造成交通事故的原因。

（4）交通环境，即天气与时间对骑自行车者的影响。在通常情况下，夜间比白天发生的交通事故要多。由于自行车夜间行车没有照明装置，车辆交会前不易发现目标，待双方逼近时，常因措手不及而发生事故。雨、雪天气骑自行车人因穿着雨衣、戴着棉帽影响了视线或听觉，而看不见机动车或听不到机动车的喇叭声以及汽车的轰鸣声，常造成彼此相撞，或骑车人遇有阵雨怕淋湿衣服，就急速行驶而造成相撞。还有，刮风天气时，借助风力骑快车，由于寒冷天气骑车人四肢笨拙，行动不利落，冰雪路面附着系数低易侧滑，而滑入机动车道等，均造成交通事故。另外，有时因自行车安全设备差，机件老化失修，也易造成被机动车碾压的交通事故。目前，我国的大、中、小学校利用暑假或星期六、星期日、节假日开展自行车旅游活动，也是造成自行车交通事故增多的原因之一。

（五）利用事故数据和试验数据推算碰撞速度

自行车交通事故同其他道路交通事故一样，是现代人类社会活动不可避免的、多后果的伴随现象。现代社会里的每个人，只要参与交通都在不同程度上有遭遇交通事故的危险性。但是，对于不同的交通参与者，交通事故的危险性和后果是不同的，特别是速度和质量相差悬殊的交通参与者相撞，如相对较快、较重和较坚硬的汽车与运动速度相对较慢的、没有保护的而又相对不稳定的自行车相撞。这种相撞事故的结果，通常伴随着自行车使用者伤亡和自行车的损坏以及汽车的轻微损坏。

自行车交通事故参与者的法律后果同交通事故伤害后果一样，也是交通警察以及专家研究和处理的难题之一。交通事故损失和赔偿及责任的澄清和解释，无论对刑法还是对民事诉讼法都具有意义。一个有效的事故过程的正确再现，为从法律上分析交通事故的原因和交通事故后果以及判断是否可以避免事故发生等问题提供了可能性。关于碰撞速度和碰撞的位置（地点位置和碰撞对手的碰撞部位）的知识，是回答机动车驾驶员是否可能避免事故发生的前提条件。自行车事故分析及事故再现也适用于行人和其他交通事故。同时，自行车—汽车交通事故的理论研究也为汽车的安全设计、交通安全管理和法规的制定提供了理论依据。

四、汽车与行人碰撞事故查勘分析

与行人碰撞事故是指有行人参与的交通事故，如轿车—行人事故、摩托车—行人事故、货车—行人事故等，但不包括行人自己或行人间的事故。

行人和非机动车因自身特点，且随意穿行严重，由此引发许多交通事故。行人和非机动车发生的事故约占伤人事故的50%。

（一）行人的交通特征

1. 儿童行人的交通特点

少年儿童天真、活泼、好动，反应敏捷，动作迅速，但缺乏生活经验，不懂交通规则，缺少交通安全常识；不太了解机动车和非机动车的性能及机动车对人的危险性；对复杂的交通环境应变、适应能力差。故常在公路上玩耍、打闹、追逐、玩滑轮车、学骑自行车，甚至在上坡时爬车、吊车。玩耍遇车临近身旁时，一阵乱跑，顾前不顾后；为了抢拾玩具，有时"奋不顾身"地冲上公路。

少年儿童在交通事故中伤亡，主要不是横穿道路，而是突然跳出，跑到道路上，其次是在汽车前后突然穿越。

2. 青壮年行人的交通特点

青壮年处于生命力旺盛时期，精力充沛，感知敏锐，应变、适应能力强。对交通法规熟悉，有法律意识和安全意识，有生活经验。他们担负社会工作和家务劳动较重，出行时间多，行走距离较远，在客观上增加了发生事故的可能性。但是，由于他们好胜心强，不甘示弱，有人故意不遵守交通规则，在车辆临近时，敢于"以身试法"地勇敢横穿；有的在公路上并排行走，听见车辆发动机的轰鸣声和喇叭声也满不在乎。甚至公共汽车刚进站，就蜂拥而上，人紧贴车身；有的一跃抓住车门，吊在车上。因此，青壮年行人发生交通事故多数是在横穿道路和拥挤的情况下，特别是在强行拉车、强行搭车、偷扒车辆时易发生交通事故。

3. 妇女行人的交通特点

妇女主要指中壮年妇女，她们一般比较小心谨慎，同男性相比行动较迟缓。妇女出行一般三五成群、拖儿带女。带着孩子上街的妇女更是小心谨慎，横穿街道的速度大为降低。等待横穿道路的时间，女性比男性平均长 4 s 时间。速度也较慢，男性横穿道路速度为 1.58 m/s，而女性的速度约为 1.50 m/s；女性成群行走时，因嬉笑言谈妨碍对车辆的感知，在公路上听到喇叭声后，常出现胆大者向道路对面横穿，而胆小者就地躲让，也有跑向对面后发现同伴未跟上，反而有跑回来的现象。这时，若驾驶员警惕性不高，就容易发生碰撞交通事故。

4. 乡村行人的交通特点

在行人中，城市人和乡村人有所不同。乡村人初进城里，道路不熟，不熟悉交通规则、怕事物，横穿公路慌张，不知"先看左后看右"的交通常识，有时想抄近路，越出人行横道斜向行走，对车速估计不准。有的人在车辆尚远时徘徊犹豫，不敢横穿，车辆临近时反而横穿道路，有的人行走时精力不集中，东张西望，对车辆的警惕性不高。肩负重担所占空间增加，横穿道路时，肩挑负之物常成为交通事故的导火索。

5. 老年行人的交通特点

老年人视力差，耳朵不灵，动作迟缓，反应迟钝，常不能正确估计车速和自己横穿道路的速度，准备横穿时犹豫不决，有时行至中间见到有车开来又突然退回。有的因年老体弱、眼花、耳聋而不能发现来车，不知躲避，有的因腿脚不灵躲闪不及，而酿成交通事故。

（二）行人交通事故现场分析

行人与汽车产生碰撞事故后，行人的运动状态与汽车的外形和尺寸、汽车的速度、行人的身材高矮、行人的速度大小和方向有关。碰撞点在行人质心以上，如大客车等平头车与成年人碰撞、轿车与儿童碰撞，碰撞可能直接作用在行人的胸部甚至头部。身体上部直接向远离汽车的方向抛向前方，如果汽车不采取制动，行人将被碾在车下。对于碰撞点作用在行人质心，整个身体几乎同时与汽车接触，行人的运动状态基本同上。在大多数情况下，碰撞作用在行人质心下面，一般的船形轿车与成年人的碰撞事故均属于这种形式。汽车保险杠碰撞行人的小腿，随后大腿、臀部倒向汽车发动机罩前缘，然后上身和头部与发动机罩前部，甚至与挡风玻璃发生二次碰撞。碰撞速度越高，汽车前端越低，行人身材越高，头部碰撞挡风玻璃的概率越大。但是研究表明，当碰撞速度小于 15 km/h 时，行人被撞击后直接抛向前方。当汽车（轿车）速度很高，并且在碰撞时没有采取制动措施，可能会使行人从车顶飞出，直接摔跌在汽车后的路上。

常见的船形轿车与成年人碰撞时，行人运动过程的划分：① 车人接触，行人身体碰撞并加速，身体移向汽车发动机罩；② 从发动机罩上抛向地面；③ 落地后继续向前运动至停止。经过接触、飞行和滑移 3 个阶段。

对接触阶段影响较大的因素有碰撞速度、制动强度和行人与汽车前端的几何尺寸比。飞行阶段是因行人先被汽车加速，然后汽车因制动，而被加速的行人继续向前运动，行人被抛向前方。如果汽车没有制动或者减速度极小，当速度超过某数值时，行人可能从车顶飞出，落在车后。滑移阶段是从行人第一次落地滑滚至静止的过程。一些试验研究表明，在这个过程中，行人也可能离开地面弹起。影响接触阶段的因素对滑移（滚动）运动同样有影响，此外，落地时刻的水平和垂直速度、路面种类、行人着装等因素对滑移运动也有影响。对于平头汽车碰撞成年人或船形轿车碰撞儿童行人，儿童行人直接被抛向汽车的前方，滑移或滚动后停止。如果碰撞过程中汽车没有采取制动措施，行人可能被汽车碾压。

（三）施救措施

一旦发生事故，驾驶员注意做到以下 5 点。

1. 及时抢救受伤人员

迅速下车观察事故现场，确认有无人员受伤或死亡。如果有人死亡，则不应搬动，注意保护现场，用东西将尸体遮盖，待交通管理人员来处理。确认是否死亡时，可通过查看心脏是否停止跳动、呼吸是否停止、瞳孔是否失散等方法，当对受害者是否死亡无法把握时，应将其作为受伤者来抢救。抢救受伤人员（包括驾驶员）的第一步是止血，然后再送医院。

2. 消除危险因素

事故发生后，在注意人员受伤的同时，还应注意事故造成的其他危险因素。如装载的危险品外溢、燃油流出等，以免引发第二次事故。

应立即采取措施消除危险因素，比如应使危险品停止外溢，不让人员接近危险品，用容器接住泄漏的燃油，禁止明火接近等。

3. 保护现场

现场通常是指车辆采取制动时的地域至停车地域，以及受伤害的对方所行进、终止的位置。保护现场的简单方法包括在事故区域周围摆石头、用线索拦围等。保护现场时，应根据事故性质和交通情况，灵活处理，以免造成来往车辆的大面积停驶。

汽车 查勘与定损
QICHE CHAKAN YU DINGSUN

4. 保留证人和证据

发生严重或重大追尾事故后，驾驶员应及时注意事故现场的见证人和证据（目击事故发生的人、障碍物、车辆等）。

5. 及时报案

事故发生后，驾驶员应亲自或请其他人及时向有关部门报案。报案时要讲情事故发生的时间、地点、车号、伤亡程度和损失情况等，以便有关部门及时处理。

复习思考题

一、简答题

1. 汽车碰撞的类型有哪些？试分析各类碰撞的运动状态和致损倾向。

2. 机动车辆单独事故有哪些形式？各有哪些特点？

3. 汽车发生路外事故，如何分析汽车的碰撞速度？

4. 汽车的变形与速度有什么关系？

二、填空题

1. 汽车的碰撞事故是一种碰撞现象，碰撞有 3 种形式，即弹性碰撞、_____和塑性碰撞。

2. 按碰撞时机，追尾碰撞可分为：起步相撞；_____相撞；转弯相撞。

3. 在迎头侧面碰撞中，相互碰撞的两车碰撞后不仅要做平移运动，同时还会伴随有回转运动，故为_____碰撞。甚至有的时候还可能成为_____碰撞，所以碰撞后的运动是相当复杂的。

4. 对于___、___、_____类零件，如果发生折弯，应以更换为主。

三、单选题

1. 在汽车碰撞的事故现场，只要能准确测量出车体的（　　）和碰撞后车体的滑移距离，即可用计算机迅速地计算出碰撞前 A、B 两车的速度。

A. 变形量　　　　B. 变形面积　　　　C. 变形方向　　　　D. 变形角度

2. 行人和非机动车因自身特点，且（　　）严重，由此引发许多交通事故。

A. 不懂交通法规　　　　　　　B. 随意穿行严重

C. 不走人行横道　　　　　　　D. 不走过街天桥

3. 一般来说，汽车与电柱等圆柱形固定物碰撞时的变形量，要比汽车与汽车正面碰撞时变形量大（　　）倍。

A. 1　　　　　　B. 2　　　　　　C. 2.3　　　　　　D. 1.6

四、多选题

1. 对于汽车碰撞事故，下面说法正确的是（　　）。

A. 相同速度，质量重的损失较小

B. 质量相同，车速高的损坏较大

C. 碰撞速度越高，恢复系数越小

D. 有乘员伤亡的，均可按塑性变形处理

2. 以下属于汽车追尾碰撞的原因有（　　）。

A. 疲劳驾驶　　　　B. 灯光设施不全　　　C. 制动不灵　　　　　D. 道路湿滑

3. 下面属于青壮年人交通特点的有（　　）。

A. 对交通法规熟悉　　　　　　　　　B. 行走距离较远

C. 争强好胜　　　　　　　　　　　　D. 犹豫不定

4. 以下（　　）原因极有可能导致汽车发生路外事故。（　　）

A. 高速急转弯　　　　　　　　　　　B. 行驶中转向拉杆球头脱落

C. 减振器断裂　　　　　　　　　　　D. 行驶中轮胎爆裂

五、实践题

一辆轿车在图 3–8 所示丁字路口发生路外事故。勘验情况显示：发生本次事故的该丁字路口顶头延长线草地区域属于事故多发地，现场留有多起事故痕迹。在驾驶员刘某驾车行驶的丁字路上，距该路口西向约 110 m 处立有一减速慢行警示标志，路口东侧约 7 m 处的直行路旁立有一 T 形路口警示牌。在丁字路口的东侧，自直行路边延伸有一条向东略偏北的宽约 4 m 土路，在 T 形路口警示牌北侧约 1 m 的土路与南侧草地之间有一高出地面约 30 cm 的台阶，事故发生地点区域立有 10 kV 第 047 号电杆。根据当地交警大队提供的本次事故现场照片显示：事故发生后，第 047 号电杆的两根拉线中，位于丁字路口直行路旁的北向拉线完好，位于路口远处的东向拉线被事故中的车辆撞断，最终事故车辆头西尾东、左低右高落入河水中，车辆前部全部沉入水中，驾驶室内已进水，仪表台已被水浸泡；从侧面观看，右侧两车门玻璃已碎掉，气囊已弹开，行李舱盖已弹开，车门完好，未见变形。驾驶员仅有左小臂外侧有轻微擦伤，未见其他损伤。经调查，驾驶员是周围村镇居民，应十分熟悉道路环境。

据驾驶员叙述：该事故发生于凌晨 1 点左右。驾驶员驾车去岳父家接其爱人，行至该路口由于走神发生该起事故。

试根据所画现场示意图分析该事故性质及事故发生过程。

注：该事故车宽度为 1 800 mm。

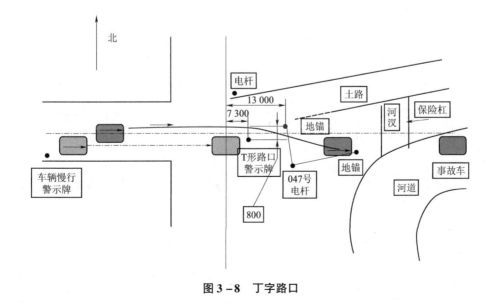

图 3–8　丁字路口

项目三　汽车碰撞事故查勘技术

049

附：汽车事故查勘流程图

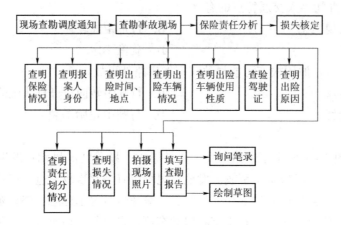

项目四

汽车事故现场查勘

 项目要求

（1）构建汽车保险事故现场查勘知识体系。

（2）熟悉汽车保险事故现场查勘的基本要求，熟悉现场查勘程序，掌握现场查勘的内容和技术要求。

（3）能够按照汽车保险事故现场的要求组织查勘工作，正确完成汽车保险事故现场痕迹勘验和识别工作。

 相关知识

一、交通事故的鉴定与查勘概述

（一）交通事故查勘鉴定概述

1. 交通事故鉴定的意义

保险事故多为交通事故及意外，而以交通事故为多，两者有很多相似之处，因此，保险事故的查勘也以交通事故查勘为依据。

交通事故是指参与道路交通活动的各种机动车和非机动车驾驶员、行人、乘车人以及其他在道路上进行与交通有关活动的人员，因违反道路交通管理法规和条例的行为，过失造成人、畜伤亡和车物财产损失的交通事件，称为交通事故。发生交通事故就会造成人身伤害或财产损失，涉及保险赔付，有些还会涉及刑事或民事诉讼。因此，对机动车辆交通事故进行科学公正的鉴定具有十分重要的意义。

一般来说，机动车辆交通事故鉴定可以委托交通事故专家进行。在我国，一般由公安交通管理部门负责，并出具正式文件。机动车辆交通事故鉴定也可以委托当地司法鉴定中心进行，并出具正式鉴定报告。机动车辆交通事故鉴定书一般格式如表4-1所示。

科学鉴定的目的主要是向事故处理人员、理赔员或法官及律师说明科学解释的程序，为事故处理、保险理赔和诉讼提供科学依据。因此，鉴定书应尽可能简明扼要、易于把握相关内容。在使用专业术语时，要通俗易懂地解释其意思。叙述要文理清晰，避免杂乱无章。

对于复杂的问题，在"鉴定经过"章节的开始要说明鉴定程序。在"考证内容"一节中要对证据中的重要资料进行详细说明，并以此为基础对事故形态进行考证分析与推理计算。可以充分利用图表、图形和照片加深对事故过程及形态的认识，某些场合还可以利用模型和录像。

表 4 – 1　机动车辆交通事故鉴定书一般格式

1　事故概要
××
2　鉴定事项
2.1 ×××××××××××××××××××××××××××××××××××
2.2 ××××××××××
3　鉴案摘要
4.1 ××××××××××××××××××××××××××××××
4.2 ××××××××××
（事故车参数）
×××××××××××××××××××××××××××××××××
4　鉴定经过
4.1　鉴定方法
××××××××××××××××××××××××××××××××××××
4.2　考证内容
4.2.1 ××××××××××××××××××××××××××××××××
4.2.2 ××××××××××××××××××××××××××××××××
4.2.3 ××××××××××××××××××××××××××××××××
4.3 ××××××××××
5　鉴定结论
××××××××××××××××××××××××××××××
参考文献：
附录：

鉴定内容如下：

碰撞事故的发生形态；单车事故的发生形态；碰撞车速、制动前的车速；碰撞地点的特殊情况（违章情况）；碰撞姿态（碰撞时的相对姿态、碰撞角度等）；碰撞发生前事故车的运动状况与驾驶员的动作；避免发生碰撞的可能性；是否为追尾或妨碍行车；该事故确实存在的客观性（是否伪造事故）；该事故是否为故意（蓄意）的（自杀事故、他杀事故）；驾驶员是谁；因车辆故障引发的事故（使用不当、维护不当、缺陷车）；车辆发生火灾的原因；废气中毒死亡事故的原因；交通信号灯状态；乘员所受的冲击；碰撞所造成的乘员身体运动状况；事故与受伤之间的因果关系；碰撞的顺序（台球式追尾或堆积式追尾）；证言的真伪；相反证言、相反鉴定结果真伪的判定；引发事故的诱因。

2. 机动车辆交通事故的形态

绝大部分的机动车交通事故是碰撞事故。如图 4 – 1 所示，将碰撞事故分为 4 个阶段则更加容易理解。

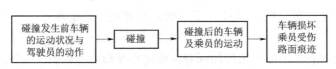

图 4 – 1　碰撞事故的 4 个过程

第一阶段是碰撞发生前事故车辆的运动状态以及操纵车辆的驾驶员的动作。

在这一阶段，往往由于驾驶员的错觉、判断错误、反应迟钝或者车辆及道路环境的异常等原因而引起碰撞事故。

从科学鉴定理论的观点来说，机动车碰撞具有以下几个特点。

（1）车辆之间相互交换运动能量的现象。

（2）相互挤压，通过车身的损坏（塑性变形）来消耗一部分运动能量的现象。

（3）一部分相互损坏（塑性变形），而另一部分相互排斥（反弹、弹性变形）的现象。

（4）在进行运动能量交换的同时，有时还会将一部分运动能量转换为角运动的现象。因此，发生碰撞事故的车辆不仅存在平移运动，有时还伴随有旋转运动。

（5）由于惯性作用，乘员与车辆之间会产生相对运动。这就是二次碰撞，即乘员受伤的原因。

（6）碰撞现象一般发生在 0.1~0.2 s 极短的瞬间。

在碰撞中未消耗掉的能量则通过碰撞后车辆和乘员的运动，以摩擦功的形式消耗掉。碰撞后的运动时间通常为数秒，整个碰撞过程几乎是人力无法左右的纯物理现象，这使得车辆碰撞事故的科学鉴定具有极高的客观性。碰撞和碰撞后的运动结果主要是造成车辆损坏、乘员受伤、路面痕迹（胎痕、车身的擦痕、路面上的散落物）等。

车辆交通事故的科学鉴定，就是根据这一事故的"结果"，即车辆的损坏和乘员的伤害程度、路面痕迹等（同时参考目击者的证言），对照自然规律、汽车运动特性、结构特点、人体工程学等准确地再现碰撞现象。然后追溯、推定构成事故"原因"的碰撞发生前的车辆运动状态与乘员的动作。

交通事故中发生的这些物理现象一定会遵循以牛顿的三大定律为首的物理定律而产生和发展，因此，只要正确地记录碰撞的结果，就能够完全正确地反推出交通事故发生的过程和原因。所以，车辆交通事故鉴定具有高的实证性。

3. 交通事故鉴定的基本知识

机动车辆交通事故的科学鉴定涉及多学科知识，说明判定交通事故发生过程必须广泛地跨学科集中收集相关知识。图 4-2 概括了机动车辆交通事故鉴定学的基本知识体系。

碰撞力学的基本知识主要包括各种力学的基本概念、术语、牛顿三大定律、能量守恒定律、动量守恒定律、有效碰撞速度、相对碰撞速度、反弹系数、摩擦系数、塑性变形等定义，以及必须加深对作为碰撞物体的汽车特性的理解。

对于汽车运动特性的基本知识，主要应加深对加速、制动、转向等汽车的运动以及控制机械故障的原理、试验知识（实际经验）的理解。

在车辆构造特性的基本知识中，车身作为碰撞物体的特性至关重要。这是因为必须根据车身的损坏状况逆推出碰撞事故的产生过程，完成这些工作还需要材料力学、破坏力学等方

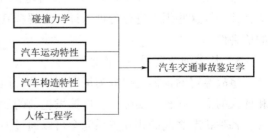

图 4-2 机动车辆交通事故鉴定学的基本知识体系

面的理论知识。

人体工程学的基本知识重点在于分析视觉、知觉反应时间，打瞌睡、酒后驾车、人体的耐冲击性等知识，以明确事故责任之间的关系。

4. 交通事故鉴定的注意事项

在进行机动车辆交通事故科学鉴定的过程中，应注意以下事项。

1）坚持中立性

在交通事故鉴定过程中，一定要坚持科学性、公正性，要遵守职业道德。在实际中出现完全相反的鉴定结论已屡见不鲜。当然，真理只有一个，两个鉴定书中必定有一个是错误的。错误的鉴定结果一般分为结论前提型（先入为主型）和错觉型两种。

导致结论前提型鉴定的原因和理由是鉴定人按照鉴定委托方所希望的结论，适当地捏造和杜撰。大多数情况是受经济或人情的束缚，经济和人情像一根看不见的线，间接地、紧紧地支配着鉴定人的行为。

错觉型鉴定是一种非恶意的、无意的错误鉴定。为了避免出现这种情况，必须细致谨慎，按要求进行科学鉴定。

2）做到通俗易懂

鉴定书要作为证据用于事故处理、理赔处理，甚至法庭诉讼。在这些过程中所涉及的人员普遍不熟悉科学鉴定中所使用的科学概念、定律、技术术语等。因此，鉴定书的撰写应尽可能简明扼要，不要在一些细枝末节上纠缠不清，使外行人也能读懂。将一些专业性比较强的论证部分作为附录，还可适当添加一些图表、照片、图形、录像等，这样更有助于加深感性认识。

3）做到客观、疏而不漏

要保证交通事故鉴定的客观性，最重要的是不受事件的细节所束缚，要完整地观察事故的全貌。不要过分拘泥于事故的部分细节，不要拘泥于某一特定的证据或理论设定假说；否则会造成严重后果。

4）避免先入为主

这是在强行做出结论前提型鉴定时的常用手段。在鉴定过程中，必须清楚所作的考证过程与提交的结论间的关联性，依靠考证的条理性与来龙去脉让相关人员弄清楚鉴定的结论。

5）避免使用夸大其词的逻辑推理

这也是在强行做出结论前提型鉴定时常见的方法。在鉴定时明显夸大损伤的程度，故意忽略难以掩盖的明显损伤的例证，以特定的不确切的证言或风闻为依据，故意展开故事情节，并围绕这些因素进行各种求证，来解释其理论的正确性。这种方法在事故鉴定中有极大的危害性。

6）从多种角度观察、论证

事故鉴定的证据主要分为证明碰撞及碰撞发生前的运动、碰撞发生后的运动状况的物证和证人的证言两种。实际上，碰撞发生前的运动状态与碰撞过程及碰撞后的运动状态紧密相关，各种状态之间的相互关系完全可以通过力学计算按时间序列追溯推定。因此，交通事故这一物理现象可以依据大量可靠的证据从多方面、多角度查证。

7）鉴定结论必须充分考虑采样数据的误差

当通过实验室来处理交通事故鉴定问题时，因与外界存在着各种可控条件的误差，会使鉴定结论存在较大的误差。

8）着眼于关键证据

在整个鉴定过程中，往往是某一关键证据决定着鉴定结论的真伪。

（二）机动车辆交通事故的碰撞类型

机动车与机动车之间发生的碰撞事故，按事故发生后的碰撞结果，可分为正面碰撞、追尾碰撞、迎头侧面碰撞及斜碰撞几种。

1. 正面碰撞

即相向行驶中车辆间发生的迎头正面碰撞。该现象多发生在超车过程中与对面来车相撞；在视线不良的弯道上与对面来车相撞；因其他原因驶入逆行车道，与对面来车发生的迎头正面相撞。由此引发的正面相撞一般不会引起车辆发生侧滑，所以不产生摩擦力。

2. 追尾碰撞

通常所说的追尾碰撞一般发生在行进过程中，由于跟车距离过近，当前车猛然减速或紧急停车时，后车采取措施不力或在雨雾天行车视线不良，后车发现前车时由于距离太近，来不及采取措施而导致车头与前车尾部相撞。此时的碰撞面为正面而不会引起车辆发生侧滑，所以不产生摩擦力。

3. 迎头侧面碰撞

迎头侧面碰撞是指基本上垂直于被撞车辆的车身侧面的迎头碰撞。该现象多发生在无交通信号控制的交叉路口，两车垂直方向直行且同时进入路口时发生的拦腰碰撞。另外，在路口左、右转弯行进的车辆也可能发生此类碰撞事故。

4. 斜碰撞

斜碰撞是指有别于正面碰撞和迎头侧面碰撞的一种以锐角或钝角形式相互接近的碰撞。

斜碰撞多发生在躲避正面碰撞和迎头侧面碰撞时形成的；左、右转弯车和直行车之间会发生斜碰撞。此时由于是重心与重心偏斜的碰撞，且碰撞面之间不成直角，所以碰撞将伴随有旋转运动（角运动），车辆有侧滑现象发生，会有摩擦力。

（三）交通事故鉴定必要的人体工程学知识

1. 视觉

安全行车与躲避危险所必需的信息，大部分是通过视觉摄取的，通过视觉驾驶员可以获得80%的行车信息。视觉问题包括可视距离、视野、识别、适应和眩目等。

1）可视距离

对于驾驶员来说，"能看多远"对行车安全起着至关重要的作用，直接影响能否正确识别所看到的对象物。"能看多远"具体来说可分为可视距离和视野。可视距离基本上受亮度制约。

夜间行车，前照灯的亮度直接决定着可视距离。车速也会间接影响到可视距离。图4-3所示为可视距离与前照灯亮度、车速间的关系。

对象物的反射率直接影响着可视距离。在夜间，汽车行驶在狭窄的道路上，对穿着黑色衣服的行人只有非常接近时才会发现。车辆行驶速度的高低也会使可视距离产生较大的偏

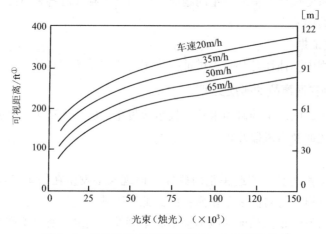

图4-3 可视距离与前照灯亮度、车速间的关系

差。因此，行人和自行车的反射率对交通安全有特别重要的意义。

人与视物的关系可分为：人与视物都静止的静止视力；人在移动的物体上，看静止的视物，叫移动视力；移动的人看移动的视物，人和物都在移动，称为移动体视力。与静止视力相比，移动视力约下降5%，移动体视力约下降10%。

机动车安全技术条件中对灯光的安全照射距离都有详细的规定。

2）视野

视野即生理性视觉的极限角度，左右两眼分别为160°。中间重叠的视野为左右各60°，确认色彩的视野为正前方左右35°。一般来说，人的最佳视野为水平±45°、垂直±30°。夜间视野主要受前照灯光的定向性所制约。间接视野由驾驶员的眼位和后视镜的特性决定。

3）颜色、形状与识别

驾驶员在行车过程中要有短暂的时间不再注视前方，用眼的余光去识别交通信号、交通标志、仪表、警报器等。所以这些装置应易于识别，一看就懂。

识别的要素主要有颜色、形状、尺寸、表示方法、设置场地、与其他景物的相对关系等。

色彩鲜艳的颜色易于识别，所以，交通信号、车辆的灯光、仪表、警报装置都采用了红、黄、绿等颜色。行驶着的车辆的尾灯，与在路旁紧急停车的尾灯同样是红色。所以，在高速公路上，时常会发生后面的汽车追尾撞在闪着灯、紧急停在停车带上的汽车事故。这主要是尾随前车而发生的追尾事故，应引起注意。

各种信息形状的图形越简单、边角越少，越容易识别。

设置场所与其他景物的相对关系对识别效果有较大的影响。信号或标志的设置高度应与驾驶员眼睛的位置相适应，应在眼的有效视野范围之内。

4）光照适应与眩目

人眼对光的适应有两种情况，即"暗适应"与"亮适应"。

行驶在明亮处的车辆，一旦进入较暗的隧道，驾驶员视力会暂时极度下降；相反，当从

---

① 1 ft = 30.48 cm。

黑暗的隧道行驶到较明亮的外部时，也会因外部太明亮，眼睛不适应而看不见东西的现象。这就是光适应问题。

眼睛"暗适应"需要较长的时间，一般 5 min 可恢复 40%，10 min 能够恢复 65%。

眼睛"亮适应"恢复较迅速，一般 1～2 s 就可恢复。

相向行驶车辆的前照灯光束，映入眼睛后会出现眩目，有时还会看不清附近的行人，这就是"眩光影响"。随着眩光的照度增强，可视距离急剧下降。因此，交通法规规定，两车交会时要关闭远光灯，打开近光灯，以防止眩目。

2. 知觉与反应

行车过程中，从特殊景象进入驾驶员视野到采取相应行动的时间即知觉反应时间。

知觉反应时间包括以下 4 个过程。

（1）发现，即把外部信息情报摄入到大脑内的时间。一般是通过视觉发现。

（2）识别，是对发现的情形做出判断。

（3）决定行动，识别后决定采取什么样的行动，也即产生行动命令的信号。

（4）反应，行动命令信号传递给手脚的肌肉组织，到开始操作的时间叫反应时间。这一反应时间通常因人而异，反应敏捷的为 0.45～0.85 s；反应迟钝的超过 1.13 s。反应时间还和驾驶员的心理状态有关（疲劳、饮酒等）。

另一个关键的问题是，驾驶员从发现到识别后，能否做出正确的判断，确认危险的存在。也就是说，驾驶员能否正确判定什么时间把脚从加速踏板上收回，什么时间踩制动踏板。在有限的时间内，行驶中的驾驶员发现、确认危险情况是一种概率现象。

3. 驾驶状态

驾驶员在行车过程中的精神状态是一种生理现象，这是造成交通事故的主要原因之一。

不正常驾驶状态有以下几种：疲劳型打瞌睡；单调型打瞌睡；酒后驾驶；注意力分散。打瞌睡事故也有伪造的自杀、他杀事故。

1）疲劳型打瞌睡

疲劳型打瞌睡是一种信息过多型的状态，开车虽然并不是一种重体力劳动，但由于中枢神经特别是视觉神经的负担较重，因此，长时间行车，会加重中枢神经的疲劳，导致驾驶员打瞌睡。图 4 - 4 所示为因疲劳发生事故的过程。

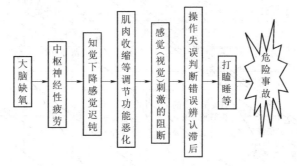

图 4 - 4　因疲劳发生事故的过程

"感觉刺激的阻断"过程是"疲劳就要休息"，这是十分自然的自卫性生理现象。长时间的驾驶，加上疲劳的积蓄，是打瞌睡的原因。

2）单调型打瞌睡

长时间在单调的环境下，人的感觉受到刺激的新鲜感就会消失，紧张感钝化，感到厌烦，最终导致催眠状态。

如果驾驶员在夜间，单独长时间驾车行驶在单一环境的直线公路上，由于缺乏变化，最终会变得单调乏味。因此，为了减少这种现象的发生，在高速公路上应适当设置一些弯道。

3）酒后驾驶

饮酒、酗酒，会给驾驶员带来生理、精神和心理上的不良影响。

在生理上会延长知觉反应时间，导致视力下降、视野变窄、多种感觉钝化、动作不协调等，综合驾驶能力下降。

醉酒会对人的心理和精神造成更大的影响，可导致与正常人完全不同的精神和心理状态。情绪不稳定及感情控制力下降；注意力下降；理性判断能力下降；意识范围变窄；信息处理能力下降；预测准确度下降；危机感麻痹；不自觉地夸大运动能力等。

酒精的氧化速度因人而异。一般认为，血液中乙醇浓度在 0.05% 以下时，对驾驶无影响；血液中乙醇浓度为 0.05% ~ 0.15% 时，有人会不适合驾车；若乙醇浓度超过 0.15%，对所有人都会有影响，不适宜驾车。

4. 人体抵抗冲击的能力

在进行交通事故鉴定的过程中，经常需要证明碰撞冲击与身体伤害的因果关系。这就要了解人体的抗冲击特性。因此，要制定"这种水平的冲击，不会对人体造成伤害"的安全限值标准，对维持汽车社会的秩序是非常重要的。

在现实社会中经常会遇到以交通事故为恰当理由进行保险金诈骗，对肇事者进行讹诈，以赚钱为目的的医疗费过剩现象。

但是，在制定这个极限标准时，必须充分考虑抗冲击特性的个体差异性。图 4 – 5 所示为

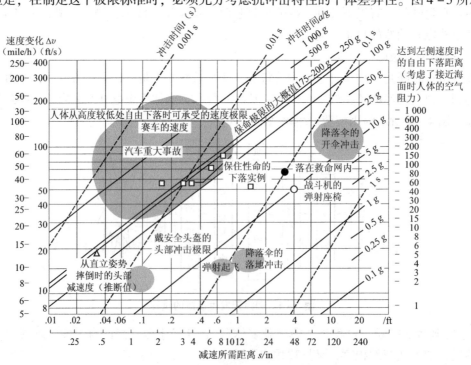

图 4 – 5 人在不同情况下经历的冲击

人在各种情况下，所能体验的冲击加速度实例及抗冲击特性。其中，以冲击加速度 a 和冲击作用时间 t 为主要参数，横坐标为减速所需距离 s，纵坐标为因冲击产生的速度变化 Δv。

图 4-5 中各因子的关系为

$$s = \frac{1}{2}at^2$$

$$\Delta v = at = \sqrt{2as} = 2\frac{s}{t}$$

各种现象的冲击加速度 a 分别如下。

降落伞的开伞冲击：$6 \sim 30g$。

降落伞的落地冲击：$1.5 \sim 4g$。

弹射的启动冲击：$3 \sim 7g$。

战斗机的弹射座椅：$10g$。

落在消防队的救命安全网内：$20g$。

带安全头盔时头部的冲击极限：$15 \sim 40g$。

从直立姿势摔倒时对头部的冲击：$170g$。

保住性命的下落实例（距离为 $15 \sim 52$ m）：$25 \sim 250g$。

汽车重大事故：$100\ g$ 以上。

大致的保命极限：$175 \sim 200g$。

其中 g 为重力加速度。

（四）与事故有关的道路特性

1. 路面状况与交通事故

行车时道路表面的抗滑能力对交通安全有重要影响，道路表面和轮胎之间的摩擦力称为道路表面的抗滑能力。

同样一条道路，如果表面干燥、清洁，抗滑能力就高；若是表面潮湿、泥泞，或有冰雪，变得非常滑溜，这时，路面抗滑能力就小，行车时就容易发生事故。

冰雪路面上汽车的制动距离大大延长。冰雪覆盖路面后，附着系数急剧下降，只有 $0.1 \sim 0.2$，相当于干燥的沥青、水泥路面（附着系数为 $0.6 \sim 0.7$）的 1/4～1/3。相应的制动距离要比干燥的沥青、水泥路面上的制动距离增加 3～4 倍以上。制动距离的增加，常导致意想不到的事故。

冰雪路面增大了汽车侧滑的可能性和危险性。由于冰雪路面附着系数低，所以，汽车在急转弯、急加速和减速以及紧急制动时都易发生侧滑。

汽车在冰雪路面转弯时，由于横向附着力很小，又有离心力作用，当车速过快（离心力与车速的平方成正比），或转弯半径过小（离心力与转弯半径成反比）时，极易发生侧滑、甩尾，甚至翻车。

泥泞状态的路面，附着系数也很小。汽车在这种路面行驶，也会发生制动距离延长和侧滑现象。泥泞状态下的沥青路面、土路面上的制动距离，与干燥的沥青路面、土路面上的制动距离相比，相应增加了 1 倍多。

凸凹不平的路面，不仅会增大汽车的行驶阻力，加快机件的损坏，而且会降低行车的安全性和稳定性及舒适性，甚至发生道路交通事故。

2. 弯路与交通事故

道路的平曲线半径越小，曲率越大，弯度就越大，也就是弯越急；反之，道路的平曲线半径越大，曲率越小，弯度就越小，也就是弯越缓。从交通安全角度所讲的急弯，是指道路平曲线半径在 50 m 以下的路段，或者说没有急弯标志的路段，在急弯路上行车容易发生道路交通事故。研究表明，事故率随曲率的增大而急剧增高。

在曲线上行驶的车辆，不论从直线驶入曲线还是由曲线驶入直线，驾驶员都必须转动转向盘，使汽车在规定的车道上行驶。

因此，在曲线上行驶的车辆由于离心力会导致以下情况发生：由于装载质量与横向离心力的作用，增加了驾驶员操作的难度，车速稍有不当，就会驶入其他车道；由于受到离心力的作用容易向外侧侧滑和倾翻，降低了车辆的稳定性和安全程度，车速越高，离心力越大，这种危险就越大，发生的事故也越严重；由于受到前方视距缩短的影响，不便于发现前方的情况，尤其在夜间行车，因灯光照射不是顺着曲线的，更难发现前方的情况，增加了发生事故的潜在危险；由于横向力的出现，会使乘员感到不舒服。横向力系数越大（横向力系数＝横向力/车辆质量），车辆横向稳定程度越差，乘员就越感到不舒服。

3. 道路坡度与交通事故

道路坡度对交通安全影响较大，从各国的交通事故统计可看出，在有坡度的道路上交通事故非常多。统计资料证明，坡度越陡，事故就越多。当坡度大于4%时，事故率便急剧上升。

车辆在坡道上行驶时，受重力沿坡道方向的平行分力的影响，容易发生溜车现象。车辆上坡时，其重力沿坡道的平行分力是阻碍车辆前进的。

当坡度很陡时，如果车辆动力不足或发动机突然熄火，车辆常常被迫向后溜车。车辆下坡时，其重力沿坡道的平行分力是与车辆前进方向一致的，推动车辆前进。当坡度很陡时，车速不好控制，常使车辆被迫向前溜车，甚至造成纵向翻车。

车辆在坡道上行驶，制动距离随坡度变化而变化。与平道上的制动距离相比，上坡时制动距离缩短，下坡时制动距离延长。汽车下坡时，坡道的坡度越大，汽车的制动距离就越长，撞及其他车辆和行人的可能性也就越大。

汽车长时间连续下坡行驶时，制动性能降低。由于制动器使用过多，容易使制动鼓持续处于高温状态，降低制动效能。严重时会使制动蹄片烧毁、制动失灵而发生事故。

因为附着力等于汽车的垂直分重力和附着系数的乘积。在无坡度的道路上，汽车的垂直分重力等于汽车的总重力；在有坡度的道路上汽车的垂直分重力小于汽车的总重力，所以附着力也下降。如果坡度很陡，路面附着系数又很小（如冰雪、泥泞路面），就很容易破坏汽车的稳定性。特别是下坡时，如果使用制动不当，很容易出现侧滑，从而发生事故。

4. 视距与交通事故

视距与交通事故的发生有密切的关系。视距是驾驶员可以辨清前面道路情况的距离，通常分为行车视距及停车视距、会车视距几种。

（1）行车视距，指行车时应使驾驶员看到前方一定距离的公路路面。当发现路面上的障碍物或迎面的来车时，能在一定车速下及时停车或避让，避免发生交通事故，这一段必需的最短距离称为行车视距。

（2）停车视距，指当汽车在道路上行驶时，驾驶员在离地 1.2 m 高处，看到前方路面上的障碍物从开始刹车至到达障碍物前完全停止所需要的最短距离称为停车视距。

（3）会车视距，指在单车道的公路上，或在没有分隔带的双车道上，驾驶员习惯驾驶汽车在道中央行驶。当汽车遇到迎面来车时，无法避让或来不及错车，则只能双方采取制动，使汽车碰撞前完全停止，以保证安全。因此，在双方离地 1.2 m 高的驾驶视点之间，应保持有足够的安全制动距离，称为会车视距。

道路有足够的视距是保证驾驶员行车安全的一个重要因素。在平曲线与纵曲线半径相连处交通事故中 80%～100% 是由于视距不够引起的。在德国道路规格较高，由于视距不够引起的交通事故占总数的比例高达 44%；行车视距小于 800 m 与大于 2 500 m 相比，前者交通事故超过后者的 2.2 倍。

视距不足引起交通事故的形式有 3 种。

（1）平面弯曲路段。由于在弯路的内侧有边坡、建筑物、树木、道路设施等，阻碍驾驶员的视线，使得视距满足不了要求，从而成为视距不足路段。

（2）凸形变坡路段。纵断面为凸形的路段，在上下坡连接处的竖曲线上，驾驶员的视线受到阻碍。当竖曲线半径较小时，视线受阻严重，视距满足不了规定的数值，成为视距不足的路段。

（3）平面交叉路口。平面交叉路口的视距情况一般用视距三角形表示。

如果在视距三角形内有阻碍视线的物体，就不能保证两个相交方向的车辆在碰撞点不发生碰撞，这种交叉路口就是视距不足的交叉路口。

在视距不足的路段，驾驶员的视线受阻形成视线盲区。驾驶员驾车行经这样的路段时，由于看不见视线盲区内的车辆、行人等情况，停车视距又过短，很容易发生车辆迎面、侧面相撞以及车辆撞行人、自行车等事故。

由于交叉路口的碰撞点多，交织点多，视线盲区大，再加上汽车流量大，自行车流量也大，因此交通事故多。不同类型的交叉路口，交通事故发生率不同。一般十字路口的交通事故为三岔路口的 3～4 倍，进入交叉路口的道路条数越多，事故发生率越高。

（五）交通事故鉴定必要的汽车相关知识

1. 车辆动力特性曲线

车辆动力特性曲线即车辆在各挡位驱动力与行驶阻力之间的关系曲线。从车辆动力特性曲线上可以直接看出，车辆在不同道路阻力条件下，所能达到的最高行驶速度，在不同的挡位能驶过的最大坡度、车辆的加速能力等。

图 4-6 所示为手动变速器汽车的动力特性曲线。图 4-7 所示为自动变速器汽车的动力特性曲线。

图中，驼峰线为各挡位驱动力；带 % 号的缓和向右上方的曲线为行驶阻力（包括道路阻力和空气阻力），% 表示坡度；向右上方倾斜的直线为车速对应的发动机转速。

2. 汽车的动力性

汽车的动力性包括最高车速、加速度和加速时间、最大爬坡能力。

最高车速是指在良好水平路段上，汽车所能达到的最高行驶车速。

加速度时间分为原地起步加速时间和超车加速时间。原地起步加速时间是指汽车由静止起步，以最大的加速度逐步换至高挡后达到某一预定的距离或车速所需要的时间。超车加速时间一般是用高挡或次高挡，由 30 km/h 或 40 km/h 全力加速至某一高速所用的时间表示。

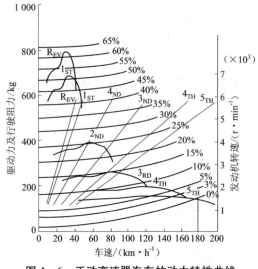

图 4 – 6　手动变速器汽车的动力特性曲线　　　图 4 – 7　自动变速器汽车的动力特性曲线

爬坡能力，用汽车满载时 1 挡在良好的路面上的最大爬坡度表示。

汽车的行驶阻力可分为滚动阻力和空气阻力。滚动阻力是由轮胎的摩擦以及转动部分的摩擦产生的；空气阻力是由汽车在静止的空气中高速行驶时产生的。滚动阻力几乎与车速（低于 50 km/h 时）无关。而空气阻力则大致与车速的平方成正比。因此，汽车总的行驶阻力不是定值。

最理想的发动机特性：在低速时，发动机有较大的扭矩，能使汽车很快加速，随着车速提高，剩余扭矩逐渐减小。理想发动机扭矩曲线与汽车的行驶阻力曲线交点处对应的车速就是汽车的最高车速。

常用的内燃机特性与理想发动机特性完全相反，为了协调两种特性，在汽车上使用了变速器。

发动机外特性曲线与行驶阻力曲线的交点处即为汽车的最高车速。发动机扭矩与行驶阻力矩之差就是用于汽车加速的扭矩。扭矩在车速低的区域内较大，随着车速提高逐渐减小，到最高车速时为零。当车速超过最高速度后其差变为负值，即开始减速。所以，即使超过了最高速度总是还要退回来。

必须注意的是，并非全部后备驱动扭矩都用来加速，即使再大的发动机，其有效输出扭矩由于受轮胎与地面间附着能力限制，有时也无法全部用来加速。

汽车的加速度往往用最大驱动力进行计算。

3. 汽车的爬坡能力

在汽车爬坡时，除了克服滚动阻力外，还有坡道阻力。倾斜角越大，最高车速越低，驱动力矩和阻力矩的交点处为不同坡度汽车所能达到的最高车速。

汽车在爬坡时受到坡道阻力，但在下坡时汽车自重反过来又有使汽车加速的趋势。这时如松开加速踏板，发动机将起制动器的作用，其输出功率变为负值。

4. 制动性能

高速行驶着的汽车为避免碰撞事故，必须能迅速降低车速，所以汽车的制动性能对于行驶安全是非常重要的。对于内燃机驱动的汽车，关闭发动机的节气门虽然也能使汽车车速降低，但要使汽车完全停住或紧急减速，则必须使用行车制动器。

利用制动器使汽车停住时，必须用某种方法将汽车行驶中具有的动能转变为其他形式的能，最终使汽车的动能降为零。一般是用制动器制动车轮，通过轮胎与路面间的摩擦，在汽车上加一个与行驶方向相反的力，来降低汽车的动能。汽车是不可能一开始制动便立即停住的，而且车速越高，完全停住以前所经过的距离越长。在通常的减速停车情况下，减速度小于 1.47 m/s^2。

在事故调查中，常遇到车间距离太近造成的追尾碰撞事故，为此，需研究车间距离问题。

设有 A 车与 B 车保持车间距离 L，以车速 v 行驶。如先行车 A 开始制动，B 车看到 A 车的制动信号后，也开始制动。人的反应需要时间，再加上驾驶员移脚踏下制动踏板以及制动系统内延迟等，从 A 车开始制动起至 B 车实际开始产生制动为止，最快也得1s左右，因此，车间距离太近就会发生追尾碰撞事故，但是，A 车制动后不能立即停住，所以车间距离不等于 B 车制动停车距离（有时也有例外。例如，当传动轴折断戳到路面上，或者撞在大型货车的尾部时，A 车会立即停住，但在一般情况下 A 车要经过滑移后才能停住）。只要车间距离 L 大于用当时的车速在1s内走过的距离，就不会发生追尾碰撞事故，也就是说，为了不发生追尾碰撞事故，车间距离 L 必须为汽车行驶的速度乘以全部制动滞后时间（包括人的反应时间在内）。

与制动有关的另一个问题是紧急制动时剧烈回转现象。特别是在下雨、下雪天气路滑时，能看到汽车在紧急制动时车轮抱死，因失去控制而发生剧烈回转的现象。转动中的车轮不容易发生侧滑，但车轮抱死以后，在任何方向上都同样容易滑移。

特别是当后轮先于前轮抱死的情况下，若由于某种原因使汽车的纵轴线偏离了行驶方向时，就会出现一个促使汽车进一步回转的力，即离心惯性力，其方向与侧向力相同。这样，后轮的地面侧向反力小于侧向力和离心力之和，汽车将急剧回转，使汽车纵轴线转角加大。这样回转力矩进一步增大，汽车继续转动。当汽车转过 180°以后，汽车的方向变成与行驶方向相反。这时，制动力形成力矩又促使汽车的纵轴线与行驶方向重合。

5. 车身结构

1）轿车车身结构

轿车车身结构分为非承载式（带车架的）结构和承载式（不带车架）结构两种。

（1）非承载式结构的车身。如图 4-8 所示，借助支撑缓冲橡胶将主车身像轿子一样连接在结实的梯状车架上。发动机、悬架等各总成都固定在车架上。车架承受着来自路面的外力、振动，承受着来自发动机的振动、驱动力的反作用力、车身的重力等。这种结构的车身设计，自由度较大、舒适性也高。但由于增加了车辆的自重，故现代轿车采用的越来越少。

（2）承载式车身。如图 4-9 所示，承载式车身没有车架，发动机等各总成都直接装在车身上。承载式车身降低了车辆的自重，但是，在车身前部和车身底部上连接、支撑发动机、转向装置、悬架等总成的部位，局部承受着非常大的力。因此，这一部分需要增加加强筋等结构，以增加刚性。

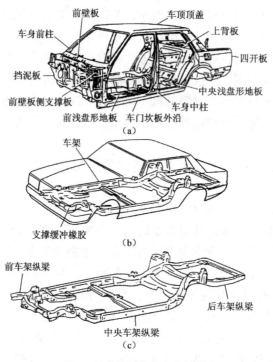

图 4-8　非承载式车身结构

(a) 主车身；(b) 车架式车身；(c) 车架

2）载货汽车车身结构

载货汽车的车身一般由车架、驾驶室及货箱三部分组成，驾驶室和货箱通过连接装置支撑在车架上，驾驶室主要是通过防震橡胶或螺旋弹簧支撑连接在刚性较高的车架上。货箱单独设计，可以根据装载的要求进行多种选择。载货汽车车身如图 4-10 所示。

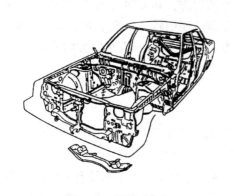

图 4-9　承载式车身

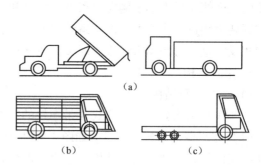

图 4-10　载货汽车车身

(a) 自卸式和厢式；(b) 栏板式；(c) 平板式

与轿车相比，货车车身有以下特点。

(1) 货车车身的刚性远比轿车高，若货车与轿车相撞，一般轿车的变形和破坏会比较大。

(2) 由于货车的车身比轿车要高，当轿车与货车相撞时，会出现轿车钻入货车车厢底板、车架下面的碰撞形态，特别是轿车发生追尾碰撞事故。因此，载货汽车应采取措施，在载货车尾部安装防止突入装置。

(3) 当两载货汽车相撞时，结构比较脆弱的驾驶室会被两货车的货箱及货物挤在中间，难以保证驾、乘人员的生存空间。

6. 汽车要害部位的冲击吸收能力

乘员受伤一般发生在二次碰撞。因此，二次碰撞时与乘员接触的部位必须能够吸收碰撞冲击能，以尽可能减轻对人体的伤害。

这些部位包括吸收冲击式转向装置、仪表板、座椅靠背背面、车厢内后视镜、头枕、可倒式车厢外后视镜等。

7. 保险杠

保险杠是一个吸收碰撞冲击能的主要部件。目前，我国还没有关于保险杠吸收碰撞冲击能的标准。保险杠的损坏状态与碰撞速度之间的关系常成为人们难以解决的问题。

8. 轮胎

轮胎的状况对行车安全起着至关重要的作用，轮胎痕迹对交通事故鉴定同样意义重大。

图 4-11 所示为轮胎尺寸及各部分名称。图 4-12 所示为几种常见的轮胎花纹。

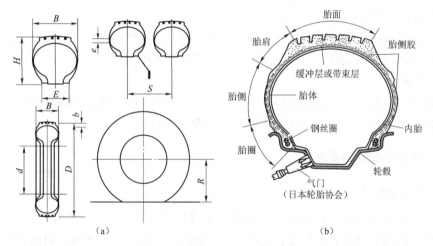

（a）　　　　　　　　　　　　　　　　　（b）

图 4-11　轮胎尺寸及各部分名称

（a）轮胎尺寸特性；（b）轮胎各部名称

S—双胎间距；B—轮胎断面宽度；D—轮胎外直径；d—配用轮辋直径；H/B—轮胎断面扁平比；

E—配用轮辋宽度；R—负荷下轮胎静力半径；e—花纹深度

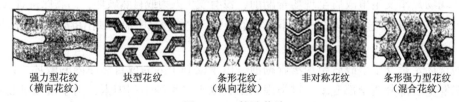

强力型花纹　　　　块型花纹　　　　条形花纹　　　　非对称花纹　　　条形强力型花纹
（横向花纹）　　　　　　　　　　　（纵向花纹）　　　　　　　　　　（混合花纹）

图 4-12　轮胎花纹

特别值得注意的是，胎面花纹是轮胎拖痕和碾压行人的重要证据，事故鉴定中应予以重视。

车辆在高速行驶时，轮胎和路面摩擦产生热，轮胎接触地面会出现平衡阻碍变形，使内部摩擦而发热。这些热量的积累促使轮胎升温，一旦超过限度，会导致强度下降，致使轮胎爆胎。这个极限温度一般为 125 ℃。

在极高速状态下旋转的轮胎，会出现"驻波"现象。一旦达到驻波状态，轮胎产生的热量会急剧增加，超过极限会使胎面橡胶短时间内过热，出现破裂飞射出去的危险状况。轮

胎破裂的状况一般有剥落、帘线层断裂、轮胎裂纹、穿透及爆胎等几种。

9. 制动系统故障

由于制动系统制动效能下降或制动失灵，若车辆制动距离过长或车辆没有制动会引发交通事故，造成人员伤亡或财产损失。由于汽车制动跑偏和制动侧滑，会因汽车发生剐蹭蹬交通事故，造成人员伤亡和财产损失。据统计，交通事故中有约30%是因为汽车制动跑偏和侧滑引起的。

10. 挡风玻璃

挡风玻璃的结构对驾乘人员的伤害程度有不同的影响，采用夹层的安全玻璃可以减少事故对驾乘人员的伤害。

破碎的挡风玻璃或散落在路面上的玻璃片，可以真实地反映出事故车的碰撞方向。对于夹层的安全玻璃，当发生与行人、自行车和摩托车乘员碰撞事故时，有时会留下身体、特别是头部的凹陷痕迹。

11. 转向系统故障

车辆转向系统故障也是引发交通事故的一个原因。由于转向盘自由行程过大，可能会使行车中躲避不及时而造成事故，转向操纵失控会造成严重的交通事故。

12. 悬架系统

悬架系统对汽车的行驶稳定性和操纵性能有非常大的影响，往往会因悬架系统故障，致使车辆失控，引起严重的交通事故，甚至造成车毁人亡的事故。

二、事故现场查勘的要求

（一）保险事故现场

保险事故现场（以下简称现场）是指发生交通及意外事故的车辆及其与事故有关的车、人、物遗留下的同交通或意外事故有关的痕迹证物所占有的空间。现场必须同时具备一定的时间、地点、人、车、物5个要素，他们的相互关系与事故发生有因果关系。

保险事故现场可分为原始现场、变动现场和恢复现场。

1. 原始现场

原始现场是指发生事故后至现场查勘前，没有发生人为或自然破坏，仍然保持着发生事故后的原始状态的现场。这类现场的现场取证价值最大，它能较真实地反映出事故发生的全过程。

2. 变动现场

变动现场是指发生事故后至现场查勘前，由于受到了人为或自然原因的破坏，使现场的原始状态发生了部分或全部变动。这类现场给查勘带来种种不利因素，由于现场证物遭到破坏，不能全部反映事故的全过程，给事故分析带来困难。

出现变动现场的原因有以下几个。

1）正常原因

（1）抢救伤者、排除险情。

（2）保护不善：被过往车辆、行人及现场围观群众破坏。

（3）自然因素：风吹、雨淋、日晒、下雪。

（4）疏通交通阻塞：主要干道、繁华地段。

（5）因任务需要而驶离现场：消防、救护、警备、工程救险车，首长、外宾、使节乘坐车。

（6）其他正常原因：当事人没有发觉。

2）伪造原因

伪造和破坏现场是指当事人为了逃避责任或进行保险诈骗，对现场进行破坏和伪造。这类现场事故状态不合常理，不符合客观规律。

3）逃逸原因

它指当事人为逃避责任而驾车逃逸，导致事故现场变动。

3. 恢复现场

恢复现场有两种情况：一是对上述变动现场，根据现场分析、证人指认，将变动现场恢复到原始现场状态；二是原始现场撤除后，因案情需要，根据原现场记录图、照片和查勘记录等材料重新布置恢复现场。

（二）查勘前的准备

1. 查阅抄单

1）保险期限

查验保单，确认出险时间是否在保险期限之内。对于出险时间接近保险起止时间的案件，要做出标记，重点核实。

2）承保的险种

查验保单记录，需重点注意以下问题。

（1）车主是否只承保了第三者责任险。

（2）对于报案称有人员伤亡的案件车主是否承保了车上人员责任险。车上人员责任险是否指定座位。

（3）对于火灾车损案件是否承保了自燃损失险。

（4）对于与非机动车的碰撞案件是否承保了无过失责任险。

3）保险金额、责任限额

注意各险种的保险金额、责任限额，以便现场查勘时心中有数。

4）交费情况

是否属于分期付款；是否依据约定交足了保费。

2. 阅读报案记录

（1）被保险人名称、保险车辆车牌号。

（2）出险时间、地点、原因、处理机关及损失概要。

（3）被保险人、驾驶员及当事人联系电话。

3. 携带查勘资料及工具

为了有利于准确、有效地查勘，查勘人员出发前应该携带必要的相关资料和查勘工具。

1）资料部分

出险报案表、报单抄件、索赔申请书、报案记录、现场查勘记录、索赔须知、询问笔录、事故车辆损失确认书。

2）工具

定损笔记本电脑、数码相机、手电筒、卷尺、砂纸、笔及记录本等。

（三）事故现场查勘范围与组织

现场查勘是一项细致、烦琐又复杂的工作。因此，在查勘前必须根据现场的具体情况，确定查勘的范围、顺序和重点，拟定查勘方案，按确定的顺序和步骤展开查勘工作。

现场查勘范围根据事故类型而定。查勘人员到现场后，应及时向现场保护人员了解事故情况，现场有无变动及变动的原因和范围，必要时根据当事人和证明人的记忆恢复现场。

对于现场范围比较小，肇事车辆和证物痕迹比较集中的现场，以肇事车辆为中心由内向外展开查勘。

对于肇事车辆和证物痕迹比较分散的现场，查勘顺序要灵活掌握。以重要部位和可能遭受破坏的部位为重点进行查勘，也可以由外围向中心进行，逐步缩小查勘范围；对于面大距离长的现场，可分片逐段进行查勘。

在现场查勘或对事故进行分析研究中，当遇到认定痕迹或事故原因有异议，在关键问题上意见无法统一时，应通过现场试验进行科学考察。

查勘人员到达事故现场后，要根据现场情况，由现场指挥人员统一部署，布置现场警戒；维护交通秩序，预防现场交通堵塞。保护现场；组织救护交通事故伤员，组织现场抢险。

（四）现场查勘的意义、目的和要求

现场查勘是道路交通事故处理过程中一项重要的法定程序，现场查勘是证据收集的重要手段，是准确立案、查明原因、认定责任、进行处罚的依据，也是保险赔付、案件诉讼的重要佐证。因此，现场查勘在事故处理过程中具有非常重要的地位。

1. 现场查勘的意义

1）现场查勘是重大交通事故案件刑事及民事诉讼程序的重要环节

交通事故立案、调查、提起公诉和审判是刑事诉讼活动的四项程序。现场查勘是刑事诉讼第一、二道程序中的重要环节。因此，事故发生后必须对现场、肇事车辆、物品、人员损伤、道路痕迹等进行现场调查。

2）现场查勘是保险赔付的基础工作

对于保险车辆，一旦发生交通事故就涉及赔付问题。只有通过第一现场的查勘才能确定事故的真伪、事故原因及事故态势，确定赔付的基本依据和确认是否为骗保案件。

3）现场查勘是事故处理的起点和基础工作

只有通过严格、细致的现场查勘，才能正确揭示事故的产生、发展过程；通过对现场各种物证痕迹等物理现象的分析和研究，发现与事故有关联的逐项内在因素。也只有通过周密的现场查勘、询问当事人、访问证明人等调查活动，才能掌握第一手材料，对案情做出正确的判断。有了正确的判断，就能正确认定事故责任，追究事故责任者的法律责任，维护受害人的正当权益。

4）现场查勘是收集证据的基本措施

证据是查明事故原因和认定事故责任的基本依据。车辆交通事故是一种纯物理现象，交通事故的发生必然引起现场内客观事物的变化，在现场留下痕迹物证。因此，对现场进行细致、反复地查勘，把现场遗留下的各种痕迹物证加以认定和提取，经过检验与核实就成为事故分析的第一证据。

5）现场查勘是侦破交通肇事逃逸案件的重要环节

现场是交通事故行为的客观反映。交通肇事逃逸的行为不可避免地引起现场各种交通要素的变化，留下痕迹和物品。通过现场查勘取得的各种痕迹证物等证据，是分析案情、揭露逃逸人的特征、侦破逃逸案件的重要依据。

2. 现场查勘的目的

1）确定事故的性质

通过客观、细致地现场查勘证明案件是刑事性质的交通事故，还是普通单纯的交通事故，是否为骗保而伪造事故，对事故进行划分和提供处理依据。

2）查明事故情节及要素

通过现场的各种痕迹物证，对事故进行分析调查，查明事故的主要情节和交通违法因素。

3）确认事故原因

通过对现场周围环境、道路条件的查勘，可以了解道路、视距、视野、地形、地物对事故发生的客观影响；通过对当事人和证明人的询问和调查，可以确认当事人双方违反交通法规的主观因素。

3. 现场查勘的要求

1）及时、迅速

现场查勘是一项时间性很强的工作。要抓住案发不久痕迹比较清晰、证据未遭破坏、证明人记忆犹新的特点，取得证据；反之，到案不及时就可能由于人为和自然的原因，使现场遭到破坏，给查勘工作带来困难。所以，事故发生后查勘人员要用最快的速度赶到现场。

2）细致、完备

现场查勘是事故处理程序的基础工作。现场查勘一定要做到细致、完备、有序，查勘过程中，不仅要注意发现那些明显的痕迹证物，而且，特别要注意发现那些与案件有关的不明显的痕迹证物。切忌走马观花、粗枝大叶的工作作风，以免由于一些意想不到的过失使事故变得复杂化，而使事故处理陷于困境。

3）客观、全面

在现场查勘过程中，一定要坚持客观、科学的态度，要遵守职业道德。在实际中可能出现完全相反的查勘结论，要尽力防止和避免出现错误的查勘结果。

4）遵守法定程序

在现场查勘过程中，要严格遵守《道路交通事故处理程序》和《道路交通事故痕迹物证勘验》的规定，要爱护公私财物，尊重被讯问人、被访问人的权利，尊重当地群众的风俗习惯，注意社会影响。

4. 现场查勘的组织实施

现场查勘工作是一项政策性、技术性、法律性很强且烦琐、细致的工作。尤其对于重大和特大交通事故，查勘工作量大，需要的时间长，涉及的部门、人员多，有些情况要现场处理。因此，现场查勘要有严密的组织和强有力的临场指挥，使查勘工作在统一领导、统一指挥下，有组织、有秩序地进行，避免杂乱无章。交通事故的现场查勘由属地公安交通管理部门统一组织，单方事故可以由保险公司独立查勘、处理。

现场查勘的组织应注意以下事项。

1）迅速赶赴现场

事故发生地的公安交通管理部门接到报案后，应立即组织警力，快速赶赴现场，按《道路交通事故处理程序规定》的要求，及时划定现场范围，实施保护，维护交通秩序，保证现场查勘工作的顺利进行。

2）全面了解和掌握现场情况

只有全面了解和掌握情况，才能对事故性质以及采取的措施等一系列问题做出正确的判断与决策；否则，将会使查勘工作陷于被动。

指挥员到达现场后，首先听取先期到达有关人员的汇报，亲自巡视、查看现场状况，确定查勘重点，布置各项查勘工作。对重要痕迹物证要亲自查验，鉴别真伪与可靠程度，掌握第一手资料。

3）兼顾统筹、全面安排

（1）合理布置查勘力量，特别是重大、特大交通事故。在分配工作任务时，要注意发挥工作人员的特长，因人制宜、新老搭配，提高查勘取证的效率和质量。

（2）重点痕迹过细查勘。尽管现场查勘的工作内容很多，但对重点痕迹的查勘、对痕迹形成的认定、收集人证物证、现场查勘记录4项工作不得有误。这些工作直接关系到事故因果关系、事故性质、事故责任认定。

（3）掌握进度，协调工作。现场查勘工作既有分工又有合作，痕迹查勘与摄影录像、测绘现场图之间要彼此照应、相互协调；否则就会彼此干扰，影响工作的完整性。指挥员要协调各组的工作进度，进行必要的调整，使现场查勘工作顺利进行。

（4）及时采取应急措施。在现场查勘过程中，当遇到某些紧急情况时，应当机立断，及时采取相应措施，保证查勘工作的连续性。例如，对交通肇事逃逸案，一旦掌握基本证据，即可立即采取措施，对肇事车辆进行堵截。

（5）组织现场汇报。查勘结束后，应召开现场工作报告会，听取各项调查汇报，查验查勘记录和现场记录图是否符合《道路交通事故痕迹物证勘验》的要求。发现漏洞和差错，及时复查和补充。若需安排现场试验，可另选时间和地点进行。

4）现场查勘报告的填写

根据现场查勘情况，填写汽车保险事故现场查勘报告，如表4-2所示。

表4-2　汽车保险事故现场查勘报告

保险车辆基本信息	号牌号码：	是否与底单相符：		车架号码（VIN）： 是否与底单相符：	
	厂牌型号：	车辆类型：		是否与底单相符：	检验合格至：
	初次登记日期：	使用性质：		是否与底单相符：	漆色及种类：
	行驶证车主：	是否与底单相符：		行驶里程：	燃料种类：
	方向形式：	变速器类型：	驱动方式：	损失程度：□无损失 □部分损失　□全部损失	
	是否改装：	是否具有合法保险利益：		是否违反装载规定：	

驾驶员信息	姓名：		证号：			初次领证时间：		审验合格至：
	准驾车型：		是否被保险人是允许驾驶员：			是否是约定的驾驶员：		
	是否酒后：			其他情况：				

查勘时间	（1）是否第一现场		（2）		（3）	
查勘地点	（1）		（2）		（3）	

出现时间：		保险期限：		出险地点：	

出险原因：□碰撞 □倾覆 □火灾 □自燃 □外界物体倒塌、坠落 □自然灾害 □其他（　　　　）

事故原因：□疏忽 □措施不当　□机械故障　□违法装载　□其他（　　　　）

事故涉及险种：□交强险　□车辆损失险　□第三者责任险　□附加险（　　　　）

专用车、特种车是否有操作证：　□有　□无

营业性客车是否有有效的资格证书：　□有　□无

事故车辆的损失痕迹与事故现场的痕迹是否吻合：　□是　□否

事故为：　□单方事故　□双方事故　□多方事故

　　保险车辆上人员伤亡情况：□无　□有　伤　人；亡　　人。

　　第三者人员伤亡情况：□无　□有　伤　人；亡　　人。

　　第三者财产损失情况：□无　□有　□车辆损失　号牌号码　车辆型号　□非车辆损失（　　　　）

事故经过：

施救情况：

备注说明：

被保险人签字：　　　　　　　　　　　　　　查勘员签字：

三、现场查勘技术

查勘人员进行保险事故现场的查堪，定损人员进行损失金额的核定时，应该遵照"6、5、4、3、2、1、"的基本方法及准则进行，以保证查勘定损结果的公平公正、准确合理。

（一）"车、证、人、路、货、行" 6个方面

1. 事故车辆的查验

查验事故车辆是否属于承保的标的。

1）车辆类型、型号和 VIN 码

主要通过比照行驶证正本上记载的车辆类型、型号、VIN 码与保单承保的车辆类型、型号、VIN 码是否相同，以便查验出险车辆是否为保险公司允许承保的车辆类型。

2）汽车的结构及配置

查验汽车的款式、内外颜色、转向盘左右形式、采用燃料的种类、变速器的形式、倒车镜及门窗的运动方式、驱动方式、冷媒的品种等是否符合该车的出厂规定或登记档案。这些都是为一些冷僻车型的定损做准备的。

3）汽车使用年限

弄清出险车辆的使用年限，对于界定事故车辆的合法性十分必要。

目前，我国汽车报废标准执行的是2012年颁布，2013年5月1日起施行的新规定《机动车强制报废标准规定》。各类机动车使用年限分别如下：

（1）小、微型出租客运汽车使用8年，中型出租客运汽车使用10年，大型出租客运汽车使用12年。

（2）租赁载客汽车使用15年。

（3）小型教练载客汽车使用10年，中型教练载客汽车使用12年，大型教练载客汽车使用15年。

（4）公交客运汽车使用13年。

（5）其他小、微型营运载客汽车使用10年，大、中型营运载客汽车使用15年。

（6）专用校车使用15年。

（7）大、中型非营运载客汽车（大型轿车除外）使用20年。

（8）三轮汽车、装用单缸发动机的低速货车使用9年，装用多缸发动机的低速货车以及微型载货汽车使用12年，危险品运输载货汽车使用10年，其他载货汽车（包括半挂牵引车和全挂牵引车）使用15年。

（9）有载货功能的专项作业车使用15年，无载货功能的专项作业车使用30年。

（10）全挂车、危险品运输半挂车使用10年，集装箱半挂车使用20年，其他半挂车使用15年。

（11）正三轮摩托车使用12年，其他摩托车使用13年。

对小、微型出租客运汽车（纯电动汽车除外）和摩托车，省、自治区、直辖市人民政府有关部门可结合本地实际情况，制定严于上述使用年限的规定，但小、微型出租客运汽车不得低于6年，正三轮摩托车不得低于10年，其他摩托车不得低于11年。

小、微型非营运载客汽车、大型非营运轿车、轮式专用机械车无使用年限限制。

4）是否属于合法改装

现在的部分私家车主，非常热衷于对自己爱车的改装。

汽车改装的相关规定如下。

2012年我国公安部对《机动车登记规定》做了修正，其中，第16条规定，有下列情形之一，在不影响安全和识别号牌的情况下，机动车所有人可以自行变更。

（1）小型、微型载客汽车加装前后防撞装置。

（2）货运机动车加装防风罩、水箱、工具箱、备胎架等。

（3）增加机动车车内装饰。

除此以外的其他项目均不允许改动。绝对不允许改动的项目为汽车的外形、结构、颜色等。

汽车自行改装，有可能破坏了原有的性能，影响了行车的安全。严格说来，改装内容偏多，或者改装部位涉及行车安全的汽车，已经不再具有原承保车辆的合法意义了。

几乎所有的机动车辆保险条款都规定，在保险期间内，保险车辆改装、加装，导致保险车辆危险程度增加的，应当及时书面通知保险人；否则，因保险车辆危险程度增加而发生的保险事故，保险人不承担赔偿责任。

常见非法改装形式如下：

① 增加货车栏板高度。

② 加大货车轮胎。

③ 增加钢板弹簧的片数或厚度。

④ 增加车厢长度。

⑤ 开天窗。

⑥ 乘用车安装行李架。

⑦ 仿古婚车。

⑧ 普通货运车辆改装成专用车辆。

5）使用性质

现场查勘时，应该查验出险车辆的实际使用性质与保险单载明的使用性质是否一致。

有以下两种常见的使用性质与保单不符的情况。

（1）营运货车按非营运货车投保。这种投保方式可以节省保费。查勘时，可以从车辆的状况、车辆的行驶里程等辨别出它是否属于营运车辆。

（2）非营运乘用车从事营业性客运。这种投保方式也可以节省保费。查勘时，可通过调查取证驾驶员与被保险人、乘客与驾驶员的关系，以及保险车辆行驶线路（常为车站、码头、高校门口、商贸城门口）等方式来获取从事营业性客运的依据。

如果车主对被保险人确定的高风险的汽车使用性质有异议时，查勘人员可以通过行驶证和机动车登记证上的相关信息来确认。

2. 相关证照查验

1）驾驶证

查勘时，需要验明驾驶证的真伪，确定是否是合格的驾驶员；确定是否为被保险人允许的驾驶员；确定是否是保单约定的驾驶员。如果怀疑驾驶证的真实性，可以通过姓名和证号查阅、检验驾驶证的真伪。

2）行驶证

查勘人员要对以下问题予以高度重视：行驶证自身的真伪；行驶证副页上检验合格章的真伪，即行驶证的有效期；行驶证车主与保险单登记的是否相同，如果不相同再了解行驶证车主与被保险人的关系，是否具备保险利益；如果行驶证车主与保险单不符，是否有批改单；如果行驶证车主与保险单不符且无批改单，询问是否经保险人同意；如果行驶证车主与保险单不符且无批改单，也未经保险人同意，一般可认为被保险人对标的车已不具备保险利益。

3．确定驾驶人

车辆出险后，查勘人员要尽快确定以下事项：

谁是真正的驾车人？驾车人是否为合格驾驶员？驾车人是否为车主允许的驾驶员？驾驶员所驾车型是否为准驾车型？驾车人是否为保单约定的驾驶员？驾车人是否为酒后或服用违禁药物后驾车？

4．查勘道路情况

如果事故发生地为高速公路，驾车人是否已具备上高速公路行驶的资格。

发生事故时，车辆是否在免责路况行驶，如晴天将车开进水坑造成损失的行为。

5．查验货物装载情况

无论是乘用车还是商用车，都存在违规装载的现象。

大客车的追尾、货车的倾覆，多数是因为违规装载所造成的。这就要求查勘人员在接到报案之后，应该尽快到达事发现场。通过对大客车现场乘客的清点，对货车货物装载情况的查验，以及每件货物质量的估算，运单或货单上的货物质量记载等方式确定是否超载。

《中华人民共和国道路交通安全法实施条例》（2011年修订，当年5月1日开始实施）第54条规定：机动车载物不得超过机动车行驶证上核定的装载质量，装载长度、宽度不得超出车厢，并应当遵守下列规定。

（1）重型、中型载货汽车，半挂车载物，高度从地面起不得超过4 m，载运集装箱的车辆不得超过4.2 m。

（2）其他载货的机动车载物，高度从地面起不得超过2.5 m。

（3）摩托车载物，高度从地面起不得超过1.5 m，长度不得超出车身0.2 m。两轮摩托车载物宽度左右各不得超出车把0.15 m，三轮摩托车载物宽度不得超过车身。

（4）载客汽车除车身外部的行李架和内置的行李箱外，不得载货。载客汽车行李架载货，从车顶起高度不得超过0.5 m，从地面起高度不得超过4 m。

6．有无违章行为

发生事故时，驾驶员是否有违章行车的行为（涉及责任比率）。

（二）"问、闻、看、思、摄"5字法取证

查勘的过程实际上是一个对损失原因、损失情况进行调查取证的过程。可以采用"问、闻、看、思、摄"5个基本方法。

1．询问调查

查勘人员到达事发现场以后，可以向当事人和目击者询问一系列的相关情况。

1）出险时间

应该仔细核对公安部门的证明与当事人的陈述时间是否一致。对于有疑问的细节，要详细了解车辆的启程时间、返回时间、行驶路线、伤者住院治疗时间及运单情况等。如果发现两者时间确实不一致，要及时去公安部门核实或者向当地群众了解。

2）出险地点

确定出险地点的目的是为了确定车辆是否超出了保单所列明的行驶区域（如教练车），是否属于在责任免除地（如营业性修理场所、收费停车场等）发生的损失。

3）出险原因

根据保险事故的一般界定，造成损失的原因必须是"近因"。一般情况下，应该依据公安、消防部门的证明来认定出险原因。

4）出险经过

叙述出险经过与原因时，原则上要求驾驶员本人填写（驾驶员本人不能填写的，要求被保险人或相关当事人填写），并将其填写的出险经过与公安交通部门的事故证明（如责任认定书）进行对比，两者应基本一致。如出现不一致，原则上以公安部门的证明为依据。

5）财产损失情况

财产损失包括以下4个方面：保险车辆车损情况；保险车辆车上损失；第三者车损情况；第三者物损。

6）人员伤亡情况

查勘人员伤亡情况时，首先要明确本车伤亡人员的相关信息，如姓名、性别、年龄，与被保险人之间的关系、与驾驶员之间的关系、受伤人员的受伤程度；其次要明确对方车上伤亡人员的相关信息，如姓名、性别、年龄、受伤人员的受伤程度。这些信息将为医疗核损人员查勘、核损时提供有利的原始依据。

7）施救费用

某些案例的施救费用可能极高。例如，在山区行驶的车辆翻入山沟后的施救费用；私家车自驾游被困森林，人逃出，车被困，重返森林的施救费用。查勘人员应该在施救结束后及时了解这笔费用实际发生的额度。

2. 闻

现实生活中，许多车祸是因为驾驶员酒后驾驶造成的。在一些特定的时间（如每天尤其是节假日的13—16点、20—23点），对一些特定的驾驶群体（如青壮年的男性驾驶员、经营人员），出险以后应该考虑是否存在酒后驾车的问题，设法与公安人员一起取证。

例如，某地在中秋节之夜的21点30分左右发生了一起追尾车祸，作为轿车的后车，追尾撞上了前边的大货车，车上乘客全部死亡，轿车几乎报废。查勘人员根据时值中秋佳节，又是晚上9点半左右这一事实，怀疑可能存在酒后驾驶的情况，建议公安人员重点查验这一内容，最后与公安人员一起，取驾驶员血样送检，由公安部门得出了"酒后驾车，车速过快，导致追尾，后车全责"的结论。保险公司依据"酒后驾车"的客观事实，拒绝了车主的赔付要求。

3. 仔细观察

查勘人员来到事发现场后，要仔细观察车辆及周围情况，弄清导致事故发生的直接原因。

1）观察驾乘人员

是否存在神色慌张，似乎想掩盖某些事实的迹象。是否存在报案所称的驾驶员并非实际驾车人的可能。

2）观察路况

保险车辆所在的路段，是否可以造成已经发生了损失的事故。该路段是否存在不允许保险车辆通行的规定。

3）观察受损车辆

车辆状况是否符合正常行驶的要求；有无可能属于报废后重新启用的车辆。

车辆所在位置是否在事故发生后被人为挪动过。

如果发生了火灾，要寻找起火部位，观察烧损情况，初步界定汽车是否属于自燃的属性。

如果发生了水损，要观察事发地是否会造成已经发生了的损失；是否不属于保险责任。

如果发生了盗抢，要首先观察事发地是否属于收费性的营业场所。

如果发生了碰撞，要首先观察第一碰撞点的痕迹，是否符合报案人所称的与碰撞物碰撞后所留的痕迹：正面碰撞的第一接触点应该是保险杠，如果碰树，会粘有树皮；如果碰电线杆，会粘有灰屑；如果碰墙，会粘有土屑、砖屑；如果碰护栏，会粘有油漆。

4. 认真思考

查勘人员对于自己所听到、嗅到、观察到的各种现象，要进行认真的分析，通过各种现象的相互佐证，运用自己的专业知识，分析出眼前事故的真实原因。

如果是车辆运动中发生的碰撞，要重点考虑碰撞的部位，轿车制动时前头下沉，后尾高翘，接触点与常态时有所不同，有可能只是使前大灯碰坏，而保险杠却没有受到损伤。

新车发生的保险事故，车主故意行为的可能性不大。

上午 11 点之前发生的保险事故，酒后驾驶的可能性不大；而 13—17 点或 20—23 点发生的车祸，有可能涉及酒后驾车。

5. 现场摄像及拍照

为了如实反映事故现场的真实情况，需要保留相应的证据，以备定损研究和事后核查之用。现场查勘人员应当十分注重通过摄影记录损失情况。因为现场拍摄的照片不仅是赔款案件的第一手资料，而且也是查勘报告的旁证材料，应予以充分重视，防止出现技术失误。

1）摄影方式

一般现场摄影包括方位摄影、中心摄影、细目摄影和宣传摄影 4 种摄影方式。

（1）方位摄影。它是指根据事故车辆为中心的周围环境，采用不同的方位拍摄现场的位置、全貌以反映事故现场轮廓的摄影。当拍摄事故现场的全貌时，一般采用此种摄影。

（2）中心摄影。它是指以事故接触点为中心，拍摄事故接触的各部位及其相关部位，以反映与事故相关的重要物体的特点、状态和痕迹特点。当拍摄现场的中心地段时，宜采用中心摄影方式。

（3）细目摄影。当需要拍摄事故现场的各种痕迹、物证，以反映其大小、形状、特征时，需要采用细目摄影。细目摄影的部位包括以下内容。

① 事故车辆和其他物体接触部分的表面痕迹，用以反映事故原因。

② 物体痕迹，如事故车辆的制动拖印痕迹、伤亡人员的血迹、机械故障的损坏痕迹等。

③（如营业性修理场所、收费停车场等）事故车辆的牌号、厂牌型号等。

④ 事故的损失、伤亡与物资的损坏等。

（4）宣传摄影。有时为了宣传和收集资料的需要，通过宣传摄影，运用技巧突出反映某一侧面，如车辆损伤、伤亡者及事故责任者等。

2）摄影方法

一般现场摄影包括相向拍摄、十字交叉拍摄、连续拍摄和比例拍摄 4 种摄影方法。

（1）相向拍摄法。即从两个相对的方向对现场中心部分进行拍摄，以较为清楚地反映现场中心情况。

（2）十字交叉拍摄法。即从 4 个不同的地点对现场中心部分进行交叉拍摄，以准确反映现场中心情况。

（3）连续拍摄法。它是将现场分段进行拍摄，然后将分段照片拼接为完整照片的方法。此种拍摄方法适合于事故现场面积较大，一张照片难以包括全部事故现场的情况。

（4）比例拍摄法。此法是将尺子或其他参照物放在被损物体旁边进行摄影。常常在痕迹、物证以及碎片、微小物摄影的情况下采用此法，以便根据照片确定被摄物体的实际大小和尺寸。

3）摄影要求

（1）拍摄第一现场的全景照片、痕迹照片、物证照片和特写照片。

（2）拍摄能反映车牌号码与损失部分的全景照片。

（3）拍摄能反映车辆局部损失的特写照片。

（4）拍摄内容与交通事故查勘笔录的有关记载相一致。

（5）拍摄内容应当客观、真实、全面地反映被摄对象，不得有艺术夸张。

（6）拍摄痕迹时，应当在被摄物体一侧同一平面放置比例尺（比例标尺的长度一般为50 cm，当痕迹、物体面积的长度大于 50 cm 时，可用卷尺作为比例标尺）。

（7）采用数码拍摄机和光学拍摄机两种拍摄机（数码照相机拍摄的照片便于计算机管理、便于网上传输、成像快，缺点是易被修改、伪造）。

（8）照片档案应该有拍摄地点、摄影人、摄影时间、照片标示、文字说明等内容。分类时一般应按照现场环境照片、痕迹勘验照片、车辆检验照片、肇事者照片的顺序编排。

4）现场摄影的一般技巧

现场摄影有一定的技巧，需要查勘人员事先去掌握，如取景、接片技术在现场拍摄中的运用、滤色镜的使用、事故现场常见痕迹的拍摄等。

（1）取景。取景就是根据拍摄的目的和要求，确定拍摄范围、拍摄重点，选择拍摄角度、距离的过程。

（2）接片。对连续拍摄的要进行接片。为此，拍摄时应注意以下问题：相邻两幅画面取景时应略有重叠；各段拍摄应以同样的距离、光圈、速度拍摄；冲印放大时，应使用同一纸型、同一感光时间。

（3）其他技巧。为了记录事故的发生地，应该尽量选择静止的固定参照物进入拍摄画面。

拍摄好两个 45°的照片。前 45°的照片反映侧面和前牌照；后 45°的照片反映另一侧面及后牌照（即使没损坏也要拍，防止施救中扩大损失）。

总成或高价值的零部件一定要拍摄照片，小的损失、低值零件视情拍摄。

翻砂件（如发动机气缸体、变速器外壳、主减速器外壳等）发生裂纹时，直接拍摄无法反映出裂纹。可以先在裂纹处涂抹柴油，再用滑石粉或粉笔末撒在油上，用小锤敲击裂纹附近，形成一条线后再行拍摄。

电控单元（ECU）：利用照片反映其变形。

6. 赔案现场录像

1）现场录像的内容

现场录像的内容包括现场方位录像、现场全貌录像、现场中心录像和痕迹物证录像 4 个部分，其要求与现场照相基本相同，只是表现形式、表现手法、表现效果有所不同。

2）现场录像的原则

为了尽量多地收集信息，确保勘验质量，现场录像应当遵循以下原则：

先录原始的，后录移动的；先录地面的，后录高处的；先录容易消失的，后录稳定的；先录急需移动的，后录固定不变的；先录容易破坏的，后录不易破坏的；先录明显的，后录疑难隐蔽的；先录有危险的，后录安全的；先录光线条件好的，后录光线条件差的；先录大景别的，后录小景别的；先录运动镜头，后录固定镜头。

3）现场录像的方法

（1）摄像的景别。现场摄像常用的景别有远景、全景、近景、特写 4 种。

（2）摄像的角度。现场录像常用的拍摄角度有平摄、俯摄和仰摄 3 种。拍摄角度不同，其表现的效果也各不相同。平摄是指摄像机光轴与地平线保持平行状态的摄像。平摄的画面构图和透视关系如同人们日常平视观察事物的效果。俯摄是指由高处向低处所进行的摄像，其画面构图和透视关系如同人们低头观察物体的效果。仰摄是指由低处向高处所进行的摄像，其画面构图和透视关系如同人们抬头观察物体的效果。

（3）摄像的技巧。现场录像镜头连续活动的特点要求我们正确选择合乎人视觉感受客观规律的镜头运动方式和摄像技巧，真实反映现场情况。现场摄像在镜头运动方式上的常用技巧有摇摄、推摄、拉摄和跟摄 4 种。

（三）现场查勘的实施

1. 注意 4 个基本问题

1）是否属于保险车辆

现场查勘时，可以通过查验汽车的号牌、VIN 码或车架号来确定出险车辆是否属于保险标的。

2）是否属于保险责任

有一些客观发生的车险，尽管车主也为自己的爱车投了保险，但或因投保的险种不符或因不属于保险责任而不在理赔之列。

3）谁的责任

保险公司所承保的车辆，驾驶员是否负有责任，是全责还是部分责任。

4）损失金额

损失金额包括施救费用、财产损失、人员伤亡损失等。

2. 3 项技能

1）调查取证

调查取证的内容主要包括出险时间、出险地点、出险原因、保险车辆驾驶员情况、出险经过与原因、处理机关、财产损失情况、人员伤亡情况、施救情况。

2）绘制现场图

绘图的一般要求如下：

（1）应全面、形象地表现交通事故现场客观情况。案情简明的交通事故，可力求制图简便。

（2）绘制现场图需要做到客观、准确、清晰、形象，图栏各项内容填写齐备，数据完整，尺寸准确，标注清楚。用绘图笔或墨水笔绘制、书写。

（3）交通事故现场图各类图形应按实际方向绘制。

（4）图线宽度在 0.25～2.0 mm 之间选择。在同一图中同类图形符号的图线应基本一致。

（5）绘制现场图的图形符号应符合《道路交通事故现场图形符号》（GB 11797—1989）

标准的规定，该标准中未作规定的，可按实际情况绘制，但应在说明栏中注明。

（6）比例。一般采用1：200的比例，也可根据需要选择其他比例。所用比例应标注在比例栏内。

（7）尺寸数据与文字标注。现场数据以图上标注的尺寸数值和文字说明为准。图中尺寸以厘米为单位时可以不标注计量单位。如采用其他计量单位，必须注明。标注文字说明应准确、简练，一般可直接标注在图形符号上方或尺寸线上方，也可引出标注。

（8）尺寸线和尺寸界线。尺寸数字的标注方法参照《总图制图标准》（GBJ 104—1987）的规定。

3）填写现场查勘报告

根据现场查勘情况，填写汽车保险事故现场查勘报告，如表4－2所示。

3. 两个顺序

查勘人员在登记汽车零部件的损坏情况时，应该按照顺序进行，以免重复登记或遗漏登记损坏了的汽车零部件。

1）由表及里

对于造成损坏的汽车零部件，登记时首先按照由表及里的方法进行，先登记外表可以看得见的，再逐一向内展开登记。

2）由前往后

在贯彻"由表及里"登记方法的同时，为了避免遗漏，还要"由前往后，自左至右"进行登记。这样一般不会遗漏、重复登记。

4. 一个目标

在对车损现场进行查勘、定损时，应该考虑到一个总体目标：兼顾到车主、汽车维修厂、保险公司三方面的利益，大家和谐相处，最终有利于保险公司和汽车社会的发展壮大。

首先，保险的查勘、定损、理赔，要使车主的合理索赔要求能够得到满足，及时解除其后顾之忧，达到投保的真正目的，树立保险公司在其心目中的形象。

其次，受到损伤的汽车需要到汽车修理厂去修复。汽车修理厂的愿望在于能够从保险公司获得维修任务、得到较高的定损估价以及快速的划款。个别情况下，保险公司不得不对汽车修理厂的某些要求进行折中处理。

保险公司的利益有眼前利益和长期利益之分。一般来说，两者需要兼顾。作为保险公司的员工，查勘定损人员最终要维护保险公司的利益。

四、现场痕迹查勘与鉴别

（一）交通事故痕迹物证概述

交通事故痕迹物证，是指发生交通事故时，参与交通活动的各种交通因素从交通事故现场带走或遗留在交通事故现场能够证明事故真实情况的物品和痕迹。

1. 交通事故痕迹物证的特性

因为交通事故是一种纯物理现象，其痕迹物证既能反映出造型客体与承受客体之间的作用过程，同时还能印证痕迹的形成。交通事故痕迹物证具有以下特性。

1）符合法律要求

交通事故痕迹物证的收集必须符合法律的规定和要求。交通事故痕迹物证应由公安交通管理部门进行查勘和提取，遇有疑难事故可以聘请专家协助解决。

2）造型客体与承受客体的相互性

交通事故是造型客体与承受客体间的相互作用，造型客体的形状和物质不可避免地遗留在承受客体上，承受客体的物质也不可避免地遗留在造型客体上。例如，油垢、油漆等的相互渗透，血液的渗透，其他微量物的渗透；轮胎碾轧路面留下的痕迹，轮胎碾轧人体后，在人体皮肉上留下的轮胎花纹痕迹等。

3）形状发生变化

碰撞事故发生后，两客体都会发生不同程度的变形。在碰撞和刮擦事故中，若承受点发生在油箱，金属摩擦产生的火花会点燃外溢的汽油，使整车燃烧甚至爆炸，只留下碰撞时接触部位的变形特征。

4）客观性

交通事故是人力不能左右的纯物理现象，交通事故形成的痕迹物证，是客观存在的事实，不是人们主观臆断想象出来的。不同的是现场物证的品种、数量和部位。

2. 现场痕迹查勘的意义

1）反映事故车辆在发生事故过程中的行驶状态

（1）根据现场路面上遗留下的制动印迹走向或车轮碾压物件、人体推移的擦痕，判断肇事车辆在发生事故瞬间的行驶方向、状态及措施情况。

（2）根据肇事车辆遗留在现场路面上的轮胎痕迹的变化以及车、物、人体上各种痕迹形态，判断肇事双方发生事故时的情节、运行状态与事故演变过程。

（3）根据现场痕迹和散落物状况，判断事故的性质。

2）通过痕迹印证接触点

（1）根据现场遗留下的轮胎压轧印迹突发变形点、挫划印迹及行人鞋底挫擦印迹始点，判断肇事双方碰撞或刮擦的接触点。

（2）根据车辆、物体、人身上的痕迹，进行比对、化验鉴定，判断发生事故时车与车、车与物、车与人碰撞时的接触部位。

（3）根据现场的抛落物及伤亡人员携带物判断接触点。

3）计算肇事车辆速度、转弯半径限制速度

（1）根据车辆碰撞损坏变形程度，制动印迹、抛落物的距离计算车辆碰撞时的速度。

（2）通过道路转弯半径及超高计算出车辆转弯时最大限制速度。

（3）根据现场车辆制动印迹计算出行驶速度。

（4）根据肇事车辆轮距、轴距计算其内轮差。

（二）交通事故痕迹的形成及特点

1. 交通事故痕迹的形成

交通事故痕迹是借鉴刑事痕迹学相关原理和方法，研究交通事故痕迹的形成。现场痕迹有广义痕迹和狭义痕迹之分。

发生交通事故后，现场交通环境及各交通因素势必会发生变化。例如，交通设施、地形、地物的表面形态发生变化，车辆、物体结构遭到破坏改变其物理性质等。

广义痕迹是指事故引起现场范围内的一切变化而遗留下来的各种影像或反映形象。广义痕迹涉及的对象范围较大，它是根据现场痕迹的分布情况，痕迹形态，痕迹间的相互关系，进行调查研究，分析认定痕迹形成的原因和过程，判定事故的原因和性质。

狭义痕迹是指事故中造型客体作用于承受客体，引起承受客体发生形态变化而遗留下来的反映形象。狭义痕迹具有外部结构形象，即外部几何形状、尺寸大小，可以从承受客体上的痕迹形象反映出造型客体的结构形象。狭义痕迹大多具有同一认定的特性，具有重要的证据意义。

在交通事故中还有一种整体分离痕迹，它反映出分离部分与整体的关系。这类痕迹同样能进行同一认定。

交通事故现场痕迹是由于造型客体与承受客体间的相互作用形成的。

2. 交通事故痕迹的形成特点

交通事故现场状况千差万别，事故痕迹物证的种类形式繁多，但其形成都有规律可循。现场查勘痕迹时，必须准确确定痕迹的形成原因和痕迹类型，才能掌握痕迹的形成过程、规律及特点。交通事故痕迹根据形成的机理可归纳为车物结构形象痕迹和整体分离痕迹。

1）车物结构形象痕迹

车物结构形象痕迹的形成，是造型客体与承受客体在力的作用下发生相互接触形成的。作用力的大小、方向和角度，决定了痕迹的完整程度和外表结构形象。作用力大，形成的痕迹明显，面积大，凹陷程度深，有立体感；反之，痕迹不明显，不完整。当作用力从垂直方向作用时，形成的痕迹比较完整、真切。而作用角度大于或小于20°时，痕迹特征都会发生较大的变化。

造型客体与承受客体相比，造型客体硬度、强度较大，它能把自身的形体特征及分泌物、分离物、附着物遗留在承受客体上，能把承受客体外部结构的物质粘去，破坏其形状特征。承受客体则能够保留造型客体结构形状特征的痕迹，它具有吸附、渗透、可塑、变形等特点。

（1）平面痕迹和立体痕迹。

① 平面痕迹是造型客体与承受客体相互接触时，承受客体承受造型客体的作用，使表面介质的微粒物增加、减少或色调改变，但客体自身没有发生塑性变形，只呈现出造型客体接触面的外表结构。平面痕迹只有轮廓而无深度。

按承受客体表面微细物质的增减，平面痕迹又分为加层痕迹与减层痕迹。

平面加层痕迹的形成，是造型客体把自身固有的物质或分泌物、附着物遗留在承受客体表面，在承受客体表面形成一个附加层，如汽车在硬路面上紧急制动时形成的轮胎印迹。

平面减层痕迹的形成，是两客体相互接触摩擦过程中，造型客体将承受客体表面的细微物质带走，在造型客体表面形成一层附着物，如小轿车和中型客车发生刮擦事故时中型客车表面的油漆附着在小轿车车身上。

② 立体痕迹的形成，是造型客体与承受客体发生碰撞事故时，造型客体施加于承受客体上的碰撞力，使之形成了与造型客体接触面外部形状相对应的有凹凸变化的痕迹。它反映了造型客体接触面在三维空间的立体形象特征。

立体痕迹形成的条件是，造型客体的硬度大于承受客体，且承受客体具有一定的可塑性，作用力大于承受客体的抗压强度时，使承受客体产生变形形成立体痕迹。例如，雪地、松软的土路上的轮胎印迹；人和汽车相撞，人的头部在汽车的挡风玻璃、机盖上形成的人头

形状的印迹。

（2）静态痕迹与动态痕迹。两者的区别在于两客体相互接触时，接触面是否发生了滑移。

① 静态痕迹是指两客体发生碰撞时，由于作用力垂直或接近垂直，接触面各点处于相对静止状态，没有平面上的相对移动。例如，汽车迎面撞在树或电杆上，在汽车的保险杠或前部形成的树或电杆的痕迹。

② 动态痕迹是指两客体发生接触时，由于作用力的方向成锐角，两客体发生碰撞的同时接触面存在相对滑移形成的痕迹。例如，车辆发生同向或相向的刮擦事故及斜向碰撞事故。动态痕迹的形态主要由凹凸线束表现。

静态痕迹与动态痕迹是相对而言的，两类痕迹通常是相互联系在一起的，鉴别时应引起注意。

③ 车物结构形象痕迹的鉴别。

车物结构形象痕迹的鉴别是现场查勘中的一项重要内容，现场查勘中要详细勘测记录痕迹物证的形态、数据，对各种形象痕迹的形成方式进行准确的鉴别，为正确地判断事故的发生及演变提供依据。

由于痕迹物证受到各种外界条件的影响，其外观特征及质量会发生变化。因此，在进行车物结构形象痕迹的鉴别时，必须要掌握痕迹物证的属性、特征及其质量。例如，现场痕迹因抢救伤者或群众围观遭到破坏，物品褪色、血液凝固变成棕红色，冰雪被光照融化，汽车表面色漆由于喷涂工艺、原料不同，其漆色、光泽、质量也不尽相同，受到风吹、日晒、雨淋、污染的影响表面颜色变化也不同，但其内层漆基本保持原色。掌握了车辆结构及相关因素的这些特性，有利于辨认痕迹的差异。

凹陷痕迹的认定结论应符合以下标准：造型客体的遗痕部位具备形成现场痕迹的条件是痕迹与样本的形状、大小、凹凸度应吻合一致，质量好的特征位置、形态、相互关系、方向、角度、数量等要一致。差异点应得到科学解释。

凹陷痕迹的否定结论应具备以下条件：痕迹形状、大小、凹凸度不吻合，缺少质量好的特征，少数特征的符合具有偶然性。

线条状痕迹要满足以下标准：造型客体具备形成现场痕迹的条件，稳定可靠的凹凸线特征吻合，刮擦痕迹横断面的凹凸趋势一致，少数特征的差异应得到科学解释。

2）整体分离痕迹

整体分离痕迹也叫整体痕迹，是指车辆某个完整部件，在外力的作用下被分离成若干部分，在分离的断面上形成分离线或分离痕迹，反映分离体间的关系。

（1）整体分离痕迹的形成。

整体分离痕迹是肇事车辆在事故中碰撞、刮擦客体时形成的，外部结构呈现变形、撕裂、破碎痕迹，同时破损部位的油漆片、金属片、泥土等物质脱落在路面上或附着在对方客体上。车辆发生碰撞事故时，作用力不仅施加于车辆的外部结构，同时会将撞击力传导给内部机构，使整体部件产生分离线或断裂分离。

整体分离痕迹在损伤部位一般不反映形象痕迹的特征，只有分离线或分离机件断面痕迹的特征，如轴类零件的断裂等。

（2）整体分离痕迹的鉴别方法。

整体分离痕迹的鉴别，关键在于整体分离线和分离痕迹的确认，要根据分离体的固有特征、附加特征和分离特征是否相同，来确定分离体与整体是否为一体。

① 根据分离体与整体分离痕迹的特征，确定车辆损伤部位的受力状态，分析力的作用方向与分离物的关系，判断痕迹的形成方式。

② 确认分离物的一般特征，将分离机件各部分拼接起来恢复原机件外形特征，确定分离机件与原机件是否为一整体。

③ 将分离机件与原机件进行比对，观察其外貌特征是否属于同一整体。

④ 测定材料处理工艺，估算抗剪强度。这项工作可聘请专家试验测定。

由于整体分离痕迹的鉴别存在一定困难，所以在查勘过程中要注意：在一般特征不相符时，一些断面凹凸形状变化较大时，应反复、细致地观察判断，不要轻易下结论。

（三）交通事故现场痕迹分析

交通事故痕迹千差万别，包括范围很广，大致可以分为三类，即路面痕迹、物体痕迹及相关痕迹。

1. 路面痕迹

路面痕迹是指交通事故中诸要素遗留或附着在现场道路或周围地面上的能够反映事故形态及其成因的痕迹及散落物。路面痕迹的查勘包括现场道路地形的查勘与现场路面痕迹的查勘。

1）现场道路地形的查勘

（1）现场路面查勘。现场路面状况对车辆行驶性能有着重要影响，在现场路面查勘时应重点注意以下几点。

① 路面覆盖物的查勘。如积水、泥泞、结冰、积雪、油污等，这些直接影响车辆的行驶稳定性和制动效果。查勘时应特别注意这些覆盖物的位置和面积。

② 路面状况的查勘。道路等级，路面质量，道路承载能力，道路病害，沙石路横坡路面对车辆行驶稳定性的影响。

③ 纵坡路的查勘。对于车辆发生倾翻或驶出路外事故，要勘测车辆轴距、轮距、坡度和纵向稳定能力。

④ 桥梁、隧道、路树等的查勘。这些因素会影响到驾驶员的视距、视野，应注意查勘在这些因素影响下，双方各自能见度的距离。

（2）现场地物、环境的查勘。现场地物是指现场上的建筑物、交通及通信设施、堆积物、施工占路作业面等，因受其影响发生的交通事故。因此，应详细勘测、记录其所在位置及对事故的影响程度。

2）现场路面痕迹的查勘

现场路面痕迹的查勘重点是，确认肇事双方接触时反映在路面上的位置，辨认轮胎制动印迹，确定各种挫痕及散落物。

（1）路面上接触点的查勘与确认。机动车之间、机动车与人发生碰撞事故时，其接触部位反映在路面上的投影位置，叫作名义接触点。由于交通事故的发生受到多种因素的影响，难以确切认定双方接触点。因此，应参考以下几个方面确认名义接触点。

① 依据轮胎印迹确认接触点。机动车之间发生碰撞时，由于突然受到撞击力的阻碍，在惯性作用下，使轮胎与路面间的切向力方向、大小发生突变，导致一方或双方车辆的轮胎与地面产生剧烈摩擦，形成偏离车辆原行驶方向的摩擦印迹。轮胎印迹的突变点，即可认定双方车辆的接触点。

② 依据路面划痕认定接触点。车辆碰撞导致破损的机件脱落着地，在路面上产生划痕。但应注意的是，从碰撞到脱落产生划痕需要一段时间，因此，路面划痕与接触点存在一定距离。

③ 根据车辆抛落物推算接触点。车辆发生碰撞时，车上的物品、部件脱离原位抛落于地面，这是一个平抛运动。因为从物件脱离车体到落地需要一定时间，所以，若车辆碰撞初速度为 v，分离物体距地面高度为 h，要通过计算确定抛物落地点与接触点的距离 l，则计算公式为

$$l = v\sqrt{\frac{2h}{g}}$$

在实际推算中，应注意圆形物落地后会发生滚动，扁平物体落地后会产生滑移。抛落物脱离车体时由于周围物体的阻力会消耗一部分能量，车辆撞毁变形后，应参照同类型车辆判定落地高度。

④ 依据鞋底划痕确认接触点。发生车辆与行人的碰撞事故时，鞋底在路面上留下的划痕特征是由重到轻，可判断重挫痕一端为事故接触点。

（2）路面制动印迹的鉴别。机动车辆的制动距离，与道路性质、路面摩擦力大小、轮胎规格和磨损程度、轮胎气压、载重量、制动器性能、制动力大小、制动初速度等有密切关系，通过查勘车辆紧急制动时反映在路面上的制动印迹的长短、轻重、虚实、断续等形态，确定车辆的行驶状态及驾驶员采取的措施。

① 正常制动印迹。是两条等轮距、平行的前后轮重合的直线拖压印。

② 制动跑偏印迹。由于某种原因出现制动跑偏时，反映在路面上，前后轮制动印迹不重合，后轮制动印迹偏离直线行驶方向，且四轮制动印迹不等长。

③ 制动侧滑印迹。制动侧滑是由于道路状况（附着系数等）、制动系状况、行驶系统故障等原因，制动时使整车轴线偏离行驶方向，车辆发生侧向滑移，甚至掉头，严重时发生侧向倾翻事故。

④ 制动印迹曲线单边现象。制动印迹曲线单边现象，即内侧转向轮有制动印迹，外侧转向轮无制动印迹或有滚动印迹。这不是制动跑偏所致，而是车辆在直线行驶中紧急制动，同时改变行驶方向所致。原因是车辆在做曲线运动时，重心外移，车体外侧负荷加重，导致外侧轮胎与路面的摩擦力加大，车轮制动力并没有成比例增加，因此，外侧转向轮制动器不能抱死，所以路面上不出现制动拖印。而内侧转向轮制动力大于轮胎与路面的摩擦力，制动器及时抱死，路面出现制动拖印。

⑤ 制动印迹断续现象。这种现象的主要原因是搓板路或制动鼓失圆。对于装用 ABS 系统的车辆，在制动结束距离段可出现此现象。

在确定现场制动印迹的长短时，应从可见轻制动印迹为起点算起，至车辆后轮轴头垂直于地面点的距离为印迹总长。若车轮印迹不等长，应单独测量。实地查勘时应注意以下几点。

a. 制动距离与轮胎和路面的附着系数成反比。

b. 受重力和坡度阻力影响，上坡时制动距离会缩短，下坡时会加长。

c. 制动距离与制动初速度的平方成正比，相同的制动环境下，制动初速度提高 1 倍，制动距离会提高到 4 倍。

2. 物体痕迹

在交通事故中，肇事车辆之间及肇事车辆与其他物体之间，由于碰撞与刮擦形成的车物形象痕迹和整体分离痕迹。从痕迹学和物理学角度分析，痕迹的形态、车物损伤程度，取决

于传递能量的客体质量大小、运动速度和碰撞时间。

1）车体痕迹

车体痕迹即交通事故中客体间发生接触，在车体上形成的碰撞、刮擦痕迹。车体痕迹的形成及损伤程度，与接触方式、作用力大小、方向、角度紧密相关。从痕迹形态来看表现出以下几个特征。

（1）凹陷状立体痕迹。承受客体在造型客体的撞击下，接触部位受到挤压而凹陷。由于撞击发生在极短的时间内，两个接触面的位置在痕迹形成时，可以认为没有发生变化，形成具有印压特征的凹陷痕迹。一般能够确切地反映客体接触部位的形象轮廓、大小、角度及表面其他细节特征。

（2）塌陷与孔洞立体痕迹。对于车辆较薄而中空、塑性小、结构松散的部位，受到撞击后，接触部位变形大而不规则，形成塌陷或孔洞状，如车门、翼子板等部位，只能反映造型客体接触部位的形状大小等特征。

（3）粉碎性痕迹。由于承受客体的硬度和脆性大，因撞击力超过其抗压强度，形成严重变形痕迹或破裂、粉碎，这很难反映出接触部位的形象特征，如大灯玻璃、后视镜等。但经整理复原后还是可以判别撞击方向和部位的。

（4）刮擦痕迹。车辆发生刮碰事故时，会在接触部位形成线条状、带状、片状的平面痕迹或大片的凹陷痕迹，这些痕迹由于车辆的质量、行驶速度、接触形式、方向部位、车身附着物、接触部位材料属性的不同，形成的状态有所不同。机动车之间的刮擦痕迹多发生在突出部位，一般面积较大。机动车与非机动车及行人发生刮碰事故时，痕迹多为条状锐痕，其表面兼有减层痕迹。

（5）整体分离痕迹。事故中客体上的部件受外力作用从车体上断裂脱落而留下的痕迹。

2）轮胎类型的鉴别及痕迹勘验

轮胎是车轮中的重要组成部分，轮胎直接与路面接触，直接承受各种作用力，因而轮胎痕迹能够反映车辆的运动轨迹。在发生的交通事故中，往往与轮胎的技术状况及技术标准限值有关，因此，显现出对肇事车辆轮胎痕迹勘验的意义。

轮胎尺寸及各部分名称如图4-11所示，轮胎花纹如图4-12所示。

（1）轮胎的运动痕迹。轮胎的运动痕迹随车轮运动状态的不同，可分为滚动压印痕迹和滑动拖印痕迹两种基本类型。

① 滚动压印痕迹。车轮在路面上呈纯滚动状态时，在路面上留下的的运动痕迹。其痕迹形状与轮胎花纹基本一致。在车速变化的瞬间，痕迹花纹有加深的倾向，加深的程度与加速度大小成正比。

② 滑动拖印痕迹。滑动拖印痕迹是轮胎不做纯滚动运动时形成的。根据车轮的滑动状态又分为滑转和滑移两种。

a. 车轮滑转状态时的痕迹。车轮出现滑转是指车轮平移速度（车辆行驶速度）小于轮胎外缘线速度，轮胎在滚动中出现滑转，致使轮胎印痕不能反映轮胎花纹的形状，路面上只有粗黑的划痕。但可以根据轮胎痕迹分析车轮的运动状态。在急加速时经常出现，加速擦印是车辆加速时，驱动力超过了附着极限，其主动轮产生划转而形成的擦痕。由于加速时轮胎的向后转动产生作用力，因此，可以使一些小石块和砂粒被剥掉，并形成刮痕。

b. 车轮滑移状态时的痕迹。滑移状态是指车轮平移速度（车辆行驶速度）大于轮胎外

缘线速度，一般出现在制动过程中，车轮在路面上边滚边滑。轮胎痕迹随滑移率的不同而有较大的差异，当滑移率小时，轮胎印迹虽变形或模糊，但仍可辨认。随滑移率的增加，因轮胎与路面产生剧烈摩擦热量增加，使胎面橡胶分子脱落，在路面形成一条粗黑印痕，并使制动效能下降。

滑动状态的托印也可称为擦印，在事故现场常见的擦印有泄气轮胎擦印、转弯擦印、减速擦印、碰撞擦印等，擦印的特点十分明显。

泄气轮胎擦印的刮痕线都是横向的，不是纵向的，轮胎擦印通常有波形，并常带有转向的记号。

转弯擦印是指轮胎自由转动，但车辆又受离心力作用时引起的轮胎向外侧滑移所留下的印迹。当车的荷重向外侧两轮转移时，通常外侧两轮会产生擦印。许多情况下，擦印总是一条窄线，看上去像前轮托印的一边，这是一条由离心力使轮胎侧向滚动的结果。

减速擦印是在不打滑的路面上强烈制动时，没有将车轮全部抱死或没有将车轮真正抱死前产生的擦印，擦印总是出现在正规的托印之前。擦印可根据小石块和砂粒沿擦印长度所造成的各种小刮痕来确定，减速时小石块和砂粒沿车辆前进方向压入路面形成刮痕。

碰撞擦痕是由轮胎在车辆碰撞时形成的，这种擦痕可以显示出一个准确的碰撞点，通过横过车辆运动线的应力记号将其确定。准确的碰撞点可以用抱死的轮胎痕迹确定，也可以通过沿托印线的应力记号确定，如图4-13所示。

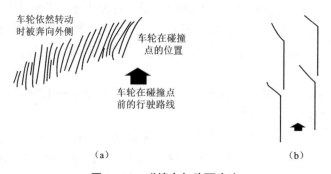

图4-13　碰撞点与路面痕迹

(a) 转动着的轮胎示出的碰撞点；(b) 抱死轮胎示出的碰撞点

制动拖印即车轮完全抱死、滑移率为100%时的滑动痕迹。

(2) 轮胎气压与轮胎痕迹。不同的轮胎气压，不同的装载质量，使轮胎与路面的接触情况有所不同，车辆行驶和制动时在路面上形成的轮胎印迹也不尽相同。

车辆在紧急制动时，由于惯性的作用，前轮的负载变大，其痕迹一般呈双线拖痕；而后轮由于负载变小，形成比正常情况窄的拖痕。

(3) 制动状态与轮胎印迹。在制动过程中，由于车轮制动器动作而限制了车轮的自由转动，轮胎由滚动变为滑动，在路面上留下黑色痕迹即制动拖印。制动印迹随车轮的滑移率和滑移状态不同而定。制动时，随滑移率由零开始增加，车轮由滚动变为滑动，轮胎花纹由清楚开始变得模糊。随滑移率的增加，轮胎花纹在车辆行驶方向上被拉长，变得更加模糊，但还可辨认，这就是制动轧印。当滑移率等于100%时，就形成制动拖印。但有些场合，由于道路环境的影响，不一定都有拖印，这不能说明没有采取制动措施，现场查勘时应予以考虑。

正常制动时，轮胎痕迹为两条平行直线。制动侧滑时轮胎痕迹：制动时轮胎受到侧向外力的作用，左右两轮的痕迹曲率发生突变。制动跑偏时轮胎痕迹表现为：两侧车轮痕迹线不等长；痕迹线通常为光滑的弧线，没有曲率突变点；前后轮痕迹不重合；跑偏程度与痕迹弧线曲率大小成正比。汽车制动痕迹如图 4 – 14 所示。

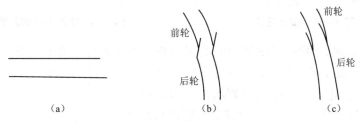

图 4 – 14　汽车制动痕迹

（a）正常制动时轮胎印迹；（b）制动侧滑时轮胎印迹；（c）制动跑偏时轮胎印迹

3）按现场遗留的轮胎花纹鉴别肇事车辆

轮胎的花纹形形色色，多种多样，即或是同种型号的轮胎也有多种花纹，但大体上可分为 4 种，即纵向、横向、混合、块状，参见图 4 – 12。

纵向花纹：轮胎接地部分的花纹，按旋转方向排列成纵向，可分为直线形、波浪形、链条形、锯齿形。这种花纹横向滑动和上下跳动少，所以乘坐舒适，行驶稳定。主要应用于轿车、轻型客货两用车和小型载货汽车等。

横向花纹：轮胎接地部分与旋转方向呈横向排列，花纹种类有直线形、山形，其排列的角度有的呈直角，还有的呈斜向排列。这种花纹与纵向花纹的轮胎相比驱动力较强，制动性能好，但上下跳动较大，易于横向滑移，乘坐不舒适，驾驶稳定性差。主要应用于大客车、载货车及土建用的车辆。

纵横混合花纹：轮胎接地部分呈横向、纵向混合式，胎面中央部分是纵向、左右呈横向花纹。这种花纹兼顾纵、横两种花纹的特点。轮胎的中央部分花纹呈纵向的驾驶比较稳定，而左右呈横向可以增加制动力和驱动力。主要应用在大客车、载货车、吉普车、土建车，也有一部分小客车使用这种轮胎。

方块花纹轮胎：轮胎接地部分呈方形、龟甲形和互相独立的花纹。这种花纹轮胎驱动力大，制动性能好，横向滑动少。但这种花纹磨损较快，使用期限短。主要应用于吉普车、越野车、建筑用车。

轮胎尺寸因车辆的型号而异，轮胎的花纹也因车而异。因此，从车辆遗留在现场的轮胎痕迹的宽度和花纹形状，可以推断出车辆的大小和车辆的种类。而从花纹的磨损程度还可以判断出车辆的新旧。

此外，通过轮胎的花纹还可以判断出轮胎是厂家生产还是更生胎，从而可以判断装配这种轮胎的汽车新旧，更生胎是把胎面磨损部分重新加上一层橡胶，制作上新的花纹，重新加以利用的轮胎。这种胎的花纹是仿制造厂的花纹，故总有些不同处，如花纹的细沟部分的间隔不太均匀，有宽有窄等。另外，前后轮的左右轮胎花纹不同的车辆也不是新车，花纹的提取可用石膏或明胶纸。

4）通过轮胎痕迹判断车辆逃逸的方向

汽车在柏油、混凝土路面上行驶时，轮胎的滚动所产生的气流，使路面的尘土受到前进方向的牵拉，而形成弧状或垂柳的枝条状，如图 4 – 15 所示。

汽车转弯时，由于离心力的作用会产生侧滑，尤其速度快时更为明显，这时在路面上将形成一些平行的斜线花纹，斜线向着前进方向的外侧，如图 4 – 16 所示。

图 4 – 15　灰土花纹

图 4 – 16　弯道形成的斜线花纹

若能辨清前后轮的印迹，也能判断出行驶方向。高速转弯时由于侧滑作用，后轮在外，前轮在内；低速时是后轮印迹在内，前轮印迹在外，如图 4 – 17 所示。

（1）通过轮胎花纹的"浓淡"判断汽车的运动方向。横向花纹的轮胎是靠胎面的突出部分与路面的强大摩擦使车轮前进的，在硬性路面上花纹淡的一边是车辆的前进方向。

（2）看龟裂。轮胎在柔软路面上留下的立体花纹，凹陷深且有龟裂的一侧是前进方向。

（3）看泥土侧壁纹的倾斜。轮胎陷入泥土时，侧壁纹成摆线的一部分，轮胎切入泥土部分的摆线向前进方向凸起。

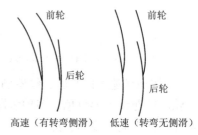

图 4 – 17　转弯时前后轮印迹

（4）看停车印迹。如果汽车在路面上急停车，其刹车印迹重的一侧为前进方向，且有时有不少土堆集在印迹前方。

5）通过印迹判断肇事过程

事故现场的轮胎印迹不仅为寻找肇事车辆提供了极为重要的线索，而且也是分析肇事过程的客观事实依据。

（1）轮胎回转滑移的印迹特点。轮胎与地面的接触形状近似为椭圆形，因而纵向滑移的印迹比横向滑移时的印迹窄，如图 4 – 18 所示。当遗留在肇事现场的轮胎印迹有宽窄变化时，则说明肇事车有回转运动，如图 4 – 19 所示。

图 4 – 18　纵滑和横滑印迹
宽度的差异

图 4 – 19　轮胎回转时印迹
宽度的变化

（2）轮胎气压与转弯时的印迹特点。轮胎印迹的形状与轮胎的气压和负荷有关。正常情况下胎面花纹全部与地面接触，载荷均匀地分布在接触面上。

气压过低或轮胎超载时胎面向里弯曲，即产生桥式效应，大部分荷重加在胎面的两侧，形成两条粗而重的印迹。

气压过高或轮胎载荷较小时，胎面向外弯曲，只有中间部分轮沟槽着地。印迹变窄，从而沟槽数减少。

当汽车转弯轮胎受横向力作用时，荷重转移到外侧轮胎，特别是在轮胎气压不足时，变形更为明显，而内侧轮胎荷重变轻。故在汽车转弯时，外侧轮胎印迹重而宽，内侧轮胎印迹轻而窄。

另外，在汽车紧急制动时，汽车的荷重由后轮向前轮转移，使前轮的印迹两边重中间轻，后轮印迹变窄而轻。由上述分析可知，在汽车转弯时，外侧轮胎印迹重而宽，内侧轮胎印迹轻而窄。

（3）制动拖印开始点和终止点的确定。制动拖印的长度是推算肇事车辆碰撞速度最常用的参数。但是制动拖印的开始点和终止点通常是不清晰的。实际在出现明显拖印之前轮胎已抱死。

为了准确地判断制动拖印的开始点，观察人员可离开拖印一小段距离，并与拖印站成一条线。请一名助手站在拖印的起点外，然后，观察人员放低上身观察路面上颜色的变化，助手在观察人员的指挥下，在路面突然变暗处，用粉笔做出记号，这样反复多次，即可找出制动拖印的开始点。另一种方法是利用刮痕标记判断，因滑动车轮经常将小石块等剥落，并在原来的位置上留下一个指示标记。

另外，在紧急制动时滑移率是从 0 ~ 1 变化的。当滑移率较低时，附着系数较高，而制动力很强，然而，此时没有明显的印迹。为此，在推算制动前的车速时，应考虑制动协调时间的车速变化。

拖印终止点一般容易识别。车辆没有离开时，可用停止位置确定。如果离开，暗斑尾端就是终止点，或者在滑移结束时，聚积在轮胎花纹中的泥灰、胎屑留在终端也可识别。

（4）拖印中的间隙处理。引起制动拖印中存在不连续的断续间隙的原因主要有两种：一种是由于后轴轻载和道路不平，使车辆跳跃而造成的，这种断续间隙很短，数量较多。因车辆每次跳跃前后的制动力都很大，这样可以抵偿车辆的离地时间，故可看成一个整体计算拖印的长度。另一种是由于制动的释放和再制动引起的断续间隙（如 ABS 起作用时），这种间隙少而长，应单独计算。

（5）根据制动印迹的转折判断碰撞点。汽车的正面碰撞、迎头侧面碰撞和斜碰撞中，驾驶员在碰撞前的瞬间多数要采取紧急制动措施，这与追尾碰撞中的被碰撞车不同。碰撞后车辆均要改变原来的行驶方向而出现横向滑移，而在路面上留下明显的印迹转折，根据这一特点，就可以清楚地确定碰撞点，如图 4 - 20 所示。

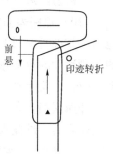

图 4 - 20　碰撞后轮胎
印迹转折

显然，碰撞点应在前轮印迹转折点之前的汽车前悬距处。转折后的印迹，由于有横向滑移，故较转折前略微宽一些。此外，碰撞车辆受到极大的冲击力，挡风玻璃碎片等将抛到碰撞点的前方。

（6）前后轮印迹重叠的特点。在施加制动后，若汽车直线运动，则前后轮的印迹发生重叠。由于汽车在紧急制动时荷重将从后轮向前轮转移，这样前轮的印迹将变得宽而浓，后轮的印迹变得窄而轻，如图 4 - 21 所示。当前后轮印迹重叠，且无法分辨哪是前轮，哪是后轮遗留下的印迹时，拖印的长度实际应等于印迹的全长减去轴距。

（7）根据 4 个车轮的印迹形状判断碰撞姿势。同类型车正面碰撞时，车辆受到向上的回转力作用，使车体的后部都抬起，前部压向路面，如图 4 - 22 所示。因此，碰撞后的前轮印迹变浓而重，后轮的印迹变浅，甚至全无。

车身低的轿车和车身高的载货汽车碰撞时，轿车要钻到载货车的下部。这样，轿车的前轮受压印迹变浓，后轮悬起，印迹消失；而载货车这一方，受轿车的上抬作用，使靠近碰撞部位的轮胎印迹变浅或消失，而使其远离碰撞部位的轮胎印迹变浓。

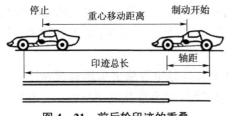

图 4-21　前后轮印迹的重叠

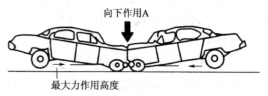

图 4-22　同型车正面碰撞的汽车姿势

（8）制动跑偏和侧滑印迹。有的汽车肇事并非由于驾驶员采取制动措施不及时，而是由于汽车本身的侧滑或制动跑偏，使其失去控制，从而冲入对方车辆行驶的车道，冲入人行道或慢车道而发生碰撞事故。有时甚至冲出路基乃至边沟，或撞及路缘石等而造成翻车事故，参见图 4-14。

制动跑偏是指制动时，原来期望汽车按直线做减速运动直至停止，但汽车却自动地向左或右偏驶。这种现象多数是由于车辆的技术状况不正常、制动力不均造成的。制动跑偏时，轮胎遗留在路面上的印迹，其特点是各个车轮的印迹均是一条比较圆滑的弧线，没有曲率发生突变的区段。

汽车侧滑是制动时其某一轴的车轮或全部车轮抱死而发生横向滑移的现象。这时汽车常发生急剧的回转运动，即使制动系统工作状况正常的汽车，在较高的车速或溜滑的路面上也可能发生后轴侧滑。

制动跑偏和侧滑是有联系的，严重的跑偏常会引起后轴的侧滑，而易于发生侧滑的汽车也有加剧汽车跑偏的倾向。

（9）车辆旋转运动的印迹。如果汽车行驶速度很高，路面溜滑，在紧急制动时后轴先抱死，极易出现绕重心大回转运动，如图 4-23 所示。

（10）道路表面的损伤缺陷。道路表面的损伤缺陷是指那些由于事故车轮胎以外的，其他损坏零件所造成的痕迹。这些痕迹有刮、刻、凿痕 3 种。这些痕迹是说明汽车碰撞及碰撞的车辆运动的重要依据，如消音器、脚踏板、车架的某些部件，发动机、差速器外壳、悬架、拉杠、轮胎破损后的轮辋等均有可能与路面擦碰。

冲撞缺陷：车辆相撞造成的痕迹通常长度较短，多数是由于车辆在碰撞时，巨大的冲击力使损坏的零件撞入地面，而形成的深凿痕，如图 4-24 所示。

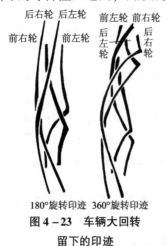

图 4-23　车辆大回转
留下的印迹

图 4-24　车辆正面碰撞时留下的凿痕

如果凿痕和车辆损坏相符，就可准确地确定车辆相撞的准确位置。

碰撞后的刻、刮痕：是由碰撞后车辆运动过程中损坏的零部件、车身的边角或车辆装饰物等与路面刮、刻而形成。短、平、宽的刮痕可能是由车身与路面大面积接触造成的；细而长的多是因损坏零部件刮、刻所致。

留在路面的刮、刻、凿痕常附有零部件的涂料和摩擦粉末，要认真地把路面伤痕与车体对照，反复验证，这对确定车辆的运动路线和碰撞时的相对位置是极为有用的。

轮胎的印迹经常有误认的可能性，即把其他车辆留在路面上的印迹，误认为是肇事车的轮胎印迹。而事故车（坠落）零部件的擦伤痕，则有较高的可靠性，并且这种擦伤痕保留的时间也较长。

6）现场遗留物的分析

（1）油漆片。交通事故肇事逃逸案的现场遗留下的油漆片是判断肇事车辆种类、车号、车型的重要依据。汽车所用的油漆颜色及种类因生产厂家、车型的不同不尽一致。底漆、中间漆多使用灰色、褐色、黑色等无光泽的油漆，而面漆多用有光泽的油漆。

中间漆和面漆喷涂的次数因车种、车型而不同，一般喷 3～5 次的，廉价车只喷涂两次，高级轿车的喷涂达 5～6 次。汽车被用户购买之后，还要喷上其他颜色，如单位名称和车号等。汽车厂家喷的漆一般比较均匀，约 0.1 mm；而修补后的喷漆较厚，且不均匀。脱落的油漆片无论多么微小，在显微镜下各层油漆的颜色都是清晰可辨的，这样就可以进行对比，寻找肇事车。另外，在车体不同部位上的油漆厚度也是不同的，车头、车顶、车底部都不相同。底盘部分防锈、防水、底漆涂得较厚，甚至不喷面漆。旧车的油漆因岁月的流逝，空气的氧化等色泽与新车略有不同。

（2）车灯玻璃片。肇事逃逸车遗留的前照灯及雾灯的玻璃片是寻找事故逃逸车的另一个线索。汽车的前照灯由 3 部分构成，即散光玻璃、反射镜和灯泡。散光玻璃内有各种花纹，不同的车型前照灯的形式、形状大小及散光灯玻璃的花纹均有差异。汽车的前照灯有 3 种类型，即可拆式、半可拆式和全密封式。

车灯因其结构和特性不同，对现场遗留下的玻璃片进行研究，即使没有发现带商标或符号部分的玻璃片，也可推断车灯的型号及制造厂家。另外，把现场遗留下的车灯玻璃片与所寻找的嫌疑车车灯玻璃片进行对比，如果材质、断裂面的形状相符，也是有利的物证。

（3）汽车挡风玻璃碎片。汽车的挡风玻璃，随车型不同也有差异。汽车挡风玻璃有以下几种。

① 夹层玻璃。这种玻璃是在两张玻璃中间夹一层透明合成树脂薄膜。玻璃破碎时，玻璃碎片不会飞散伤人。

② 钢化玻璃。这种玻璃是普通玻璃加热后急骤冷却，使玻璃的结晶密化而成，特点是不易破碎，即使破碎也是较为均匀的小块。

③ 红外线吸收玻璃。这是一种浅蓝色玻璃，可吸收太阳的热射线（红外线），多用于高级轿车。

④ 电热线印制的钢化玻璃。为了防止玻璃在潮气下结露而影响视线，用热电线加固的一种玻璃。

⑤ 普通玻璃。这种玻璃破碎时容易造成人员伤害，一般较少使用。

目前汽车上使用较多的是钢化玻璃，代号为 T 字。符号 L 表示夹层玻璃，S 表示普通玻璃，B 为曲面玻璃，H 表示红外线吸收玻璃，E 表示部分钢化玻璃。汽车前方玻璃有时带有 F 标志。对事故现场遗留下来的玻璃碎片与事故车进行比对时，通过检查颜色、厚度、形状是否相符，可确定其车型。另外，通过玻璃的标记也可以确定其车型号。

其他还有镜子碎片、塑料片部件如翼子板灯、散热器护栅片、天线、装载物，甚至连泥土都是查寻事故逃逸车的物证。

（四）车辆痕迹的查勘与鉴别

1. 车辆痕迹的查勘

碰撞时，碰撞车辆双方都要产生塑性变形。刚度较高的车体变形小于刚度较低的车体。碰撞车要把保险杠上的油漆、涂料或者轮胎的磨损粉末等附到被碰撞车的破损部位。而且碰撞车的坚固凸起物还会在对方车体上遗留下刮痕，这些对于推断碰撞角度是十分有价值的。

因此，现场拍摄下的事故照片，必须标明和记录下有特征的损坏擦痕、条痕、涂料、轮胎粉末、合成树脂等附着位置和高度，损伤部位也要标注清楚，这对以后事故分析是极为珍贵的资料。

肇事车辆在交通事故中，都会形成一定形式的车体痕迹，反映事故过程。在进行车辆痕迹查勘时，应遵循以下顺序：由前到后，从上到下，从有关一侧到无关一侧。

1）车前部痕迹

当车辆发生正面碰撞事故时，即使存在一定角度，一般会在车的前部形成片状凹陷痕迹，如前保险杠、大灯框、水箱框架、百叶窗、翼子板、机器盖等。在现场查勘时，要记录痕迹的凹陷深度、形态、面积及痕迹所处车身的部位，以便认定事故瞬间两客体接触时的动态及相互位置关系。如直行车辆与左转弯自行车相撞，可以从车体接触痕迹及特征，来判定事故全过程和接触部位，并认定事故责任。

2）车辆侧面痕迹

车辆发生刮碰或侧面碰撞、斜碰撞时，会在车的侧面形成片状、条状刮擦痕迹或片状凹陷痕迹。根据痕迹部位、面积、痕迹中心距地面的高度、痕迹起始点距前保险杠的距离，认定两客体接触点及事故责任。例如，直行车辆与横穿马路的自行车发生刮碰事故，自行车失去平衡向下坠去时，在车身侧面形成斜向下方的划痕。

3）机动车底盘上的痕迹

在交通事故中，如有人或物体进入车下，就极有可能发生人或物体与车辆底盘突出部分发生刮碰，在这些突出部位形成擦痕。重点应查勘转向拉杆、前后轴、油箱底壳、驱动桥壳、排气管、车裙下沿及其他突出部位。痕迹查勘时应注意记录其长度、宽度、至地面高度和距前保险杠的距离。纵向划痕应注意查勘划痕始端距保险杠的距离，两侧距车轮的距离；横向划痕查勘时应注意两端距前保险杠的距离和某一端距一侧车轮的距离。通过底盘痕迹的查勘，确定人或物体与车辆底盘的接触情况，确定人或物体的高度以及碾轧过程中的形态，确定车辆的走向。

2. 车辆痕迹鉴别分析

交通事故中车辆发生碰撞、刮擦，势必会形成接触痕迹，因碰撞、刮擦的形态不同，必然造成车体不同程度的痕迹。因发生碰撞的客体结构不同、碰撞的相对速度不同、车辆的总质量不同、接触部位及角度不同，车辆的损伤程度也不同。

1）汽车与固定物相撞

树木、电杆、桥栏、砖墙等物体具有不同的刚度，对冲击动能的吸收能力也不同，车辆撞在这些不同的物体上，损坏程度也就不一样。显然，同样的损坏程度，车辆撞在刚度高的物体上，碰撞前的速度就较低。

2）车速与碰撞的关系

两车相撞时，车速越高，碰撞力越大，损坏程度越高。相同质量的两车相撞，速度高的损坏严重。

3）质量与碰撞的关系

两辆运行的车辆相撞，质量重的车辆产生的撞击力大；反之，质量轻的车辆受到的撞击力大。因此，两质量不同的车辆相撞，质量轻的损伤严重。

4）作用力角度与碰撞的关系

车辆在发生迎头侧面碰撞和斜碰撞时，由于碰撞力的作用方向通过或不通过承受客体的重心，其冲击的强度和形成的各种痕迹也不相同。当碰撞冲击力偏离被撞车辆重心时，被撞车辆将做回转运动，在相同碰撞速度下，这时冲击强度较小，损坏较少。

在进行车辆痕迹的查勘时，应根据事故分析的要求注意以下几点。

（1）准确区分碰撞痕迹形成的先后顺序。车辆发生碰撞后会形成第一次痕迹，碰撞后由于减速或滑移与第三者发生碰撞形成的痕迹叫第二次痕迹，如乘员在车内受到的碰撞，车辆碰撞后与其他车辆、自行车或行人的碰撞。

在交通事故痕迹查勘过程中，只有第一次痕迹才能准确说明事故形成的原因，其他痕迹只能说明事故的演变过程和结果。因此，在现场查勘时，要针对车体上的损伤痕迹，根据其所在部位、形状与其相撞的事故车辆或现场上其他相关物体、车辆上的痕迹，进行实际比对，确认出第一次碰撞痕迹。

（2）确定痕迹形成的着力点与走向。根据痕迹的受力角度，判断两客体的相对运动方向和交叉角度。可以据此分析事故形成的原因，为事故责任认定提供有意义的依据。

（3）车、物痕迹处的附着异物。查勘时应注意附着异物的新旧程度及形成原因。例如，可以根据灯丝的颜色鉴定灯泡破损时车灯处于什么状态，如亮着的灯，其灯泡受破损时，灯丝立即氧化变黑。而灯未亮着，则灯泡破损时灯丝颜色不变。

（4）在查勘车辆的传力机构、转向机构、钢板弹簧和 U 形螺栓等部件的断裂痕迹时，应注意其断裂原因的分析。若由于材料不合格或疲劳引起的断裂，会造成方向失控，断裂可能发生在事故之前。事故中由于冲击力超过材料抗冲击载荷的能力也会引起断裂。但两者形成的断裂痕迹完全不同。

（5）碰撞事故会造成轮胎爆破，行车中由于轮胎爆裂使车辆方向失控造成的事故也屡见不鲜。在对有轮胎爆裂的事故进行查勘时，必须从轮胎爆裂处的状态鉴别是事故前破裂，还是事故造成的破裂。

（6）在分析判断事故接触点、力的作用方向和接触后的运动状态时，应注意依据路面挫痕及沟槽痕的位置、形状、深浅、方向、长短等情况。对于痕迹上的附着异物，应根据其新旧程度，推测其形成的时间，用以比较与事故发生时间是否吻合。

5）注意表面的附着物

被碰撞车和碰撞车损伤部位附着的涂料、油漆、合成树脂或轮胎粉末等很重要，而损伤处残留的路边建筑物、行道树的碎片也必须注意观察和记录。

6）注意压下和上抬的残痕

在大型车和轿车发生碰撞时，由于车高的差异，轿车有压下的残痕，而大型货车则有上抬的残痕。这时轿车是被夹在大型货车和路面之间，故碰撞后的运动是受约束的。

7）注意车体的整体变形

如横向翻滚的汽车，车体向横翻的一侧有变形。

8）车轮是否受约束

车辆碰撞前驾驶员一般要采取制动措施，但由于碰撞事故可能导致驾驶员死亡，车辆出现失去控制的运动。此外，车辆在碰撞时车体要被压变形，轮胎的旋转也受到约束，这时碰撞后的运动也会发生较大的变化，如前轮被压向左或右的偏转，均会改变碰撞后车辆运动的轨迹。

五、肇事车辆状态分析

（一）肇事车辆的速度分析与计算

速度是形成各种交通现象的必要条件，分析交通事故发生原因时，速度则是关键性因素，因汽车超速行驶常造成交通事故。由于交通事故发生过程十分短暂，而变化又十分复杂，根据现场遗留的车轮痕迹、人体被撞击的距离等现场资料，来推断肇事车碰撞前的瞬时速度是可行的；但要计算准确的速度值是很困难的，甚至是不可能的。如果应用汽车运动力学理论，用分析和试验的方法推算出近似的速度，一般可满足事故分析再现的需要。

1. 以制动拖印长度推断与计算肇事车速度

汽车驾驶员在驾驶过程中遇到突然的不测时，在大多数情况下要采取紧急制动措施，而在事故现场遗留下制动拖印。持续制动距离是与车辆行驶速度的平方成正比的，即车速为原来的 2 倍时，持续制动距离为原来的 4 倍。

汽车制动时，汽车的绝大部分动能将消耗于轮胎对地面的摩擦做功，根据能量守恒定律，汽车制动时摩擦阻力所做的功恒等于汽车制动减速过程中所消耗的动能。

由此，通过现场勘测制动拖印，如果制动所做的功是作用在全部车轮上（所有车轮制动都有效），附着重量被充分利用时，就可测算出肇事车辆出现拖印时的初速度。

若制动不是作用在全部车轮上，则制动方式不同时，肇事车辆出现拖印时的初速度推算公式不同。

2. 通过现场试验推算车速

对于汽车碰撞自行车、行人等交通事故，肇事汽车没有损坏，仍能照常行驶，因此可以利用肇事车辆进行现场试验，以局部模拟事故的过程，来推算汽车原来的最低速度。

现场模拟试验的方法，就是利用肇事车辆以一定车速在现场路面上进行制动试验，把试验用的车速和制动得到的拖印长度，与事故现场遗留下的制动拖印长度进行比较，从而推算出车辆肇事前的最低车速。

3. 利用侧滑印迹推算车速

当汽车驶入弯道时，由于离心力的作用，使汽车的前外轮受力较大。在侧滑的地点，该轮胎的外缘在弯道上遗留下一条极浅的印迹，约 5 cm 的细线条痕。当车辆进入侧滑甚至旋转时，这条浅而细的印迹可增加到轮胎与路面接触的宽度。这条由轮胎受力较重而产生侧滑的印迹成为计算车速的重要因素。

有两种计算速度的方法：一是汽车行驶于弯道滑离公路时的速度；二是当汽车行驶至弯道时滑离单行车道以外的速度。

计算汽车驶于弯道滑离公路时的速度时，利用侧滑印迹来计算弯道半径。计算汽车驶至弯道时滑离单行车道以外的速度时，利用单行道中心（行驶中心）作为周边。

（二）附着系数的分析与应用

如图 4-25 所示，有两个相反纵向力作用于滑行车辆上（空气阻力忽略不计），力 F_n 作用在车辆运动的方向上；力 F_f 作用在车辆运动的相反方向上。

根据牛顿第二定律，即力 F_n 等于车辆的质量 m 乘以其减速度 a。动量变化与产生这动量变化的力成正比，并与纵向合力的方向相同。

运动着的车辆的动量是车辆的质量和速度的乘积。由于车辆的质量是恒定的，因此，F_n 与车辆的速度变化率，即车辆的减速度成正比。

附着系数是交通事故案例分析的最重要参数。在道路上轮胎抱死滑移时应使用纵向滑移附着系

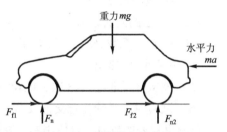

图 4-25　与摩擦力相关的力

数。当汽车受到侧面碰撞时产生横向滑移，应使用横向滑移附着系数；横向滑移附着系数要比纵向滑移附着系数略高。汽车被追尾碰撞时，被碰撞车驾驶员没有采取制动措施情况下，应当使用轮胎自由转动时的附着系数，即滚动阻力系数；当汽车在驱动状态和制动状态（轮胎没有抱死之前）时，应当使用具有一定滑移比的纵向附着系数；还有自行车和行人被撞倒后，应当确定路面上滑移的附着系数等。对这些都应当有一个清楚的概念。

1. 纵滑附着系数 φ

轮胎抱死状态下，在路面上纵向滑移时的附着系数，称为纵滑附着系数。纵滑附着系数与路面的粗糙度、路面的湿润状态（干、湿、积水、结冰、是否有泥土和温度等）、轮胎状况（轮胎气压、轮胎类型、花纹、磨损程度）、制动初速度等有关。

随着路面湿度的升高，纵向附着系数略有下降，并与汽车的行驶速度和路面干湿状态相关。干燥的路面比湿润的路面纵滑附着系数大，且随制动初速度的增大而减小。

轮胎磨损的差异：干燥的路面上，随着轮胎沟槽磨损程度的增加，纵滑附着系数增大；湿润的路面上，随着轮胎沟槽磨损的加剧，纵滑附着系数明显下降。

一般新铺装沥青和混凝土干燥路面有较高纵滑附着系数，而冰、雪路面纵滑附着系数最小，制动时初速度增高时，也会使纵滑附着系数下降。

此外，不同的冰雪路面的附着系数也不相同。普通的雪、压实的雪、普通的路面结冰和平滑的冰面都有差异。

选取纵滑附着系数，需要有一定的实践经验；否则可能有较大的误差。道路的情况是相

当复杂的，如气候、温度、路面材料、施工方法、磨损程度等。为了使所选的道路纵滑附着系数尽可能地接近事故现场，常用下列的简易试验方法估算。

(1) 使用带有可校定车速里程表的车辆，按肇事车行驶的方向，在同一路面上进行制动测量拖印长度，计算道路的附着系数。

(2) 试验车速要控制在 40 km/h 以上，将车辆加速到比试验速度高 3~5 km/h，然后松开加速踏板，使车辆滑行到试验速度，突然紧急制动，使车辆停止、熄火，并用手制动停稳。

(3) 选择 4 个轮胎拖印中最长的一条拖印，测量拖印长度，注意拖印的开始点在有拖印痕迹之前，即路面出现刻痕或有路面擦损处。

(4) 用下式计算道路的纵滑附着系数，即

$$v_0 = \sqrt{2g\,(\varphi \pm i)\,s}$$

式中：v_0——制动初速度，m/s；

$\quad\quad\;$ s——拖印长度，m；

$\quad\quad\;$ φ——道路附着系数；

$\quad\quad\;$ i——坡度系数，%，上坡为正，下坡为负；

$\quad\quad\;$ g——重力加速度。

(5) 该试验要进行 2~3 次，比较每次试验结果，两次试验的拖印长度误差不能大于 5%。

(6) 试验时，必须注意交通安全，应有值勤人员维持试验地区的交通秩序。

车速里程表的校对，可使用制动减速仪。试验前操作人员应反复进行练习，掌握试验技术后再进行该项试验。

2. 特殊附着系数 φ'

在交通事故分析中，当自行车或行人被汽车撞倒在路上时，往往在路上要滑移一段距离后才能停止。在进行能量计算时要确定翻倒在地面上的摩托车、自行车或行人的滑移附着系数，称为特殊附着系数，用 φ' 表示。

一般摩托车和自行车翻倒路面上滑移时，对于干燥的铺装路面上滑移时，可取 0.3；对于湿润路面可适当取略低些数值；而行人被撞倒在干燥的铺装路面上滑移时，可取 0.5，湿润路面也可略低些。

3. 制动时的附着系数

制动时，轮胎与地面有相对的滑移，滑移率小于 0.2~0.3 时，纵向附着系数（注意不是纵向滑移附着系数）是随滑移率的增加而增加的。滑移率在 0.2~0.3 之后，纵向附着系数随滑移率的增加而明显下降，当滑移率为 1 时，为纵滑附着系数。

4. 轮胎自由转动时的附着系数

在追尾碰撞中，被碰撞车由于认知得较晚，在碰撞前多数不会采取制动措施，故在能量计算中被碰撞车必须用轮胎自由转动的附着系数，即为滚动阻力系数 f。

轮胎自由转动时的附着系数，受轮胎的气压和速度的影响。

(三) 水滑现象的机理

汽车在积水的铺装路面上行驶时，一边排开路面上的积水，一边向前滚动。干燥的路面与轮胎接触时，可以获得较高的摩擦系数。但路面积水后，轮胎与地面的直接接触受

到妨碍，水在这时起着润滑剂的作用，摩擦系数减小。路面潮湿时，轮胎的接地面内只有一部分直接与路面接触，其余部分是随水膜接触路面的，水膜介入的部分越大，摩擦系数越低。

为了使轮胎与路面能直接接触，必须排挤掉介入的水膜，这就必须加大局部的压力，或减少轮胎的运动速度，以便有足够的时间把水从接地面内排出去；反过来说，轮胎对地面的压力越低，或汽车的速度越高，轮胎与地面直接接触的部分所占的比例就越少。

如果进一步提高车速，最终会导致轮胎与路面完全失去接触，轮胎便在路面的积水上向前滑动。这种现象恰如滑水运动员一样，卷入轮胎下面的水压力与轮胎的载货相平衡，轮胎与地面完全失去接触，这就是水膜滑溜现象，汽车在积水的路面上高速行驶时，首先前轮发生这种水膜现象。由于后轮是在前轮已排过水之后的路面上滚动的，所以不容易发生这种现象。

发生水膜滑溜现象时，汽车的制动距离加长。设只有前轮发生了滑溜现象，并且为了停车而使用了制动器，这时，前轮虽然马上"抱死"，却不发生任何制动力，汽车只能依靠后轮来制动。

当前轮发生滑溜，只能用后轮进行制动时，能够获得摩擦力的有效载荷不到原来的1/2。因此，制动距离也要增加到 2 倍。但当车速降低到一定程度时，滑溜现象终止，全部车轮便都能产生制动力，所以，实际上制动距离增加不到 2 倍。

发生滑溜现象的轮胎，完全不能承受侧滑反力的作用，使汽车方向无法操纵，即使在很缓弯道上也无法转弯，所以是非常危险的。

出现水膜滑溜现象的危险速度与轮胎接地面的压强，也与轮胎气压的平方根成比例。

一般轿车的轮胎气压为 $1.5 \sim 2.0$ kgf/cm^2（$147.1 \sim 196.1$ kPa），所以发生水膜滑溜现象的危险车速为 $78 \sim 90$ km/h，也就是说，即使在规定的车速内，发生水膜滑溜现象的危险性也是很大的；反之载货车与客车的轮胎气压较高，一般为 4.5 kgf/cm^2（$444.2 \sim 588.4$ kPa），发生滑溜现象的危险速度为 $120 \sim 55$ km/h。

除了轮胎气压以外，影响滑溜现象的因素还有轮胎胎冠情况、路面积水深度、路面的粗糙度、路面拱度及路面有无防滑沟等。

一般情况下，若水膜厚度增加，则危险速度降低。

六、常见事故形态及责任认定

从保险理赔角度看，责任认定是现场查勘中的一项重要工作，它对于责任型保险理赔有主导作用。以商业第三者责任险为例，若承保商业第三者责任险（以下简称商三险）的车辆一方在事故中承担事故赔偿责任，受害方因事故造成的一切损害依法应当由致害方车辆驾驶人或管理人承担相应赔偿责任，同时承保保险公司应依据保险合同规定补偿被保险人因承担赔偿责任而导致的经济损失（这里不考虑保险合同中"免责条款"和"赔偿方式"的规定）。同样，当投保机动车在事故中无须承担赔偿责任时，其驾驶人或管理人就无须承担赔偿责任，其承保公司就不需承担保险金给付责任。

（一）交通事故责任认定

交通事故责任认定是确定损害赔偿和保险理赔的基础，交通事故责任认定遵循过错原则，即因违反规定发生交通事故的，依据机动车驾驶人违法行为与事故的因果关系认定当事各方事故责任。下面列举常见违法形式。

（1）超越前方正在掉头车的，由图 4-26 所示 A 车负全责。

（2）超越前方正在超车的车辆，由图 4-27 所示 A 车负全责。

图 4-26　事故与违法行为因果关系示意 1

图 4-27　事故与违法行为因果关系示意 2

（3）与对面来车有会车可能时超车的，由图 4-28 所示 A 车负全责。

（4）在没有中心线或同一方向只有一条机动车道的道路上，从前车右侧超越的，由图 4-29 所示 A 车负全责。

图 4-28　事故与违法行为因果关系示意 3

图 4-29　事故与违法行为因果关系示意 4

（5）在没有中心隔离设施或者没有中心线的道路上会车时，下坡车辆未让上坡车辆先行的，由图 4-30 所示 A 车负全责。

（6）在没有中心隔离设施或没有中心线的狭窄山路上会车时，靠山体的一方未让不靠山体的一方先行，由图 4-31 所示 A 车负全责。

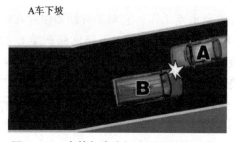

图 4-30　事故与违法行为因果关系示意 5

图 4-31　事故与违法行为因果关系示意 6

（7）在没有中心隔离设施或没有中心线的狭窄山路上会车时，有障碍的一方未让无障碍的一方先行的，由图 4-32 所示 A 车负全责。

（8）在没有禁止掉头标志、标线的地方掉头时，未让正常行驶的车辆先行的，由图4-33所示A车负全责。

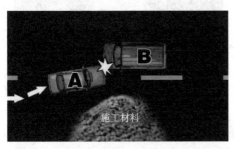

图4-32　事故与违法行为因果关系示意7

图4-33　事故与违法行为因果关系示意8

（9）通过没有交通信号灯控制或交通警察指挥的交叉路口时，相对方向行驶的右转弯车辆未让左转弯车辆先行的，由图4-34所示A车负全责。

（10）通过没有交通信号灯控制或交通警察指挥的交叉路口时，未让交通标志、标线规定优先通行的一方先行的，由图4-35所示A车负全责。

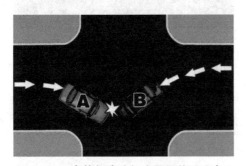

图4-34　事故与违法行为因果关系示意9

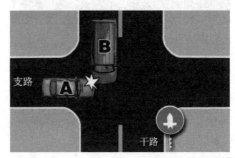

图4-35　事故与违法行为因果关系示意10

（11）通过没有交通信号灯控制或交通警察指挥的交叉路口时，在交通标志、标线未规定优先通行的路口，未让右方道路的来车先行的，由图4-36所示A车负全责。

（12）通过没有交通信号灯控制或交通警察指挥的交叉路口时，遇相对方向来车时，左转弯车辆未让直行车辆先行的，由图4-37所示A车负全责。

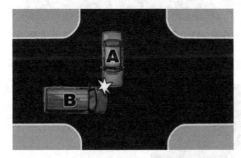

图4-36　事故与违法行为因果关系示意11

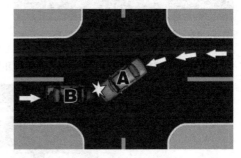

图4-37　事故与违法行为因果关系示意12

（13）倒车时，由图4-38所示A车负全责。

（14）进入环行路口的车辆未让已在路口内车辆先行的，由图4-39中A车负全责。

图4-38　事故与违法行为因果关系示意13

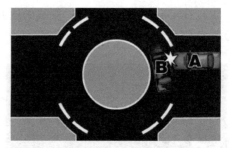

图4-39　事故与违法行为因果关系示意14

（15）绿灯亮时，转弯车辆未让被放行的直行车辆先行的，由图4-40所示A车负全责。

（16）红灯亮时，右转弯车辆未让被放行车辆先行的，由图4-41所示A车负全责。

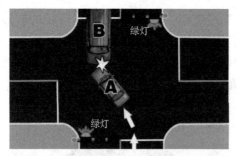

图4-40　事故与违法行为因果关系示意15

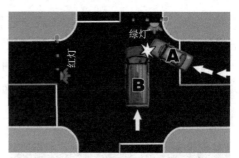

图4-41　事故与违法行为因果关系示意16

（17）溜车的，由图4-42所示A车负全责。

（18）违反装载规定，致使货物超长、超宽、超高部分造成交通事故的，由图4-43所示A车负全责。

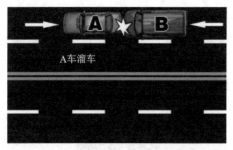

图4-42　事故与违法行为因果关系示意17

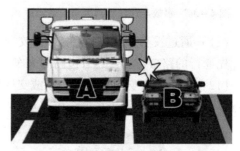

图4-43　事故与违法行为因果关系示意18

（19）违反规定在专用车道内行驶的，由图4-44所示A车负全责。

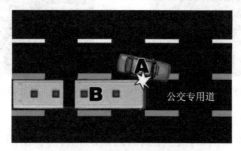

图4-44　事故与违法行为因果关系示意19

（二）赔偿责任认定

保险理赔应根据赔偿责任认定计算赔款。交通事故认定遵循机动车第三者责任强制保险制度与过错原则相结合的方式进行。首先，交通事故各方损失的赔偿责任应先行在各方机动车第三者责任强制保险限额范围内由保险公司赔偿；对于超出较强赔偿限额部分，一般情况下遵循过错原则在商业险范围内赔偿（机动车第三者责任强制保险制度见其他章节具体介绍）。

1. 过错原则

机动车与机动车之间发生交通事故，一方有过错的，过错方承担赔偿责任；多方有过错的，按过错大小比例承担赔偿责任。在此原则下，赔偿责任的认定原则等同于事故责任认定原则。

2. 过错推定原则

机动车与非机动车或行人发生交通事故，在没有证据认定机动车驾驶人存在违法行为或过失的情况下，可以通过判明非机动车驾驶人或行人是否存在过错从而推测机动车驾驶人应当承担的赔偿责任。具体表述为：机动车与非机动车驾驶人、行人之间发生交通事故，非机动车驾驶人、行人没有过错的，由机动车一方承担赔偿责任；有证据证明非机动车驾驶人、行人有过错的，可根据过错程度适当减轻机动车一方的赔偿责任。该原则通过免除受害人的举证责任而使其处于有利地位，从而加重机动车方的赔偿责任，减轻非机动车或行人的赔偿责任。

3. 无过错原则

在机动车与非机动车或行人发生交通事故时，即使机动车驾驶人无过错而不需承担事故责任，也仍需对非机动车或行人承担不超过10%的赔偿责任，即无过错也要承担赔偿责任。在此原则下，我国法律倾向于保护弱势一方。

在此补充一种特殊情况，交通事故的损失是由非机动车驾驶人、行人故意碰撞机动车造成的，机动车一方不承担赔偿责任。

 复习思考题

一、简答题

1. 什么是道路交通事故？事故查勘的目的和意义是什么？
2. 试说明如何做好事故车辆痕迹的查勘工作。
3. 汽车保险事故现场有哪些类型？造成现场变动的原因有哪些？
4. 如何通过轮胎痕迹判断事故车辆的运动状态？
5. 在推算事故车辆制动初速度或碰撞速度时应考虑哪些因素？

二、填空题

1. 发生交通事故就会造成人身伤害或财产损失，涉及_____，有些还会涉及刑事或民事诉讼。因此，对机动车辆交通事故进行_____的鉴定具有十分重要的意义。

2. 交通事故中发生碰撞的结果完全取决于交通事故发生的过程和原因，车辆交通事故鉴定具有高的_____。

3. 要科学公正地做好交通事故鉴定工作，除了要具备良好的道德素质外，还应掌握碰

撞力学、汽车构造特性、_____和人体工程学等知识。

4. 导致结论前提型鉴定的原因和理由是鉴定人按照鉴定_____所希望的结论，适当地捏造和杜撰。

5. 斜碰撞是指有别于正面碰撞和迎头侧面碰撞的一种以_____或_____形式相互接近的碰撞。

6. 车物结构形象痕迹的形成，是造型客体与承受客体在力的作用下发生相互接触形成的。作用力的_____、_____和角度，决定了痕迹的完整程度和外表结构形象。

三、单选题

1. 对于事故鉴定过程中复杂的问题，可以充分利用图表、图形和照片加深对事故过程及形态的认识，某些场合还可以利用（　　　）。

A. 录音和证词　　　　B. 模型和录像　　　　C. 数据和公示　　　　D. 灯光和环境

2. 只有通过（　　　）的查勘才能确定事故的真伪、事故原因及事故态势，确定赔付的基本依据和确认是否为骗保案件。

A. 现场　　　　B. 第一现场　　　　C. 事故责任认定书　　　　D. 仲裁报告

3. 交通事故是人力不能左右的纯物理现象，交通事故形成的（　　　），是客观存在的事实，不是人们主观臆断想象出来的。

A. 状态　　　　B. 结果　　　　C. 痕迹物证　　　　D. 过程

4. 按承受客体表面微细物质的（　　　），平面痕迹又分为加层痕迹与减层痕迹。

A. 增减　　　　B. 着色　　　　C. 颗粒度　　　　D. 变形程度

5. 车辆发生碰撞事故时，作用力不仅施加于车辆的外部结构，同时会将撞击力传导给（　　　），使整体部件产生分离线或断裂分离。

A. 内部结构　　　　B. 纵梁　　　　C. 横梁　　　　D. 车身

6. 在对有轮胎爆裂的事故进行查勘时，必须从（　　　）的状态鉴别是事故前破裂，还是事故造成的破裂。

A. 碰撞接触点　　　　B. 车辆　　　　C. 轮胎损坏　　　　D. 轮胎爆裂处

四、多选题

1. 下列是道路交通事故鉴定内容的是（　　　）。

A. 碰撞地点的特殊情况（违章情况）　　　　B. 乘员所受的冲击

C. 该事故确实存在吗（是否伪造事故）　　　　D. 避免发生碰撞的可能性

2. 属于机动车辆碰撞特点的是（　　　）。

A. 是车辆之间相互交换运动能量的现象

B. 存在塑性变形时，就没有弹性变形的现象

C. 二次碰撞是乘员受伤的原因

D. 碰撞现象一般发生在0.1～0.2 s极短的瞬间

3. 下面与驾驶员可视距离有关的因素是（　　　）。

A. 车速　　　　B. 刮风　　　　C. 亮度　　　　D. 雾

4. 出现变动现场的正常原因有（　　　）。

A. 人群围观　　　　B. 风吹雨淋　　　　C. 肇事逃逸　　　　D. 抢救伤者

5. 以下属于现场查勘前的准备工作的是（　　　）。

A. 查阅保险单　　　　B. 核对承保险种　　　C. 核对交费情况　　　D. 阅读报案记录

6. 凹陷痕迹认定时需要考虑的因素是（　　　）。

A. 痕迹形状　　　　B. 痕迹形成时间　　　C. 痕迹大小　　　　D. 痕迹凹凸程度

7. 下面属于事故现场相关痕迹的有（　　　）。

A. 路面划痕　　　　B. 血迹　　　　　　　C. 附着物　　　　　D. 抛落物

五、实践题

1. 零件认识和受力分析。

（1）查图标注零部件名称。

标注出图 4 – 45 所示各零件的名称：

① _____;

② _____;

③ _____;

④ _____;

⑤ _____;

⑥ _____;

（2）根据图示受力方向，分析汽车前部在不同受力点受到外力作用时的变形趋势。

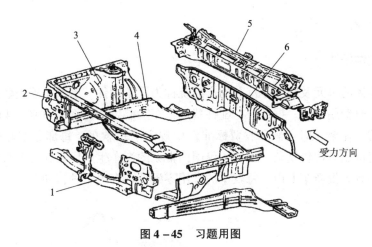

图 4 – 45　习题用图

2. 教师选取任意事故车辆，由同学对事故车及损伤部位拍照。要求能表现车辆特征，能表现车辆损伤程度。

项目五
汽车配件常识

项目要求

(1) 了解汽车配件的分类及价格体系。

(2) 熟悉汽车配件品质的简单鉴定方法。

(3) 熟悉汽车配件编号规则。

(4) 掌握汽车玻璃相关知识。

(5) 掌握汽车轮胎上标识的正确含义。

相关知识

一、汽车配件概述

构成汽车整体的单元及服务于汽车的产品统称为汽车配件。事故车损失赔偿费用主要包括配件费用与工时费用两种。据统计,配件费用占车险赔款的比例在 30% ~ 40% 内。

国家出台的《车辆工时定额和收费标准》中规定了每款车、每部分维修所需费用的最高限额,配件定价相对比较复杂。目前,仅国内常见的汽车生产厂家就有上百家,车型种类繁多,每个月都有大批新车上市,每款车的常用零配件都有上千种,如图 5 – 1 所示。

图 5 – 1 汽车常用零配件

2014 年 4 月 10 日，中国保险行业协会、中国汽车维修协会在京联合发布国内常见车型零整比系数研究成果，首次披露了 18 种常见车型的 "整车配件零整比" 和 "50 项易损配件零整比" 两个重要系数。研究发现，在整车配件零整比系数中，18 个车型中系数最高为 1 273%，最低为 272%，最高值是最低值的 4.7 倍；在 50 项易损配件零整比系数中，18 个车型中系数最高的为 223%，最低的为 77%，最高值是最低值的 2.9 倍。最通俗的理解，就是系数为 1 273% 的车型，如果更换所有配件，所产生的费用可以购买 12 辆新车，如图 5 – 2 所示。

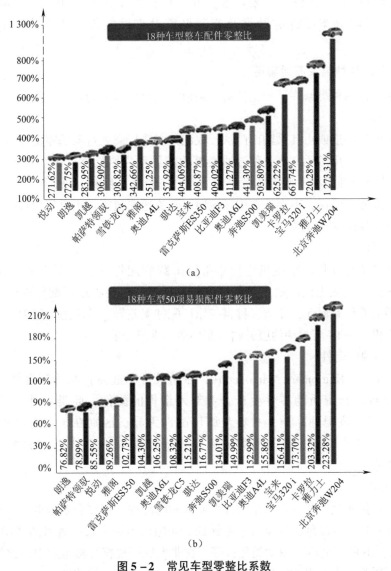

（a）

（b）

图 5 – 2　常见车型零整比系数

（a）18 种车型整车配件零整比；（b）50 项易损配件零整比

　　零整比就是配件与整车销售价格的比值，即市场上车辆全部零配件的价格之和与整车销售价格的比值。此次发布的这些车型零整比系数，也就是具体车型的配件价格之和与整车销售价格的比值。中国保险行业协会和中国汽车维修协会表示，发布研究成

果的目的在于维护消费者的知情权，保护消费者合法权益，让维修价格更透明，为保险、汽车维修两个行业健康发展提供科学依据。零整比系数高意味着修车成本高，未来将直接影响保险保费价格。同时，修车成本直接影响到保险公司车险赔款中配件费用支出占比。

二、汽车配件分类及价格体系

汽车配件目前是各汽车品牌4S店及汽车维修企业的重要利润来源。因此，配件核价工作是车险赔付成本管控的重要环节，配件价格在车险经营中直接影响到综合赔付成本的高低。了解汽车配件的种类及流通渠道对查勘定损、核价核损工作有着重要的意义。

（一）汽车配件种类及流通渠道

我国汽车配件的种类繁多，根据其流通渠道，大致可以分为以下几类。

1. 原厂配件

由汽车主机厂制造或由其采购部门从授权配件制造厂商处订购的零配件，销售给授权维修企业（4S店或特约服务站），此种流通渠道的配件称为原厂件（原厂配件上有主机厂品牌标识）。此类配件质量好、服务体系完善，但价格较高。目前，原厂配件原则上只在汽车主机厂授权的服务站流通，不允许在市场流通。其流通渠道为：主机厂授权配件供应商→汽车主机厂→4S店或特约服务站。

2. 正厂配件

正厂配件是指通过非汽车主机厂销售渠道采购的配件（正厂配件上有主机厂品牌标识）。部分4S店为完成主机厂制定的年度配件额指标，也会将原厂配件进行外销。此类配件在流通市场上质量有保证，品质、材料与原厂配件无差异。其流通渠道为：主机厂授权配件供应商→主机厂→4S店或特约服务站→配件商→维修企业。

3. OEM品牌配套件

OEM（Original Equipment Manufacture，原始设备制造商）品牌配套件是指已取得汽车主机厂零部件配套资质的零件生产企业对外销售的配件。此类零件一般不允许使用主机厂品牌标识。该配件品质、材料与原厂配件无异，区别在于没有汽车主机厂品牌标识，只有零件生产企业自己的品牌商标。其流通渠道为：主机厂授权配件供应商→配件商→维修企业。

4. 品牌配件

品牌配件是指通过专业生产汽车配件企业采购的配件，但该企业未取得主机厂的配套许可。此类配件有自己的品牌，质量有一定保证。如国内市场上较为著名的"南吉"覆盖件、"豹王"三滤、山东"金麒"制动类配件等。在非主机厂授权维修企业中，此类配件使用较多。其流通渠道为：未取得主机厂配套资格配件厂→配件商→维修企业。

5. 非品牌配件

非品牌配件是指配件生产企业没有自主品牌，价格与原厂、正厂、品牌等配件存在较大差异，外观与正厂件较难区分的配件。产品主要以车辆外观表面覆盖件为主，以市场为主要流通渠道。此类配件一般出现在高档车且价格较高的零件中，目前暂无权威机构对这类配件的质量进行鉴定和认证，因此质量上存在一定风险，配件价格也比较混乱。其流通渠道为：其他配件制造厂→配件商→维修企业。

6. 拆车配件

这类配件取自事故车、报废车上未损失的原厂配件。此类配件一般为原装车的配件，因车辆保有量稀少或配件已经停产等因素制约而存在。其流通渠道为：拆车厂或修理厂→配件商→维修企业。

7. 再制造件

再制造件指将损坏或将报废的汽车零部件，在性能失效分析、寿命评估等分析的基础上，旧汽车零部件通过拆解、清洗、检测分类、再制造工程设计、加工或升级改造、装配、再检测等工序后达到或超过原产品技术性能和使用寿命的批量化制造过程制造的配件。其流通渠道为：再制造企业→配件商→维修企业。

8. 返修件

返修件指为使不合格产品满足预期用途而对其采取措施进行返修的配件。返修的产品，经采取措施后，材质可能会发生变化，虽然可以满足预期的使用要求，但仍属不合格产品。其流通渠道为：制造企业→配件商→维修企业。

（二）汽车配件价格体系

汽车配件由于生产厂家、销售渠道的不同，其销售价格可分为厂家指导价和市场零售价两大类。

1. 厂家指导价

厂家指导价指汽车主机厂公布的其授权服务体系的配件销售最高限价，也就是4S店对外的报价，也称用户价，一般为全国统一价格。

2. 市场零售价

市场零售价指配件集散市场的平均零售价。此价格具有区域性特点，由于汽车制造国别不同，分为国产车配件及进口车配件集散市场。

1）国产车配件

目前国内有广州、杭州、北京、沈阳、成都五大配件集散市场。

2）进口车配件

目前主要集中在北京、广州两大市场。

综上所述，由于汽车制造商渠道与市场渠道的配件品质及价格差异较大，部分4S店为追求利润，也存在从汽车制造商采购以外的渠道采购零配件的情况，赚取差价从而获得高额的配件利润。在查勘定损过程中，应结合修理厂类型，并参考当地汽车配件市场价格，特别要注意配件品质，不同的流通渠道其品质、价格差异较大。

三、配件品质及车型配置识别

（一）配件的品质

在车险理赔定损中，除了确定车辆受损配件项目外，还需界定受损车辆装配的配件及更换新件是否为正厂件。不同品质的配件价格也不同。根据财产保险损失补偿原则，被保险人不能从保险中获得额外利益，保险人的赔偿应当使保险标的恢复到保险事故

发生前的状态。所以，配件项目、属性和价格的确定，在定损理赔工作中显得非常重要。

在正厂件中，由于每个配件通常会有多个供应商。供应商提供给主机厂装车的配件质量最高，提供给市场流通及售后维修的配件质量次之。

品牌配件有自己的品牌，质量有一定保证。非品牌配件则是质量差异较大的一些配件。

（二）配件品质的识别方法

在理赔定损过程中，如何辨别品牌与非品牌配件一直是难点，掌握配件基础知识和识别区分品牌与非品牌配件的方法，对于定损工作有较大帮助。下面介绍几种常用的鉴别方法。

1. 查看配件包装

正厂件或者配套厂家的产品包装一般都较规范，字迹清晰正规，有详细的产品名称、规格型号、注册商标、厂名、厂址及电话号码等。多数劣质假冒配件包装都较粗糙，厂址、厂名印刷不清楚、不全，印刷质量也不好，通过仔细辨别是可以看出来的。

2. 查看配件标牌

查看配件标牌，通常情况下，正厂配件上都标有汽车主机厂的标志，如没有汽车主机厂的标志或标志模糊不清，一定不是正厂配件。

3. 查看配件产地

从配件实物标牌中查看配件的产地，配件标牌中注明的产地就是配件的实际生产国家或地区。

4. 查看配件外观

合格的配件做工精细，表面光洁，越是重要的配件，加工精度就越高。劣质配件一般较为粗糙，油漆、电镀等效果不美观，表面容易变色，无产品编号、无品牌标记、色泽差。

5. 配件加工工艺

正厂件常用精密铸锻、机械自动焊接等工艺制成，伪劣配件为了降低成本，使用低精度的模具，用浇铸、车削、铣削、手工焊接等普通加工工艺。铸件、冲压件精准度差，毛边多，容易留下粗劣的加工痕迹，只要留意观察配件的边、角等隐蔽部位，就能看出配件工艺的好坏。

6. 配件材质

劣质配件的材料大多质量难以保证，特别是橡胶、塑料等材质的配件，很容易就能够看出优劣。其他如用铸铁代替优质钢、镀铜取代纯铜、普通钢材取代优质钢或合金钢等都是不法厂家常用的手法。通过观察组合件、总成件中的小零件也可以看出零部件的真假。

7. 分析市场供应情况

市场上所见的假冒伪劣零配件都是一些技术含量较低、生产投入小、市场保有量大的车型配件。

8. 看配件的安装误差

新更换的配件装车后，需观察其能否与其他配件良好配合，一般原厂配件与其他配件的贴合度较好，而劣质的配件由于工艺不精，加工误差较大，零配件之间很难配合良好。此外，为保证配件的装配关系符合技术要求，一些正规零件表面刻有装配记号，用来保证配件的正确安装，若无记号或记号模糊无法辨认，则不是合格的配件。

（三）如何确定车辆配置

通常情况下，汽车制造商生产的每一款车型都会提供高、中、低甚至是旗舰版等多种配置，以满足消费者不同的需求。同时，伴随着车主追求多样化、个性化的需求，市场上加装和改装的车辆日益增多。由于加装及改装件在保险条款主险中都属于除外责任，这就需要查勘定损人员在查勘定损过程中注意收集车辆相关信息，帮助识别该款车出厂配置情况。只有投保新增设备险的标的车才能按照附加险规定获得赔偿。目前，在日常工作及查勘过程中，可以关注以下几方面的信息来辅助识别车辆的原厂配置。

1. 车架号

车架号（VIN 码）作为每辆汽车唯一的识别编号，众多外资及合资汽车主机厂，已经在车辆制造过程中，将 VIN 码与车辆配置情况完成了一对一的精确匹配，只要通过车架号即可锁定每辆车出厂时的原始配置情况。

2. 车型配置表

除了 VIN 码能帮助我们掌握车辆出厂时原始配置情况外，也有部分汽车主机厂通过车身配置表的形式，来锁定每台出厂车辆的配置情况。例如，通用汽车一般在行李箱备胎槽内壁贴有配置表；奥迪汽车的车辆配置表一般贴在车主使用手册的扉页上。维修时可识别与之相匹配的配件编号。

3. 车辆铭牌

目前国内自主品牌主机厂尚未通过以上两种方法对出厂车辆配置情况进行精确匹配，可通过车辆铭牌上的整车型号（图 5-3），同时结合官方在新车上市时公布的车型广告配置表或通过汽车论坛网站查询车辆配置信息，来帮助判断车辆的出厂配置情况。

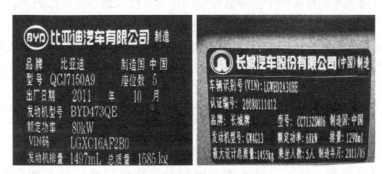

图 5-3　车辆铭牌整车型号

四、配件编号规则及标签规范

整车 VIN 码可帮助我们识别车辆身份与配置。构成整车的每一个零配件都有自己的编号，即汽车配件编码，它是汽车零部件的唯一识别编号，常被称为"汽车配件编号"或"汽车零件编码"等。每个汽车品牌的配件编码规则都不相同，不能混为一谈或滥用。目前国内市场上销售的配件编码规则主要涉及两大类：一类是国产自主品牌，依据《汽车产品

零部件编号规则》统一编制；另一类为合资品牌，主要依据其原产国主机厂编号规则编制。在保险车辆定损作业中，掌握了配件编码后，可识别该配件属于定损车辆出厂配置或该台车匹配哪个零件，能有效起到防范道德欺诈风险的作用。

（一）国产自主品牌配件编号规则

我国自主品牌汽车制造商的配件编号，目前主要依据中国汽车工业联合会于2004年3月12日颁布、2014年8月1日起实施的《汽车产品零部件编号规则》（QC/T 265—2004）统一编制。汽车零部件编号由企业名称代号、组号、分组号、源码、零部件顺序号和变更代号构成，零部件号表达式根据隶属关系可按以下3种方式进行选择，如图5-4所示。

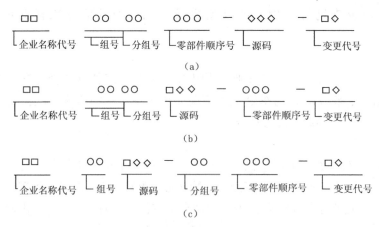

图5-4 国产自主品牌汽车配件编码示意
（a）零部件编号表达式一；（b）零部件编号表达式二；（c）零部件编号表达式三
□—字母；○—数字；◇—字母或数字

1．企业名称

国产自主品牌汽车配件编码中企业名称用两位或3位汉语拼音字母表示。

2．组号

国产自主品牌汽车配件编码中的组号用两位数字表示汽车各功能系统分类代号，国产汽车零部件编号共有64个组号。

3．分组号

分组号由两位数字表示各功能系统内分系统的分类顺序代号，共有1 026个分组号。

4．源码

源码由3位字母、数字或由字母与数字混合表示，企业自定。

（1）描述设计来源。描述设计来源，即设计管理部门或设计系列代码，由3位数字组成。

（2）描述车型构成。描述车型构成，即描述车型代号或车型系列代号，由3位字母与数字混合组成。

（3）描述产品系列。描述产品系列，即描述大总成系列代号，该代号一般由3位字母组成。

5．零部件顺序号

零部件顺序号，即由3位数字表示功能系统内总成、分总成、子总成、单元体、零件等顺序代号，零部件顺序号表述应符合下列规则。

（1）总成件的第三位应为零。

（2）零件的第三位不得为零。

（3）3 位数字为 001～009，表示功能图、供应商图、装置图、原理图、布置图、系统图等为了技术、制造和管理的需要而编制的产品号和管理号。

（4）对称零件其上、前、左件应先编号为奇数，下、后、右件后编号，且为偶数。

（5）共用图（包括表格图）的零部件顺序号一般应连续。

6. 变更代号

变更代号由两位数字组成，可由字母、数字分别组成，或字母与数字混合组成。该代号由企业自定。

7. 替代图零部件编号

对零件变化差别不大，或总成通过增加或减少某些零部件构成新的零件和总成后，在不影响其分类和功能的情况下，其编号一般在原编号的基础上仅改变其源码。

（二）合资品牌配件编号规则

目前，我国市场上在售的合资汽车品牌较多，配件编码规则各不相同，但整体结构仍有部分相似之处。这里以德国大众品牌汽车为例，对合资品牌汽车配件编码规则做简要介绍。

在德国大众管理体系中，配件号通过阿拉伯数字和英文 26 个字母的组合，成为一套简明、完整、精确、科学的备件号系统，每一个配件只对应一个配件编码，每组数字、每个字母都表示这个配件的某种性质，只要找出这个编码，就可以从几万或几十万库存品种中找出所需的配件，如图 5 - 5 所示。

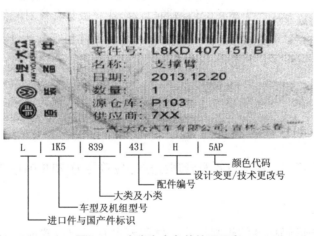

图 5 - 5　大众汽车备件编码示意

（1）进口件与国产件标识：如字母"L"表示该件的国产配件号。

（2）车型及机组型号：如 1J 为宝来或高尔夫、1K 为速腾、2K 为开迪、3C 为迈腾等。

（3）大类及小类：分 10 个大类（主组），每大类又分为若干小类（子组）。

（4）配件编号：由 3 位数（001～999）组成，按照其结构顺序排列。

（5）设计变更/技术更改号：由一个或两个字母组成，表示该件曾进行过技术更改。

（6）颜色代码：用3位数字或3位字母的组合表示，说明该件具有某种颜色特征。

（三）汽车零部件标签规范

无论是国产还是进口的汽车零部件，包装标识都必须符合国家对相关产品包装标准和汽车行业的包装标准。在包装标准中都对标识有详细的要求，如图5-6所示。

1．商标标记

伴随汽车制造商的发展，应采用制造商的新商标；商标变更时，应采用新的商标标记。

2．制造国标记

制造国采用英文标记，格式为：MADE IN 国别（地区）。在位置允许的情况下，应标记国别（地区）全称；在位置紧张或能表达清晰的情况下，允许标注国别（地区）缩写，如"CHINA"可简化为"CHN"。

图5-6 汽车备件产品标贴

3．供应商代码

供应商代码应符合规定，可以为供应商企标、商标或简称，由采购部门统一管理、下发。

4．零件代号

国产品牌按《汽车产品零部件编号规则》执行；合资品牌按原产国厂商编号规则编制。

5．批次号

批次的表达方式有日期钟、日期坐标、日期标记等，由供应商和厂商负责人协商后确定；在实际查勘定损过程中，为防止配件被调包，应注意收集并核对配件标签或配件壳体上的制造日期与车辆出厂日期。目前汽车制造企业为降低配件仓储成本，大多采用零库存物流方式，一般情况下零配件制造日期不会早于整车出厂日期两个月。

6．材料代码

材料代码应设置在"＞＜"以内，各种材料有不同代号，标记时采用相应的标准代号。"＞＜"符号高度应与材料代码字体高度相同。

7．法规件型号

法规件型号编号规则、标记位置及管理办法等应符合 Q/ZTB 041—2010 汽车零部件标记相关规定。

8．条形码标签

条形码编号、条形码标签的规则形式、材质要求及标记位置应符合 Q/ZTB 027—2010 汽车零部件标记规定。

五、配件的包含关系

配件包含关系，简单从字面上理解，就是多个配件之间存在包含关系，造成配件重复报价（如大灯应包含灯泡）。在实际车辆定损核价过程中，某些修理企业在配件更换清单中会出现配件重复上报。如上报大灯总成又上报灯泡；还有直接上报总成件更换，不更换半总成件，如半轴球笼损坏直接要求更换半轴总成。因此，本书中的配件包含关系主要是指多个配件之间存在包含关系造成的配件重复报价，以及配件由半总成更换、无须更换总成件两类情况组成。配件包含关系识别可以有效地剔除车辆保险理赔中的水分。下面通过案例来了解常见配件的包含性。

（一）前照灯的包含关系案例

1. 丰田凯美瑞前照灯

丰田凯美瑞前照灯（大灯）均可以更换大灯壳体。在案件处理过程中，发现许多修理厂大灯只是灯角断裂或灯面破碎就要求更换大灯总成，而实际广汽丰田凯美瑞大灯均有半总成灯壳更换，如图 5-7 所示，普通大灯的总成与灯壳就差灯泡，而两种氙气大灯总成与灯壳的区别就在于氙气电脑板、氙气灯泡及灯座。

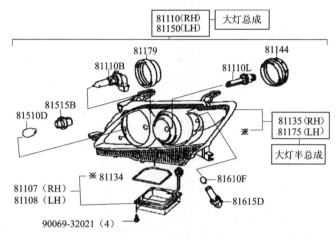

图 5-7 凯美瑞大灯结构

接下来一起了解丰田凯美瑞各车型大灯总成及半总成的价格情况（表 5-1），从普通的卤素大灯到带随动转向的氙灯，其价格为 259~1 400 元不等，可见其中的利润空间。

表 5-1 丰田凯美瑞大灯价格对照表   元

配件	E 级车（卤素灯）	G 级车（氙灯）	V 级车（带随动转向的氙灯）
大灯总成	1 276	3 298	4 998
大灯半总成（灯壳）	1 017	1 998	3 598

2. 奔驰前照灯

奔驰前照灯总成由灯壳、灯座、灯泡、控制单元组成。在车辆定损过程中，发现部分修理厂在更换大灯总成的同时，又另行列出如灯座、灯泡、控制单元配件，但从奔驰配件电子目录（图 5-8）中可以看到这些配件前带有"."标识。这个标识的含义是该配件总成件已包含。此外，凡是有配件编码的配件，4S 店均可向主机厂单独订购。

奔驰大灯结构如图 5-9 所示。

表 5-2 所列为奔驰 Mi350 车型大灯总成及其包含附件价格情况，如更换大灯总成时又重复列出大灯附件，将产生配件价格虚增 11 495 元，定损核价时应特别关注。

	10	A 164 820 40 59	**照明装置** 右侧	001
			📖 [037] 起自 底盘： A 661926 起自 日	
			📖 代码：616+P61/616+P84	
	10	A 164 820 08 59	**照明装置** 右侧	001
			☐ 替换为：A 164 820 42 59	
			📖 [031] 起自 底盘： A 557518 起自 日	
			📖 代码：460+615+P61	
	10	A 164 820 42 59	**照明装置** 右侧	001
			📖 [031] 起自 底盘： A 557518 起自 日	
			📖 代码：460+615+P61	
	20	N 400809 000005	·**灯泡** 闪光器 12V-21W	002
	20	N 000000 003138	·**灯泡** 闪光器 12.8V-30/2.2CP	002
			📖 代码：494	
	30	A 001 826 19 82	·**灯座** 闪光器	002
	30	A 001 826 42 82	·**灯座** 闪光器	002
	150	A 164 870 17 26	·**控制单元** 左侧的大灯光程调节装置	001
			📖 [021，028，672] 起自 底盘： A 18628	
			📖 代码：614/615/616	
	150	A 164 870 41 26	·**控制单元** 左侧的大灯光程调节装置	001
			📖 [029，672] 起自 底盘： A 480007 起	
			📖 代码：615/616	
	150	A 164 820 27 85	·**控制单元** 右侧的大灯光程调节装置	001
			☐ 替换为：A 164 820 81 85	
			📖 [021，028，672] 起自 底盘： A 18628	
			📖 代码：614/615/616	
	150	A 164 820 81 85	·**控制单元** 右侧的大灯光程调节装置	001
			☐ 替换为：A 164 870 17 26	
			📖 [021，028，672] 起自 底盘： A 18628	
			📖 代码：614/615/616	

图 5 – 8　奔驰电子配件目录

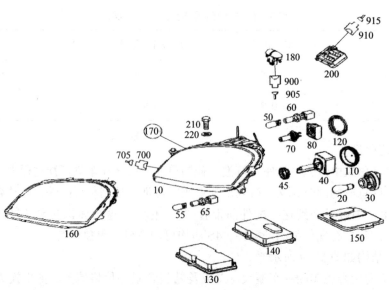

图 5 – 9　奔驰大灯结构

表 5 - 2　奔驰 Mi350 大灯总成及其附件价格表

总成件名称	价格/元	总成件包含配件	价格/元
大灯 A 164 820 42 59	28 906	· 灯座 A 001 826 19 82	241
		· 灯泡 N 400809 000005	51
		· 控制单元 A 164 870 17 26	11 203

（二）常见车型配件包含关系案例

1. 凯越转向机

如图 5 - 10 所示，通过凯越转向机损失照片，可以看到转向机外拉杆与拉杆球头损坏。修理厂要求更换转向机总成，称拉杆及球头无单独更换，配件价格为 3 980 元。通过凯越转向机分解图（图 5 - 11）发现，凯越转向机外拉杆与拉杆球头都是可以单换的，价格每个只需 99 元，此类情况无须更换转向机总成，可直接减少配件费用支出近 3 800 元。

损坏处

图 5 - 10　凯越转向机损失

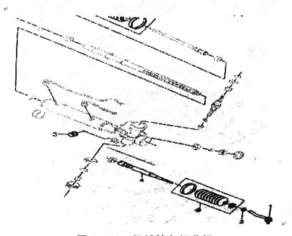

图 5 - 11　凯越转向机分解

项目五　汽车配件常识

2. 凯越仪表台

从损失照片中可以看到，仪表台因气囊炸开导致损坏，如图5-12所示。修理厂要求更换仪表台，仪表台需要3 250元。通过核实仪表台分解图（图5-13），此仪表台上饰板可以单独更换，无须更换仪表台，只需更换仪表台上饰板，930元即可解决问题，直接减少赔款2 320元。

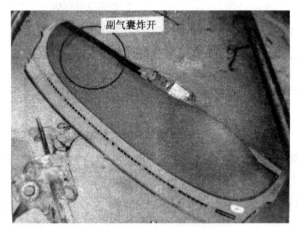

图5-12　凯越仪表台副安全气囊损失

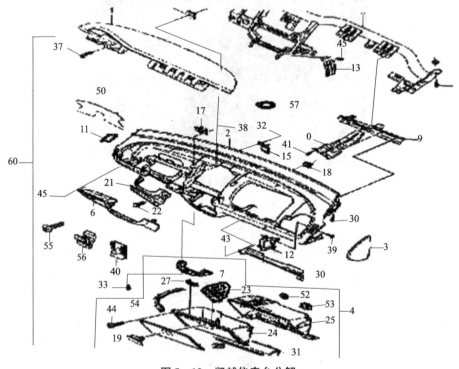

图5-13　凯越仪表台分解

六、汽车玻璃知识

普通玻璃是由石英砂、纯碱、石灰石等原料制成，汽车玻璃是在普通玻璃的基础上进行多次深加工，提高其强度、耐高温、耐潮湿及符合光学要求的前提下完成的产品，因此汽车玻璃的价格主要由原材料、模具、制造成本和销售利润组成。进口玻璃价格还涉及车型保有数量及进口关税等因素。因为汽车玻璃本身具有不易运输、不易仓储的特殊性，所以汽车玻璃价格各地差异较大。

（一）汽车玻璃的分类

汽车玻璃是汽车车身附件中必不可少的组成部分，主要起提供视野、采光和安全防护作用。汽车玻璃以夹层钢化玻璃和夹层区域钢化玻璃为主，能承受较强的冲击力。

1. 夹层玻璃

夹层玻璃是指在两片或多片玻璃之间夹一层或多层有机聚合物中间膜，经过特殊的高温预压及高温高压工艺处理后，使玻璃和中间膜永久黏合为一体的复合玻璃。夹层玻璃增加了玻璃的韧性和刚性。

2. 钢化玻璃

钢化玻璃是指将普通玻璃淬火使其内部组织形成一定的内应力，从而使玻璃的强度得到加强，在受到外力冲击破碎时，玻璃会分裂成带钝边的小碎块，是对乘员不易造成伤害的一种玻璃。

3. 区域钢化玻璃

区域钢化玻璃是钢化玻璃的一个新品种。它经过特殊处理，在受到冲击破裂时，其裂纹仍可以保持一定的清晰度，保证驾驶者的视野区域不受影响。

4. 其他类型

在夹层与钢化玻璃基础上衍生的其他类型汽车玻璃，主要包括以下几种。

1）中空玻璃

将两片或多片玻璃以有效支撑均匀隔开并周边粘接密封，使玻璃层间形成有干燥气体空间的玻璃制品。

使用镀膜中空玻璃，可获得冬暖夏凉的最佳效果。它可用于汽车的边窗以及需创建空调和隔音的地方。

2）防弹玻璃

将玻璃或有机玻璃与优质工程塑料经特殊加工得到的一种复合型玻璃，经过夹层获得的一种具有防子弹穿透功能的专用玻璃。防弹玻璃是夹层玻璃开发使用的延伸，可用于金融机构现金运输车或特殊使命等。

（二）汽车玻璃的生产厂家

根据《2013—2017年中国汽车玻璃行业发展前景与投资预测分析报告》数据显示，全球汽车玻璃行业按消费市场主题划分，欧洲、北美、日本、中国及韩国分别占据34%、26%、19%、9%和5%的比例，合计占据全球汽车玻璃市场93%。按企业来划分，全球汽车玻璃市场被高度垄断，世界三大汽车玻璃制造商板硝子（NSG）、旭硝子（AGC）和圣戈班连同其在世界各地合资公司在内共同占据了全球OEM市场70%左右的市场份额。

中国汽车行业高速发展，随之而来的是中国汽车玻璃行业需求增大，每年以20%的增长率不断增加。中国汽车玻璃行业龙头企业——福耀集团是中国最大的汽车玻璃制造商，占有全球10%的汽车玻璃市场份额，在国内OEM市场，占有率高达60%。市场方面，汽车玻

璃市场分为整车配套市场（OEM）和售后维修更换市场（AGR）；从全球范围来看，汽车玻璃的 OEM 市场约为 AGR 市场的 5 倍。

目前国内登录在册、有国家认证的汽车玻璃制造商有 127 家，具有竞争力的主要有福耀、深圳信义、常州工业技术、上海福华、河北通用和秦皇岛海燕等品牌。

国外知名的玻璃制造商：美国有 PPG、LOF、AP 等；欧洲有圣戈班、皮尔金顿等；日本有旭硝子、板硝子等。目前正在崛起的有南非、墨西哥、巴西等国的制造商。

（三）汽车玻璃标识与鉴别

1. 玻璃标识介绍

汽车玻璃上的标识如图 5-14 所示。

1）玻璃类型

（1）夹层玻璃：LAMINATED，用字母 L 表示。

（2）钢化玻璃：TEMPKRED，用字母 T 表示。

（3）隔热玻璃：TEMPSAFETYCLASS。

（4）着色玻璃：▲TINTED▲（"TINTED"表示为带彩条的，"▲"表示向上安装）。

2）玻璃表示方向

F 表示前方，R 表示后方，LH 表示左侧，RH 表示右侧。

3）玻璃用途

前挡玻璃用 FW 表示，后挡玻璃用 RW 表示，边窗玻璃用 D 表示，三角（或侧窗）玻璃用 V（或 Q）表示，滑动窗玻璃用 SI 表示，天窗玻璃用 ROOF 表示。

4）安全认证标识

（1）中国 3C 认证。中国 3C 认证是中国强制性产品认证，英文名称为 China Compulsory Certification，英文缩写为 CCC，如图 5-15 所示。3C 认证是中国政府为保护消费者人身安全和国家安全、加强产品质量管理、依照法律法规实施的一种产品合格评定制度。

图 5-14　玻璃标识实例

①—汽车品牌；②—日本 JIS 认证；③—夹层缩写；
④—层叠前挡；⑤—配套商自定义玻璃特性；
⑥—美国交通部安全认证；⑦—欧盟认证；⑧—澳洲认证；
⑨—中国强制性 3C 认证；⑩—夹层玻璃；⑪—旭硝子

图 5-15　中国汽车玻璃 3C 认证

目前已通过我国 3C 强制认证的汽车安全玻璃制造企业，含境外汽车玻璃制造公司，大致有 77 家（表 5-3）。

表 5-3　部分企业的中国汽车玻璃 3C 认证代码

代号	汽车玻璃制造商
E000001	福耀玻璃工业集团股份有限公司
E000002	上海耀皮康桥汽车玻璃有限公司
E000003	浙江昌盛玻璃有限公司
E000004	常州工业技术玻璃有限公司
E000005	河南省荥阳北邙汽车玻璃总厂
E000006	无锡市新惠玻璃制品有限责任公司
E000007	广东伦教汽车玻璃有限公司
E000008	日本旭硝子在韩国成立的汽车安全玻璃合作公司
E000009	桂林皮尔金顿安全玻璃有限公司
E000011	旭硝子汽车玻璃（中国）有限公司
E000012	天津三联工业技术玻璃有限责任公司
E000013	杭州安全玻璃有限公司

（2）美国 DOT 认证。美国交通部（DOT）明确规定，任何向 DOT 提出的联邦机动车辆安全标准（FMVSS）符合性申请，都必须以生产商了解 OVSC（车辆安全符合办公室）试验室检测程序，并按照 DOT 产品安全规范进行生产为前提，如图 5-16 所示。也就是说，DOT 详细规定了机动车辆及零部件产品每一项规范的实验室检测程序、试验室检测设备、测试公差、产品标准要求、具体检测步骤和检测报告要求等。所有将机动车辆及零部件产品出口到美国的生产商，都必须保证其产品符合 DOT 要求的试验室检测程序，美国交通部 DOT 认证的工厂代码见表 5-4。

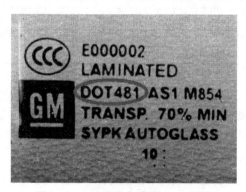

图 5-16　美国汽车玻璃 DOT 标识

表 5-4　部分企业的美国交通部汽车玻璃 DOT 认证代码

代号	企业名称
DOT18	PPG 工业公司
DOT20	旭硝子有限公司（日本东京）
DOT37	SEKURIT 圣戈班意大利有限公司
DOT43	PPG 工业公司（法国）

续表

代号	企业名称
DOT47	皮尔金顿公司（芬兰）
DOT233	皮尔金顿公司（波兰）
DOT328	皮尔金顿玻璃（津巴布韦）有限公司
DOT460	珠海 SINGYES 汽车安全玻璃厂
DOT473	桂林 PILKINGTON 安全玻璃有限公司
DOT477	秦皇岛海燕安全玻璃有限公司
DOT478	常州工业技术玻璃厂
DOT481	上海 FUHUA 玻璃有限公司
DOT586	厦门 XINQYUN 汽车玻璃有限公司
DOT603	福建万达方汽车
DOT614	长春 PILKINGTON 安全玻璃
DOT625	武汉耀华皮尔金顿安全玻璃有限公司
DOT628	河北通用玻璃有限公司
DOT637	东莞 KONGWAN 汽车玻璃有限公司
DOT640	洛阳玻璃股份有限公司
DOT657	扬州唐成安全玻璃
DOT721	常州洪协安全玻璃有限公司

（3）欧盟认证。2002 年 10 月起，根据欧盟指令 72/245/EEC 及修正指令 95/54/EC 的要求，凡是进入欧盟市场进行销售的汽车电子电器类产品，必须通过 EEC（E—Mark，欧洲经济共同体汽车法规）相关测试认证，标贴 E 标志，欧盟各国海关才会予以放行，准许进入当地市场。

标志 E 源于欧洲经济委员会 ECE（Economic Commission of Europe）。目前，ECE 包括欧洲 28 个国家，除欧盟成员国外，还包括东欧、南欧等除欧洲以外的其他国家。ECE 法规是推荐各成员国使用，不是强制性标准，如图 5 - 17 所示。成员国可以套用 ECE 法规，也可以使用本国法规。目前从市场需求来看，ECE 成员国通常愿意接受符合 ECE 法规的测试报告及证书。E 标志证书涉及的产品是零部件及系统部件，没有整车认证的相应法规。获得 E 标志认证的产品是为市场所接受的。国内常见 E 标志认证产品有汽车灯泡、安全玻璃、轮胎、三角警示牌及车用电子产品等。E 标志认证的执行测试机构一般是 ECE 成员国的技术服务机构。

E 标志证书的发证机构是 ECE 成员国的交通部门，各国的证书有相应编号，如表 5 - 5 所示。

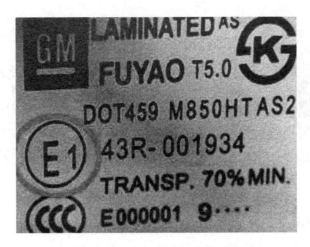

图 5 - 17 欧盟 ECE 汽车玻璃安全认证标识

表 5 - 5 欧盟 ECE 认证代码

代码	国家	代码	国家	代码	国家
E1	德国	E11	英国	E22	俄罗斯
E2	法国	E12	奥地利	E23	希腊
E3	意大利	E13	卢森堡	E24	爱尔兰
E4	荷兰	E14	瑞士	E25	克罗地亚
E5	瑞典	E16	挪威	E26	斯洛文尼亚
E6	比利时	E17	芬兰	E27	斯洛伐克
E7	匈牙利	E18	丹麦	E28	白俄罗斯
E8	捷克共和国	E19	罗马尼亚	E29	爱沙尼亚
E9	西班牙	E20	波兰	E31	波黑
E10	南斯拉夫	E21	葡萄牙	E37	土耳其

5）透光率标识

标识"AS1""AS2"为美国标准"Sootvetstvie"的简写，它表明的信息如下。

（1）"AS1"表示这块玻璃的透光率不小于 70%，即"清楚的玻璃"，可用于前风挡（图 5 - 18（a））。

（2）"AS2"代表透光率不大于 70%，按规定它可用于除前风挡外的任何部位（图 5 - 18（b））。

6）生产年份

标识"8……"（图 5 - 18（b））："8"表示年份 2008 年，黑点在数字"8"后，表示下半年生产，计算时以"13"为基数减"黑点数"，如图中的车玻璃数字为"8"，计算公式为 13 - 5 = 8，所以这块玻璃是 2008 年 8 月生产的；如果黑点在"8"的前方，则表示为上半年生产，计算公式是以"7"为基数减"黑点数"，如"..8"表示该车玻璃是 5 月制造的产品。

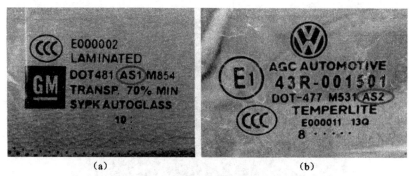

（a）   （b）

图 5 – 18　美国汽车玻璃透光率标识

2．正厂汽车玻璃鉴别

1）鉴别

玻璃的真伪主要是依据直接的观察并结合玻璃特性来判断的，观察的途径和方法主要有以下几个。

（1）玻璃标志。

（2）制造工艺。

（3）玻璃附件。

（4）实物鉴别。

（5）掌握配套厂标志。

2）玻璃鉴别案例

（1）玻璃上的黑色字体为陶瓷印刷并经高温烧结固化，因此玻璃标志不会脱落，而非品牌玻璃是人为贴膜或由普通油墨常温固化，经过一定时间的使用以及阳光照射及水分的氧化等作用，会出现自然脱落现象，用普通刀片或指甲可轻易刮脱。中国 3C 强制认证标志或国外认证标志的印刷均有标准格式，在生产过程中是通过滚筒连续印刷，一般不会产生过粗或过细的现象，而非品牌玻璃没有标准格式，通过模仿标准格式并采用人工刷墨，容易产生粗细不均的情况，这是判断真伪的方法之一，如图 5 – 19 所示。

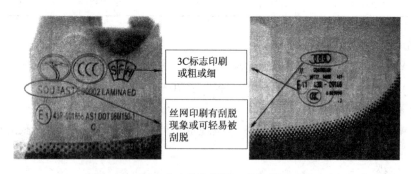

3C标志印刷
或粗或细

丝网印刷有刮脱
现象或可轻易被
刮脱

图 5 – 19　汽车玻璃陶瓷印刷工艺防伪识别对比

（2）日系玻璃厂家的标志印刷多采用白色喷砂工艺，但无论是喷砂还是喷墨工艺，标志的印刷均应是字体清晰匀称、粗细一致，同时玻璃上的各类认证标志信息应完整，进口玻璃在中国销售也必须通过中国强制 3C 安全认证。同样，仿制的非品牌玻璃如用白色喷砂工艺，经自然使用或用刀片轻刮以后也会出现字迹脱落现象（图 5 – 20）。

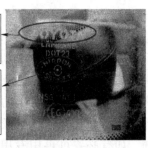

原厂玻璃标志清晰、粗细均匀，信息完整

玻璃生产厂家板硝子的标志有明显差异，且副厂玻璃缺失中国3C认证标志

图 5 – 20　汽车玻璃喷刷工艺防伪识别对比

（四）玻璃修补方法简介

玻璃是一种硅酸盐类的非金属材料，具有极强的透光性能。玻璃的主要成分是二氧化硅。汽车玻璃能承受较强的冲击力，除能够密闭车内环境，还对车内人员起到一定的防护作用。

汽车玻璃按类型主要分为夹层玻璃和钢化玻璃等。夹层玻璃是指用一种透明可黏合性塑料膜贴在两层或 3 层玻璃之间，使之将塑料的强韧性和玻璃的坚硬性结合在一起，增加了玻璃的抗破碎能力。夹层玻璃在车辆前挡风玻璃部位最为常用。钢化玻璃是指将普通玻璃淬火，使内部组织形成一定的内应力，从而使玻璃的强度得到加强，在受到冲击破碎时，玻璃破碎分裂成带钝边的小碎块，避免对人体造成伤害。夹层玻璃的分层结构使其在事故中一般是发生部分破损，可视玻璃受损程度评估是否可予以修复；钢化玻璃在受损时一般全部破损成碎粒状而无法修复，如图 5 – 21 所示。因此，在汽车玻璃修复的实践中，所述对汽车玻璃的修复一般特指对夹层玻璃的修复。汽车夹层玻璃结构示意如图 5 – 22 所示。

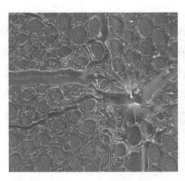

图 5 – 21　钢化玻璃破裂示意

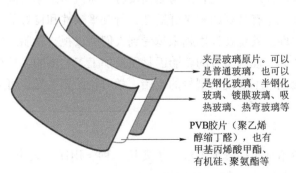

夹层玻璃原片。可以是普通玻璃，也可以是钢化玻璃、半钢化玻璃、镀膜玻璃、吸热玻璃、热弯玻璃等

PVB胶片（聚乙烯醇缩丁醛），也有甲基丙烯酸甲酯、有机硅、聚氨酯等

图 5 – 22　夹层玻璃结构示意

1. 玻璃修复流程

汽车夹层玻璃（一般指前挡风玻璃）修复是指汽车夹层玻璃因与外界物体发生碰撞或受外力冲击后，造成的在玻璃外表面局部产生牛眼形、星形、条状等破损或开裂痕迹后，通过修补使其恢复基本性状的过程，如图 5 - 23 所示。

开始玻璃修复，首先应用专用的玻璃清洗剂清洗损坏部位，清理掉损坏部位及四周的细微碎屑及异物，如有必要可再用专用的钻机在炸点处打孔，清洗钻孔、取出渣滓后用吹风机吹干；在车内外分别固定好专用的反光盘和三角固定架，向玻璃夹层内注射适量的专用玻璃补充液，再使用专用真空加压工具，利用内外压差使玻璃补充液充满损坏部位的所有缝隙和缺损处；玻璃补充液填充完成后，可使用紫外线烤灯照射烘干填充液；最后，经外观研磨，

图 5 - 23　玻璃修复

玻璃修复工作基本结束。为保证修复外观效果，还可以涂上一层特制玻璃保护液并抛光擦亮。需要注意的是，玻璃补充液在紫外线照射下将发生固化，因此应避免在阳光直射环境下开展玻璃修复工作。

汽车玻璃修复过程为 30 ~ 60 min。一般判断汽车玻璃修复效果，通过目视方式即可检查。修复检查主要观察修复部位的透光性及与玻璃其他表面是否基本一致。玻璃修复因其技术成熟、费用合理和环保节能的特点，在国外已被广泛推广，近年来也正逐步被国内消费者所认可。

2. 玻璃修复标准

玻璃修复过程中也应考虑玻璃损坏的程度和部位。在定损过程中，玻璃修复一般需要满足以下条件：一是夹层玻璃内层没有出现损伤或裂痕；二是破损部位没有可见的不可清除的灰尘或湿气；三是冲击点直径在 1 cm 以内，伤口直径不超过 4 cm，裂纹长度不超过 10 cm；四是损坏部位距离风挡边缘 10 cm 以上；五是如为前挡风玻璃损坏，部位不在驾驶员视线正前方；六是修复部位一般不超过 3 处。定损可视受损玻璃的客观情况灵活掌握。玻璃修复前后的对比如图 5 - 24 所示。

七、汽车轮胎知识

轮胎是汽车的重要部件之一，它直接与路面接触，与汽车悬架共同来缓和汽车行驶时所受到的路面冲击，保证汽车有良好的乘坐舒适性、行驶平顺性和良好的附着性，提高汽车的牵引性、制动性和通过性，其重要作用越来越受到人们的重视。轮胎属于易损易耗件，不同的轮胎制造厂商制造的同一规则型号的轮胎因材质及加工工艺不同，价格差异较大，同时汽车制造商同一款车型会配置不同规格型号的轮胎，学习轮胎相关知识可有效区分其品牌及相关规格型号。

（一）轮胎的分类

在实际应用中，轮胎有多种分类方法，主要按车种、用途、大小、花纹及构造等分类。下面着重介绍以下几种常用的分类。

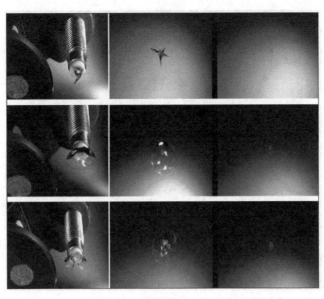

修复前　　　　修复后

图 5 – 24　玻璃修复前后的对比

（1）按用途分类，轮胎包括载重轮胎、客车用轮胎及矿山用轮胎等。

（2）按大小分类，可分为巨型轮胎、大型轮胎和中小型轮胎。巨型轮胎一般是指外胎的断面宽度在 17 in 以上的轮胎；外胎断面宽度在 17 in 以下、10 in 以上的轮胎属于大型轮胎；外胎断面宽度在 10 in 以下的轮胎属于中小型轮胎。

（3）按胎纹分类，轮胎按花纹分类有很多种，但大体可以分为以下 5 种。

① 直沟花纹。直沟花纹，也叫普通花纹。这种花纹操纵安定性优良，转动抵抗小，噪声低，特别是排水性能优异，不容易横向滑移。

② 横沟花纹。横沟花纹的驱动力、制动力和牵引力都特别优异，而且其耐磨性能极佳，因此十分适合推土机、挖掘机等工程车辆使用，但横沟花纹的操纵性和排水性能较差。

③ 纵横沟花纹。纵横沟花纹，也叫综合花纹。它兼备了纵沟和横沟花纹的优点，因此比较适合于吉普等越野车辆，如日本三菱吉普原厂配套使用的 750 – 16 轮胎即采用这种纵横沟花纹。

④ 泥雪地花纹。泥雪地花纹，顾名思义，是指专为适于泥地和雪地使用而设计的花纹。它用字母 "M + S" 表示，"M" 指泥地，而 "S" 指雪地。此类轮胎一般直接将 "M + S" 锈刻在轮胎的侧壁上，使人一目了然。

⑤ 越野花纹。越野花纹专门为适应干、湿、崎岖山路和泥泞、沙路而设计的花纹。这种花纹轮胎就像全能运动员一样，兼具数种特长，能适用各种恶劣环境和气候，是吉普等越野车选择使用的最佳轮胎。

（4）按构造分类，以目前广泛使用的情况来分，可分为斜交轮胎和子午线轮胎两大类。

① 斜交轮胎（尼龙帘线层）。斜交轮胎在我国曾被货车和小型客车使用，其标识如图 5 –25所示。

图 5-25 斜交轮胎标志

轮胎尺寸 7.00-16LT115/110L12^{PR}F 中的每组数字和字母都有其特定的含义。

"7.00"代表轮胎断面的宽度为 7 in。

"-"代表斜交轮胎。

"16"代表这条轮胎所使用的轮辋直径是多少（单位：in）。

"LT"代表轻卡（Light Truck）。

"115/110"代表负荷指数（表 5-6）。注意，这里单轮胎使用时为 115，双轮胎时为 110，对应负荷指数换算后，单轮胎为 1 215 kg，双轮胎为 1 060 kg（负荷指数对于轮胎的选择有着非常重要的作用，卡车使用的轮胎负荷指数一般在 100~156 范围内）。

表 5-6 斜交轮胎负荷指数对照表

负荷指数	负重/kg	负荷指数	负重/kg	负荷指数	负重/kg	负荷指数	负重/kg	负荷指数	负重/kg
15	69	55	218	95	690	135	2 180	175	6 900
16	71	56	224	96	710	136	2 240	176	7 100
17	73	57	230	97	730	137	2 300	177	7 300
18	75	58	236	98	750	138	2 360	178	7 500
19	77.5	59	243	99	775	139	2 430	179	7 750
20	80	60	250	100	800	140	2 500	180	8 000
21	82.5	61	257	101	825	141	2 575	181	8 250
22	85	62	265	102	850	142	2 650	182	8 500
23	87.5	63	272	103	875	143	2 725	183	8 750
24	90	64	280	104	900	144	2 800	184	9 000
25	92.5	65	290	105	925	145	2 900	185	9 250
26	95	66	300	106	950	146	3 000	186	9 500
27	97.5	67	307	107	975	147	3 075	187	9 750

负荷指数	负重/kg	负荷指数	负重/kg	负荷指数	负重/kg	负荷指数	负重/kg	负荷指数	负重/kg
28	100	68	315	108	1 000	148	3 150	188	10 000
29	103	69	325	109	1 030	149	3 250	189	10 300
30	106	70	335	110	1 060	150	3 350	190	10 600
31	109	71	345	111	1 090	151	3 450	191	10 900
32	112	72	355	112	1 120	152	3 550	192	11 200
33	115	73	365	113	1 150	153	3 650	193	11 500
34	118	74	375	114	1 180	154	3 750	194	11 800
35	121	75	387	115	1 215	155	3 875	195	12 150
36	125	76	400	116	1 250	156	4 000	196	12 500
37	128	77	412	117	1 285	157	4 125	197	12 850
38	132	78	425	118	1 320	158	4 250	198	13 200
39	136	79	437	119	1 360	159	4 375	199	13 600
40	140	80	450	120	1 400	160	4 500	200	13 950

"L"代表速度级别120 km/h。

"12^{PR}"代表帘布层级。

"F"代表负载范围（Load Range），特定胎压下轮胎可以承受的最大负载范围见表5-7。轮胎的强度由层级来表示，层级越高轮胎承载能力越大。

表5-7 负荷范围与层级对照表

负荷范围	A	B	C	D	E	F	G	H	J	L	M	N
层级	2	4	6	8	10	12	14	16	18	20	22	24

② 子午线轮胎。子午线轮胎多用于轿车。如上海大众生产的桑塔纳轿车使用的185/60 R15轮胎，路虎揽胜使用的275/45 R21轮胎，一汽大众速腾轿车使用的205/55 R16轮胎等，皆是子午线轮胎。

子午线轮胎的生产技术要求十分严格，必须有先进的设备、精细的原料、严格的工艺管理及可靠的检测手段才行。子午线轮胎根据带束层和胎体用的帘线品种不同，可以分为3类，即全钢丝子午线轮胎、钢丝带束纤维胎体子午线轮胎（半钢丝子午胎）和全纤维子午线轮胎。

（二）轮胎标识

轮胎侧面铸造的字母和数字包含了轮胎的基本信息，大致包括橡胶名称、轮胎宽度、轮胎系列（如截面高度与宽度比）、结构（如子午线等）、内径（单位：in）、负荷指数、速度

级别（$H=210$km/h）、轮胎型号、磨损指示标记、无内胎轮胎标志、制造商名称和最大载重及在冷却情况下最大充气压力等信息，各项标志具体含义如图5-26所示。

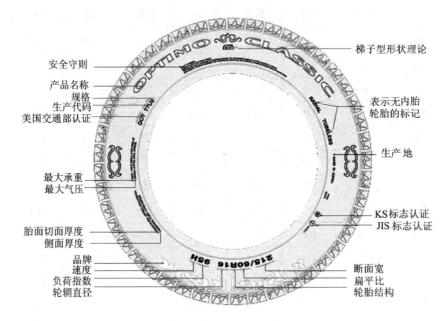

图5-26 轮胎标志示意

1. 轮胎品牌信息

轮胎上最大的字体为轮胎制造商品牌及轮胎系列名称，常见轮胎品牌中英文对照见表5-8。

表5-8 常见轮胎品牌中英文对照表

中文名称	英文名称	原产地	国内产地
横滨	YOKOHAMA	日本	浙江·杭州
韩泰	HANKOOK	韩国	江苏
普利司通（石桥）	BRIDGESTONE	日本	天津
玛吉斯（正新）	MAXXIS	中国台湾	江苏·昆山
锦湖	KUMHO	韩国	江苏·南京
东洋	TOTO TIRES	日本	江苏·昆山
万力	WANLI	广州	
佳通	GTRADLAL	新加坡	安徽
固特异	GOODYEAR	美国	辽宁·大连
米其林	MICHELIN	法国	沈阳（7V）/上海（Y5）
邓禄普（飞鱼）	DUNLOP	日本	
马牌	CONTINENTAL	德国	
百路驰	BFGoodrich	美国	

2. 轮胎尺寸

轮胎尺寸 215/60 R16 98H 中的每组数字和字母都有其特定的含义，具体如下：

"215" 表示轮胎断面宽度，是指轮胎的宽度（两个胎侧之间的距离，单位：in）。

"60" 表示轮胎扁平率（高宽比），是指胎宽与胎高的比例。"65" 表明该轮胎的高度等于轮胎宽度的 65%，根据公式（H/W）$\times 100\%$ 而得出。式中，H 指轮胎横截面高度，W 指轮胎两侧的最大宽度，数值越小表示轮胎横截面越扁平。

"R" 表示为子午线结构轮胎，表明组成胎体的织物层（即胎体帘线）呈辐射状排布在胎体内。

"16" 表示轮辋直径，代表这条轮胎所使用的轮辋直径是多少（单位：in）。

"98" 表示每条轮胎的载重级别指数，98 为 750 kg，其他载重指数见表 5-9。

表 5-9　轮胎的载重级别指数对照表

指数	载重质量/kg	指数	载重质量/kg	指数	载重质量/kg
75	387	93	650	111	1 090
76	400	94	670	112	1 120
77	412	95	690	113	1 150
78	425	96	710	114	1 180
79	437	97	730	115	1 215
80	450	98	750	116	1 250
81	462	99	775	117	1 280
82	475	100	800	118	1 320
83	487	101	825	119	1 360
84	500	102	850	120	1 400
85	515	103	875	121	1 450
86	530	104	900	122	1 500
87	545	105	925	123	1 550
88	560	106	950	124	1 600
89	580	107	975	125	1 650
90	600	108	1 000	126	1 700
91	615	109	1 030		
92	630	110	1 060		

"H"表示速度等级,最大速度为210 km/h,其他字母对应速度等级见表5-10。

表5-10 轮胎速度等级对照表

字母	最大速度 / (kg·h⁻¹)	字母	最大速度 / (kg·h⁻¹)	字母	最大速度 / (kg·h⁻¹)
A1	5	E	70	S	180
A2	10	F	80	T	190
A3	15	G	90	U	200
A4	20	J	100	H	210
A5	25	K	110	V	240
A6	30	L	120	W	270
A7	35	M	130	Y	300
A8	40	N	140	VR	>210
B	50	P	150	ZR	>240
C	60	Q	160	ZR (Y)	>300
D	65	R	170	—	—

3. 安全认证

"DOT"表示此轮胎符合美国交通部规定的安全标准。

4. 生产日期

轮胎生产日期由4位数字组成,如"0209",前两位"02"表示第2周,后两位"09"表示年份为2009年,即这是2009年第2周生产的产品(轮胎的保质期一般为3年)。

5. 防爆轮胎

防爆轮即"泄气保护轮胎",英文缩写为RSC,各轮胎品牌的防爆胎标识略有不同。举例如下:

(1)米其林防爆轮胎在轮胎侧面有"RSC"字样。

(2)马牌防爆轮胎在轮胎侧面有"SSR"字样。

6. "TUBELESS"标识

"TUBELESS"表示无内胎,说明这条轮胎在使用的时候不需要安装内胎。

7. "XMI+"标识

"XMI+"为米其林轮胎的花纹型号。

8. 装胎指示线

装胎指示线是位于子口部分的一圈线,提醒修理人员在安装轮胎的时候,这个圆应该和轮辋边缘所形成的圆为同心圆。

9. 最大充气压力

最大充气压力代表轮胎所能承受的最大充气气压,单位为kPa、bar。

10. 抓地级数

抓地级数代表轮胎抓地能力的等级,从高到低依次分为AA、A、B、C等4个级别。

11. 温度级数

温度级数代表轮胎散热能力的等级,从高到低依次分为A、B、C等3个级别。

12. 磨耗指示点

在轮胎上三角形所指向的胎面沟槽里有小的突起点，若轮胎磨损到这个高度时，表示已达到磨损极限，不能再继续使用，一般乘用车轮胎的磨耗极限是 1.6 mm。在定损过程中，根据轮胎的磨损程度可以适当考虑其折旧问题。

复习思考题

一、简答题

1. 我国汽车配件的种类繁多，根据其流通渠道大致可以分为几类？

2. 汽车配件品质识别的常用方法有哪些？

3. 什么是汽车配件包含关系？

4. 正厂汽车玻璃鉴别方法有哪些？

5. 解释轮胎尺寸 215/60 R16 98H 中的每组数字和字母的含义。

二、填空题

1. 在汽车维修企业和汽车配件经营企业，通常将_____、_____、_____3种类型的产品统称为汽车配件。

2. 按轮胎结构分类，可分为_____和_____两大类。

3. 事故车损失赔偿费用主要包括_____与_____两种。

4. 汽车配件由于生产厂家、销售渠道的不同，其销售价格可分为_____和_____两大类。

5. 车辆识别代号（VIN 码）的第十位表示_____。

6. 汽车上用到的玻璃以_____和_____为主。

7. 中国对汽车玻璃的强制性产品认证是_____。

8. 汽车玻璃上的生产年份标识"8……"表示_____。

9. 轮胎尺寸 215/60 R16 98H 中的字母 R 的含义是_____。

10. 轮胎尺寸 215/65 R14 90H 中的 65 的含义是_____。

三、单选题

1. 汽车配件常用计量单位中，凡是单个供应的商品，不论大小，统一用（　　）表示。

A. 个　　　　　　　B. 只　　　　　　　C. 条　　　　　　　D. 台

2. 我国反不正当竞争法规定，经营者在市场交易中，应当遵守（　　）、平等、公平、诚实和信用的原则，遵守公认的商业道德。

A. 自愿　　　　　　B. 自觉　　　　　　C. 自信　　　　　　D. 互利

3. 国产汽车产品零部件编号共有（　　）个组号，（　　）个分组号。

A. 50 600　　　　　B. 55 620　　　　　C. 58 638　　　　　D. 58 630

4. 零件的形状精度有 6 种，包括直线度、平面度、圆度、（　　）、线轮廓度、面轮廓度。

A. 对称度　　　　　B. 同轴度　　　　　C. 平行度　　　　　D. 圆柱度

5. 国产汽车型号编制规则中，车辆类别代号位于产品型号的第二部分，用一位阿拉伯数字表示，如此位数字是 7，则表示是（   ）。

    A. 载货车   B. 越野车

    C. 轿车   D. 客车

6. 汽车配件集中进货一般适宜于（   ）商店采用。

    A. 小型零售配件   B. 大型配件零售

    C. 中小型批发配件   D. 大型配件批发

7. 下列各项中不属于汽车配件质量鉴别的五法是（   ）。

    A. 看商标   B. 看几何尺寸

    C. 看包装   D. 看文件资料

8. 配件分区分类应贯彻的原则是（   ）。

    A. 安全、可靠、方便   B. 可靠、方便、节约

    C. 节约、安全、可靠   D. 安全、方便、节约

9. 汽车配件运输包装标志按其内容和作用，分为两类，一为收发货标志，或叫包装识别标志，二为（   ）。

    A. 包装储运图示标志   B. 分类标志

    C. 运输标志   D. 图文标志

10. 下列配件属于不能沾油的配件是（   ）。

    A. 减振器   B. 爆震传感器

    C. 风扇   D. 制动蹄片

项目六
事故车辆损失评估

项目要求

（1）了解事故车辆定损的原则和方法。

（2）熟悉事故车辆定损需要具备的知识，熟悉特殊情况的处理方式，掌握事故车辆定损的程序。

（3）能运用所学知识，完成一般事故车辆损失评定。

（4）能通过实训、实习，正确处理事故车辆定损过程中的一般纠纷。

相关知识

一、事故车辆的定损原则与方法

对于保险业，尤其是机动车辆保险业务，由于道路交通事故和其他事故，机动车辆保险赔付业务天天都有。对发生了事故的承保汽车进行准确的损失评估，是保险公司车辆查勘定损人员一项十分重要的职责。

要想做到及时、公正地理赔，就要及时赶赴现场，热情服务，做好救援工作；要对事故车辆所造成的损失，做出公正、合理的鉴定；要对更换配件的价格做出正确报价；要及时地按质量要求把车修好。这就对事故车辆所造成损失的鉴定提出了较高要求。

近年来，保险公司内部建立了有效、便捷的报价系统，控制了配件价格，降低了理赔成本。随着保险业的发展，保险公估业也有了很大的发展，正在为促进保险车辆查勘定损的公平公正发挥着越来越重要的作用。由于事故车辆的损失是随机的，每一辆事故车所造成的损失都有差异，这就给评估的规范性带来了较高要求。事故车辆损失鉴定的公正性、正确性与鉴定人员的责任心、业务能力有直接关系。因此，提高定损人员的思想品德素质、业务素质是至关重要的。

（一）事故车辆验损机构的职责与定损原则

1. 机动车辆验损中心的职责范围

机动车辆验损中心的职责范围是：接到报案或出险通知后，指派定损核价人员迅速赶到事故现场、停车场或指定及非指定修理厂，会同被保险人一起对出险事故车辆进行查勘、定损、估价，涉及第三者财产损失或人员伤亡的，还包括会同第三者损失方进行定损；受理公司系统内异地委托代理业务的查勘、定损、估价；受理有关部门（公安交通管理机关事故处理部门）委托，对非保险车辆进行查勘、定损、估价。

2. 保险公估机构的职责范围

接受保险人和被保险人的委托，对保险标的完成承保前的检验、估价及风险评估；对保险标的进行出险后的查勘、检验、估损及理算；承揽经中国保监会批准的其他业务；受理有关部门（公安交通管理机关事故处理部门）委托，对非保险车辆进行查勘、定损、估价。

3. 定损核价人员的任务

定损核价人员的任务是：接到任务及有关资料后，利用必要的设备和技术手段做好事故车辆的查勘工作，对事故车辆及受损部位进行拍照。定损人员确定事故车辆的损伤部位，并确定受损总成及零部件的更换或修理。核价人员在此基础上，对零配件价格及修理工时费用做出正确的核定。做到各司其职、各负其责。

4. 机动车辆定损的原则

保险公司的理赔工作应严格执行《机动车辆保险实务》的有关规定，工作人员在查勘、定损、估价过程中，要做到双人查勘、双人定损、交叉复核。对损失较大或疑难案件做到重复多次审核，进行专门会议分析研究，确保核定无误。对任何一个理赔案件都要做到严格细致、客观真实，不受人情的影响，做到既不损害保险人利益、不影响车辆性能，又要保证被保险人的权益不受侵害，参照当地交通运输管理部门规定的修理工时及单价和零配件价格对事故车辆的损伤部位逐项进行审定，做到合理准确地定损核价。应遵循以下基本原则。

（1）修理范围仅限于本次事故中所造成的车辆损失（包括车身损失、车辆的机械损失等）。

（2）"公平公正""能修不换"，能修理的零部件尽量修复，不要随意更换新件。

（3）能局部修复的不要扩大到整体修理（主要是针对车身面漆的处理）。

（4）能更换零部件的坚决不能更换总成。

（5）根据修复工艺难易程度，参照当地维修工时水平，准确确定工时费用。

（6）准确掌握汽车零配件价格。

定损人员应根据事故车辆的损伤情况，准确认定保险赔付范围及赔付方式，即是修还是换。对于车辆的外覆盖件，应以损伤程度和损伤面积为依据，确定修复方法。对于功能件，判断零件的更换或修理存在一定的难度，要做到准确判定事故原因及损伤形成的因果关系，这要求定损人员必须掌握足够的汽车结构和性能方面的专业知识。定损人员应正确区分：哪些是车辆本身故障所造成的损失；哪些是车辆正常使用过程中零件自然磨损、老化造成的损失；哪些是使用、维护不当造成的损失；哪些是损伤产生后没有及时进行维护修理致使损伤扩大造成的损失；哪些是撞击直接造成的损失。依照机动车辆保险条款所列明的责任范围，明确事故车辆损伤部位和赔付范围。

5. 事故车辆损失鉴定与正常维修的区别

事故车辆损失的鉴定和修理，不同于汽车的正常技术鉴定和修理。这是因为以下两点。

（1）目的不同。汽车正常修理时的技术鉴定是发现和确定车辆的故障和隐患；依据汽车修理标准排除存在的故障，恢复正常性能。而事故车辆的鉴定是确定本次事故造成的损失，确定哪些配件或总成该换，哪些配件或总成该修及如何修理；确定该换配件或总成的价格和修理所需工时费用；计算出本次事故所造成的经济损失；事故车辆的修理是指恢复到发生事故前的技术状态。事故车辆在损失鉴定和修复时，凡与本次事故无关的部分，即使存在问题也不必关注。

（2）依据标准不同。正常维修依据的是交通部门颁发的相关规定，各总成的拆装、修理及各部件的单项修理，是根据长期实践又经测算而取得的平均工时定额。而事故车辆碰撞后各部位的变形千差万别，对金属结构件的修复工作量差异很大，要做到对事故车辆的损失估价合理、准确，定损人员需要熟知汽车的构造、不同车型结构的差异、部件安装位置和作用原理，熟悉修理工艺，了解技术标准，掌握零件的材质和性能、检验和修复方法。

（二）事故车辆定损程序

车辆定损的基本程序包括以下内容。

（1）保险公司一般应指派两名定损员一起参与车辆定损。

（2）定损时，根据现场查勘记录，认真检查受损车辆，搞清本次事故直接造成的损伤部位，并由此判断和确定因肇事部位的撞击、震动可能间接引起其他部位的损伤。最后，确定出损伤部位、损伤项目及损伤程度，并对损坏的零部件由表及里进行逐项登记，同时进行修复与更换的分类，使定损工作做到全面细致、公平公正。

具体鉴定、登记方法是：由前到后，由左到右，先登记外附件（钣金覆盖件、外装饰件），其次按机器、底盘、电器、仪表等分类进行。

对估损金额超过本级处理权限的，应及时报上级公司协助定损。

（3）与客户协商确定修理方案，包括确定修理项目和换件项目。修理项目需列明各项目工时费，换件项目需明确零件价格，零件价格需通过询价、报价程序确定。

（4）对更换的零部件属于本级公司询价、报价范围的，要将换件项目清单交报价员进行审核，报价员应根据标准价或参考价核定所更换的配件价格；对于估损金额超过本级处理权限的，应及时报上级公司并协助定损。首先按照《汽车零配件报价实务》的规定缮制询价单，通过传真或计算机网络向上级公司询价。其次，上级公司接到下级公司询价单后应立即查询，对询价金额低于或等于上级公司报价金额的进行核准操作；对询价金额高于上级公司报价金额的，上级公司应逐项报价，并将核准的报价单或询价单传递给询价公司。

（5）定损员接到核准的报价单后，再与被保险人和第三者车损方协商修理、换件项目和费用。协商一致后，定损员与被保险人共同签订《汽车保险车辆损失情况确认书》一式两份，保险人、被保险人各执一份。

（6）对损失金额较大，双方协商难以定损的，或受损车辆技术要求高，难以确定损失的，可聘请专家或委托公估机构定损。

（7）受损车辆原则上应一次定损。定损完毕后，由被保险人自选修理厂修理或到保险人推荐的修理厂修理。

（8）保险车辆修复后，保险人可根据被保险人的委托直接与修理厂结算修理费用，明确区分被保险人自己负担的部分费用，并在《汽车保险车辆损失情况确认书》上注明，由被保险人、保险人和修理厂签字认可。

（三）事故车辆的定损方法

在实际运作过程中，经常存在着这样的问题，被保险人与保险人在定损范围与价格上存在严重分歧，被保险人总希望能得到高的赔付价格，而保险人则正好相反。另外，在保险业，特别是机动车辆保险业，经常有骗保案件发生。因此，为避免上述情况发生，定损人员应掌握正确的定损方法。

1. 确定出险车辆的性质、确认是否属于保险赔付范围

根据有关机动车辆保险条款的解释及事故现场的情况，验明出险车辆号牌、发动机号、车架号是否与车辆行驶证及有关文件一致，验明驾驶员身份，驾驶证准驾车型是否与所驾车型相符，如驾驶出租车是否有行业主管部门核发的出租车准驾证，确认是否属于保险赔付范围及是否为骗保行为。

2. 修理范围的鉴别

1）区分事故损失与机械损失的界限

对于车辆损失险，保险公司只承担条款载明的保险责任所导致事故损失的经济赔偿。凡因刹车失灵、机械故障、轮胎爆裂以及零部件的锈蚀、朽旧、老化、变形、断裂等所造成的损失，不负赔偿责任。若因这些原因而构成碰撞、倾覆、爆炸等保险责任的，对当时的事故损失部分可予以负责，非事故损失部分不能负责赔偿。因此，在定损过程中，尤其是对功能件的定损中，一定要根据其损伤的特征，正确区分造成损伤的原因，准确认定赔付范围。

2）对事故车辆损伤部位进行查勘、确定损伤程度

在对外部损伤部位照相的基础上，对车辆损伤部位进行细致查勘，对损伤零件逐个进行检查，即使很小的零件也不要漏掉，以确定损伤情况。按事故查勘的要求，对现场及车辆损伤部位拍照时，必须清晰、客观、真实地表现出事故的结果和车辆的损伤部位。对车身及覆盖件查验时，应注意测量、检查损伤面积、塑性变形量、凹陷深度、撕裂伤痕的大小，必要时应测量、检查车身及车架的变形，以此确定零件是否更换或进行修理所需工时费用。对于功能件应检验其功能损失情况，确定其是否更换或修理所产生的费用。

3）区分新旧碰撞损失的界限

属于本次事故碰撞部位，一般会有脱落的漆皮痕迹和新的金属刮痕；非本次事故的碰撞处往往会有油污和锈迹（个别小事故定损、估价、赔偿后，车主未予修复，应避免重复估价）。

4）对不能直接检查到的内部损伤应进行拆检

如车辆发生强度较大的正面碰撞时，在撞击力的作用下，除车身及外覆盖件被撞损坏以外，同时会造成一些内部被包围件的损坏，如转向机构、暖风及空调装置等的损伤情况就需要解体检查。所以发生碰撞事故后，应根据实际情况确定是否需要解体检查，以确认被包围件的损伤情况。

3. 定损估价的技术依据

了解出险车辆的结构及整体性能；熟悉受损零部件拆装作业量；掌握受损零部件的检测技术，了解修理工艺及所需工装器具；掌握修理过程中所需的辅助材料及用量；掌握和了解出险车辆修竣后的检查、鉴定技术标准。

4. 基本方法步骤

（1）搞清肇事损伤部位，由此确定因肇事部位的撞击、震动可能引起哪些部位的损伤。

（2）确定维修方案，并据此对损坏的零部件由表及里进行登记，并分别进行修复、更换分类。鉴定、登记时可以遵循以下方法：由前到后，由左到右，先登记外附件（钣金覆盖件、外装饰件），再按机器、底盘、电器、仪表等分类进行。

（3）根据已确定的维修方案及修复工艺难易程度确定工时费用。

（4）根据所掌握的汽车配件价格确定材料费用。

（5）定损时各方（被保险人、第三者、修理厂、保险公司）均应在场。在明确修理范围及项目，确定所需费用，签订"事故车辆估损单"协议后，方可进厂修理。

5. 定损时的注意事项

（1）经保险人同意，对事故车辆损失原因进行鉴定的费用应负责赔偿。

（2）受损车辆解体后，如发现尚有因本次事故损失的部位没有定损的，经定损员核实后，可追加修理项目和费用。

（3）如果被保险人要求自选修理厂修理，必须先确定保险责任和损失金额。受损车辆未经保险人同意而由被保险人自行送修的，保险人有权重新核定损失或拒绝赔偿。在重新核定时，应对照现场查勘记录，逐项核对修理费用，剔除扩大修理的费用或其他不合理的项目和费用。

（4）换件残值应合理作价，如果被保险人接受，则在定损金额中扣除；如果被保险人不愿意接受，保险人拥有处理权。

（5）检验定损人员应随时掌握最新的零配件价格，了解机动车辆修理工艺和技术，以避免因未掌握最新的零配件价格和不了解机动车辆修理工艺和技术而一味压低理赔价格，造成修理厂无法按常规修复的错误。

（四）几种典型情况的处理

在实际定损过程中，理赔定损人员将会遇到各种复杂情况和矛盾，如何解决好这些问题，化解矛盾，维护事故车辆定损的准确、合理性，则要求定损人员不但要掌握上述基本定损方法，亦即过硬的定损技术，而且要掌握各种复杂情况和矛盾的处理方法，亦即具有丰富的实践工作经验。

1. 处理好与汽车维修厂的矛盾

作为汽车修理厂，考虑到自身效益，希望定价越高越好，有些修理厂为了拉客源，往往答应保户的某些额外要求。个别保户，希望从估价中得到一些间接损失方面的弥补。这就形成了保险人、修理厂和保户三方间的矛盾，在处理时应注意以下几点。

（1）初步拟定修理方案后，对工时费用部分，先实行招标包干。一般来说，大事故往往需要分解检查后，才可能拿出准确的定损价格。此时，不宜先分解，后定价，而应先与修理厂谈妥修理工时费用，再对事故车辆进行分解。若盲目分解，一旦在工时费用方面与修理厂无法达成一致，则给后期变更修理厂等工作带来很大被动。

（2）在与修理厂谈判工时费用时，可对事故车辆的作业项目按部位、项目进行工时分解，并逐项核定解释，以理服人。

2. 在确定更换配件方面处理好与保户的关系

大多数保户在车辆出险后，对于损坏的零部件（特别是钣金件、塑料件），不论损坏程度轻重，能否达到更换程度，都希望更换。在处理时应注意：坚持原则，执行标准，说明损坏的零部件在车辆结构上所起的作用，以及修复后对汽车原有性能及外观没有影响。配件价值较大，可换可不换的，说服不换；配件价值较小的，考虑照顾保户情绪，可同意更换。

3. 对重大事故及特殊车型的定损

对于重大事故，为了尽量避免道德风险，在保证修理质量的前提下，应尽可能推荐车主到特约修理厂去维修。以避免在分解过程中弄虚作假以及有意扩大损坏部位、加大损坏程度

现象的发生。如果车主坚持自选修理厂，则可在工时费包干的前提下，由定损人员现场监督分解，并尽快确定更换项目。

对于特殊车型、配件奇缺的车辆，可在确定更换配件项目的前提下，先行安排其他项目的修复，避免因配件价格无法确定而延迟出单、延长修理时间。在车辆修复的同时，积极联系采购配件。对部分奇缺零件根本无法买到的，可采用加工制作的方法解决。

4. 去外地查勘定损的处理方法与技巧

赴外地查勘定损相对于在本地区困难要大得多，特别是对第三者车辆（事故发生地当地车辆）无责任情况下，协商修理定价往往更为艰辛。

派往外地的查勘定损人员除了具有丰富的交通法规及道路驾驶知识以外，必须具备定损估计的专业知识，以应付各种困难局面。

估价应留有余地，修理厂对外地车辆往往有哄抬价格的现象，在估价时留一定余地可作为让步的条件。估价切忌拖泥带水，能实行费用包干的尽可能包干，一般情况下不能留待查项目，对确实无法判断的可现场分解。若无法与修理厂达成共识，可请当地保险公司协助。

5. 车上货损的处理

条款规定，"由于诈骗、盗窃、丢失、走失、哄抢造成的货物损失，保险人概不负责任"。根据这一规定，在车辆发生碰撞、倾覆等造成车上货物损失，查勘定损人员在对车上货物进行查勘定损时，只需对损坏的货物进行数量清点，并分类确定其受损程度，无须关心不在现场的货物。

对于易变质、腐烂的（如食品、水果类）物品，经请示后，应在现场尽快变价处理。

对于机电设备的损坏程度，应联系有关部门进行技术鉴定。定损时依然坚持"修复为主"的原则。坚持可更换局部零件的，不更换总成件；一般不轻易作报废处理决定。

对达到报废程度、无修理价值的货物，可作报废处理，但必须将残值折归被保险人。

6. 如何处理施救过程中对车辆造成的损坏

条款规定："保险车辆发生保险事故后，被保险人应当采取合理的保护、施救措施，并立即向事故发生地交通管理部门报案。同时通知保险人。"被保险人未履行此条义务的，保险人有权拒赔。处理时应重点放在区分是否合理保护、施救上。

一般情况下，在对车辆进行施救时，难免对出险车辆造成再次损失（如使用吊车吊装时钢丝绳对车身的漆皮损伤），对于合理的施救损失，保险公司可承担损伤赔偿责任，对于不合理的施救损失则不予考虑。

不合理施救表现：对倾覆车辆在吊装过程中未合理固定，造成二次倾覆的；使用吊车起吊时未对车身合理保护，导致车身大面积损伤的；对被拖移车辆未进行检查，造成车辆机械损坏的（如轮胎缺气或转向失灵硬拖硬磨造成轮胎损坏的）；在分解施救过程中拆卸不当，造成车辆零部件损坏或丢失的。

（五）车辆损失费用的确定

1. 维修费用的确定

目前，我国汽车维修行业价格一般是由各省的交通厅和物价局根据当地市场和物价指数情况，联合制定《机动车辆维修行业工时定额和收费标准》，作为机动车辆维修行业的定价依据。事故车辆的维修费用主要由三部分构成，即修理工时费、材料费和其他费用。

1）工时费

$$工时费 = 定额工时 \times 工时单价$$

其中，定额工时是指实际维修作业项目核定的结算工时数；工时单价是指在生产过程中单位小时的收费标准。

2）材料费

$$材料费 = 外购配件费（配件、漆料、油料等） + 自制配件费 + 辅助材料费$$

其中，外购配件费按实际购进的价格结算；漆料、油料费按实际消耗量计算，其价格按实际进价结算；自制配件费按实际制造成本结算。辅助材料费是指在维修过程中使用的辅助材料的费用，但是，在计价标准中已经包含的辅助材料不得再次收取。

3）其他费用

$$其他费用 = 外加工费 + 材料管理费$$

其中，外加工费是指在汽车维修过程中，实际发生在厂外加工的费用。材料管理费是指在材料的采购过程中发生的采购、装卸、运输、保管、损耗等费用，其收取的标准是：一般是按单件配件购进价格或根据购置地点的距离远近进行确定。如单件配件购进价格在1 000元以下（含1 000元）的，可按实际进价的15%结算；单件配件购进价格在1 000元以上的，可按实际进价的10%结算。对配件购置地点距离较近的，可按实际进价的9%结算；购置地点距离较远的，可按实际进价的18%结算。

2．零配件的询报价

对需要更换的零配件需要确定其价格，且须使确定的零配件价格符合市场情况，能让修理厂保质保量地完成维修任务，所以零配件报价应做到"有价有市"。

汽车配件价格信息掌握的准确度对降低赔款有着举足轻重的作用。由于零配件的生产厂家众多，市场上不但有原厂或正规厂家生产的零配件，而且有许多小厂家生产的零配件，因此零配件市场价格差异较大。另外，由于生产厂家的生产调整、市场供求变化、地域的差别等多种原因也会造成零配件价格不稳定，处于时刻的波动状态，特别是进口汽车零部件缺乏统一的价格标准，其价格差异更大。

为此，大的保险公司，如人保建立了独立的报价系统——事故车辆定损系统，使得定损人员在定损过程中能够争取主动，保证定出的零配件价格符合市场行情，这大大加快了理赔速度。而中小公司，则采用与专业机构合作的方式或安排专人定期收集整理配件信息，掌握和了解配件市场行情变化情况，了解和比较本地汽车配件经销商的经销情况（经销配件的质量、价格的比较），广泛与各汽配商店及经济信息部门联系，以期取得各方面的配件信息。对高档车辆及更换配件价值较大的也可与外地电话联系，并与当地配件价格进行比较（要避免在配件价格方面出入较大）。

零配件报价中常见问题及其处理如下。

（1）询价单中车型信息不准确、不齐全，甚至互相矛盾，造成无法核定车型，更无法确定配件，导致报价部门不能顺利报价。针对这种情况，一般要求准确填写标的的详细信息。

（2）配件名称不准确或配件特征描述不清楚。针对这种情况，一般要求选择准确的配件名称或规范的术语或相近的名称，并在备注栏加以说明，对于重要或特殊配件，查找实物编码或零件编码或上传照片。

（3）把总成与零部件混淆。针对这种情况，一般要求向配件商咨询或上传照片。

（4）有单个配件而报套件。针对这种情况，一般要求定损人员必须熟悉车辆结构和零配件市场供给情况。

（5）对老旧、稀有车型的配件报价，应准确核对车型，积极寻找通用互换件。

（6）报价后价格波动或缺货。报价有一定的时效，一般为 3~7 天，市场上货源紧张时价格上涨，所以报价、供货时间要快，避免涨价或缺货。

（7）无现货而必须订货的，原则上按海运价报价。

二、汽车车身结构及修复特点

车辆的车身，尤其是客车的车身更是车辆的主体结构部分，在碰撞、刮擦和倾翻等交通事故或意外事故中，车身是受损最严重的部分，其车身覆盖件及其他构件会发生局部变形，严重时车架或整体式车身都会发生变形，使其形状和位置关系不能符合制造厂的技术规范，这不仅影响美观，还会影响到车身和汽车上其他总成的安装关系，使车辆不能正常行驶。因此，必须对其进行校正和修复，有些零部件和总成则需要更换。对于保险车辆，这笔费用需要保险人按保险合同的规定承担，这要求有相对准确的计算依据，必须正确地核定车身的损伤情况。

车身由于事故遭受损伤后的修复工作，是一项工艺复杂且技术性很强的专业工作，事故车的定损应考虑到工艺的复杂性和技术性，因此，要求定损人员应熟悉汽车车身材料、结构及车身修复工艺。

（一）汽车车身的结构

现代汽车的车身特别是轿车车身，不仅是现代化的工业产品和先进的交通运输工具的载体，也可以称其为一件精美的艺术品。设计者和制造者为了降低轿车的自重，增加车身的整体刚度，大多采用整体式承载结构，使用大量的新材料、新结构和新工艺，这使得车身的修复工艺变得更加复杂。所以，为了保证准确的定损核价，为了保证因事故受损的车身能够修旧如新，保证车身的修理质量，不仅修理者，从事保险理赔的事故车辆定损人员也必须十分熟悉车身的材料和结构特点、生产工艺、车身造型、车身维修工艺及特点。

1. 汽车车身的分类

1）按用途分类

根据用途车身可以分为两大类，即客车车身、货车车身。

（1）客车车身依据车身的大小和特点又分为小客车（轿车）车身、大客车车身。

（2）货车车身。货车车身通常由两部分组成，即驾驶室和货箱。

2）按壳体结构形式分类

按壳体结构形式，车身可分为以下 3 种。

（1）骨架式。壳体结构具有完整的骨架（构架）：车身蒙皮板就固定在装配好的骨架上。

（2）半骨架式。只有部分骨架，如单独的支柱、拱形梁、加固件等，这些骨架或直接相连或借蒙皮板相连。

（3）壳体式。该结构车身没有骨架，全部利用蒙皮板连接时形成的加强筋代替骨架。

中型及大型客车多采用骨架式车身，轿车和货车多采用壳体式车身。

3）按车身受力的不同分类

按车身受力的不同可分为以下 3 类。

（1）非承载式车身。车身与车架用弹性元件连接，车身不承受汽车载荷。

（2）半承载式车身。车身与车架系刚性连接，车身承受车架的一部分载荷。

（3）承载式车身。承载式车身没有车架，发动机和底盘各部件都直接安装在车身上。承载式车身具有更轻的质量、更大的刚度和更低的高度，承载式车身是通过点焊将车身前部、车身底部、车身侧部和车身后部四大件焊接在一起，如图 6 – 1 所示。

图 6 – 1　车身构成四大件

2．车身的构成

1）车身前部

车身前部一般为箱式结构，具有较强的刚性，用来安装布置发动机、前悬架、转向装置等部件，如图 6 – 2 所示。

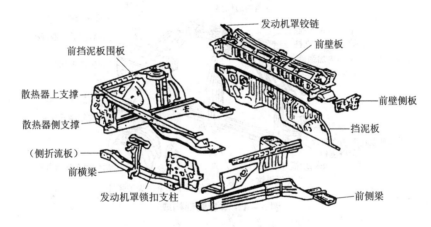

图 6 – 2　车身前部构成

车身前部配有后挡泥板、两侧挡泥围板、前侧梁、前横梁和散热器上支撑等刚性较高的骨架部分，这些部件组成长方形的发动机舱，在其外部覆盖有发动机罩、前挡泥板、平衡板、散热器隔栅等面板。

2）车身底部

车身底部是将车身前部后侧、客厢和行李箱底板连接在一起的构件，车身底部要求具有较高的刚性，用以支撑乘员和货物并连接后悬架和后轴，车身底部由数条横梁及两侧的纵梁，构成刚性较高的承载浅盘形地板，如图 6 – 3 所示。

为了适当吸收车辆碰撞时的部分冲击能量，防止发动机侵入驾驶舱，前纵梁和后纵梁都设计成向上弯曲的挠曲状。

3）车身侧部

车身侧部用以连接车身的底部、前部、后部和顶盖，并构成客厢的侧面。用前、中、后

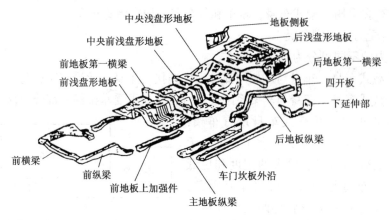

中央浅盘形地板　　　　地板侧板
中央前浅盘形地板　　　　后浅盘形地板
前地板第一横梁　　　　后地板第一横梁
前浅盘形地板　　　　四开板
　　　　下延伸部
　　　　后地板纵梁
前横梁
前纵梁　　　　车门坎板外沿
前地板上加强件　　　主地板纵梁

图 6 - 3　车身底板构成

3 根立柱和上下纵梁构成车门框，用以安装车门。图 6 - 4 所示为车身侧部构成部件。由于车门面积的要求，车身侧面的刚性较弱。

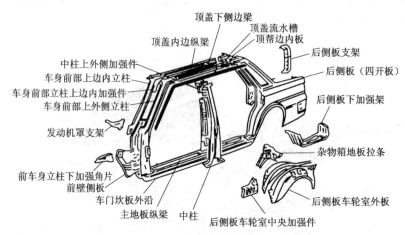

顶盖下侧边梁
顶盖内边纵梁　　　顶盖流水槽
　　　　顶帮边内板
　　　　后侧板支架
中柱上外侧加强件　　　　后侧板（四开板）
车身前部上边内立柱
车身前部立柱上边内加强件
车身前部外侧立柱　　　　后侧板下加强架
发动机罩支架
　　　　杂物箱地板拉条
前车身立柱下加强角片
前壁侧板
车门坎板外沿　　　　后侧板车轮室外板
主地板纵梁　中柱　后侧板车轮室中央加强件

图 6 - 4　车身侧部构成

4）车身后部

车身后部有两种结构形式：一种是把客厢和行李舱隔离开布置的三厢式，另一种是客厢和行李舱一体式的旅行车型。车身后部主要由后侧板、后挡泥板、衬板、行李舱盖或背门形成行李舱。图 6 - 5 所示为车身后部构成。与车身前部相比，车身后部只有面板，而没有骨架部分，所以，其刚性比车身前部低得多。

上述四大件焊接在一起构成了车身壳体，车身壳体内部一般都设置隔音隔热和防振材料或涂层。轿车车身防振、隔音阻尼材料的应用如图 6 - 6 所示。

车身除了这四大构件以外，还包括有以下部件。

①车身外部装饰件。主要有装饰条、车轮装饰罩、标志等，散热器面罩、保险杠等也具有明显的装饰作用。

②车身内部装饰件。包括仪表板、顶棚、侧壁内衬、车门内衬等。

③车身附件。车身附件包括车门锁、门铰链、玻璃升降器、各种密封件、扶手及辅助车身电器元件。为增加行车安全性，现代汽车上还配备有安全带、安全气囊及座椅头枕等。

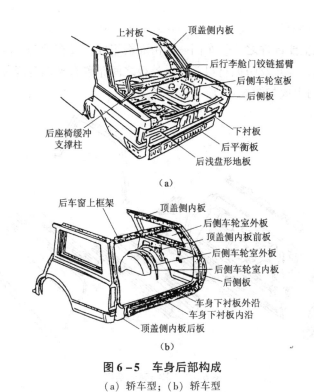

上衬板　顶盖侧内板

后行李舱门铰链摇臂

后侧车轮室板

后侧板

后座椅缓冲
支撑柱

下衬板

后平衡板

后浅盘形地板

(a)

后车窗上框架　顶盖侧内板

后侧车轮室外板

顶盖侧内板前板

后侧车轮室外板

后侧车轮室内板

后侧板

车身下衬板外沿

车身下衬板内沿

顶盖侧内板后板

(b)

图6-5　车身后部构成

(a) 轿车型；(b) 轿车型

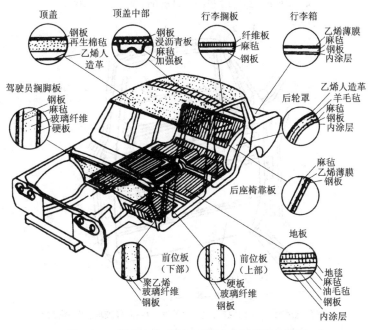

顶盖　　顶盖中部　　行李搁板　　行李箱

钢板　　钢板　　纤维板　　乙烯薄膜
再生棉毡　浸沥青板　麻毡　　麻毡
乙烯人　麻毡　钢板　钢板
造革　加强板　　　　内涂层

驾驶员搁脚板　　　　　　　　　乙烯人造革
钢板　　　　　　　　后轮罩　　羊毛毡
麻毡　　　　　　　　　　　　麻毡
玻璃纤维　　　　　　　　　　钢板
硬板　　　　　　　　　　　　内涂层

麻毡
乙烯薄膜
钢板

后座椅靠板

地板

前位板　前位板　　　　地毯
(下部)　(上部)　　　　麻毡
聚乙烯　硬板　　　　油毛毡
玻璃纤维　玻璃纤维　　钢板
钢板　　钢板　　　　内涂层

图6-6　轿车车身防振、隔音阻尼材料的应用

3. 车身辅助装置

　　车辆发生碰撞事故，不仅会致使车身受损，同时会造成车身辅助装置及与车身连接部位的损伤。因此，要想准确认定车身遭受碰撞后造成的损失，不仅需熟悉车身结构知识，还应熟悉与车身相关的辅助装置。

1）汽车车门及其附件

车门是车身上的重要部件之一。车门一般由面板组成，没有骨架，刚性比较小，车门外面板的内侧设置有隔音隔热及防振材料，内、外板之间布置有玻璃升降装置。车门壳体结构如图 6 - 7 所示。车门组成如图 6 - 8 所示。

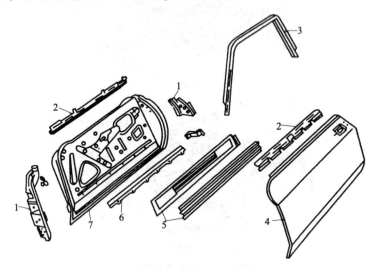

图 6 - 7　车门壳体结构

1—安装铰链和门锁的加强板；2—玻璃横向加强板；3—玻璃窗框；
4—门外板；5—加强板；6—玻璃升降导板；7—门内板

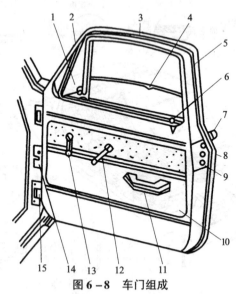

图 6 - 8　车门组成

1—三角通风窗；2—门内框；3—门外框；4—升降玻璃；5—密封条；
6—内部锁止按钮；7—门锁外手柄；8—门锁；9—定位榫舌；
10—内框覆饰；11—扶手；12—门锁内手柄；13—玻璃升降器手柄；
14—车门开度限位器；15—门铰链

车门根据开启方式可以分为以下几种。

（1）顺开式和逆开式车门。顺开式和逆开式车门的差别在于车门铰链的布置，顺开式铰链在前，逆开式铰链在后。车门上都有门锁机构和限位装置，布置方便，结构简单。缺点是乘员入座通道截面小。

（2）推拉式车门。车门上除了锁机构外，没有铰链，是靠车门内板前部上、下支承及后中部的移门转臂与车身连接起来，支承及转臂上一般都装置有滚轮或轴承。车门打开后，为了防止自动关门，在下导轨的后端部装有移门缓冲器。推拉式车门多应用在微型客车和轻型客车的中门上，优点是通道面积大。

（3）折叠式车门。多应用于城市公共汽车和大型客车上。车门多为单层面板及加强筋，折叠式车门结构简单。

（4）外摆式车门。现代豪华型大客车上多数都采用外摆式车门，车门用铰链连接在车身壳体的门框柱上。折叠式车门与外摆式车门都设计有电动或气动车门开启机构。所有车门和门框之间都采用橡胶密封条予以密封。

2）风窗及刮水、洗涤设备

（1）挡风玻璃及窗玻璃。现代汽车的风窗，不论是客车还是货车，大多采用全景曲面玻璃或称大圆弧形状的挡风玻璃，主要有以下几种。

① 钢化玻璃。钢化玻璃一旦破损，整体玻璃架变成大小均匀、周边无棱角的小块，不易伤人，安全性好。

② 区域钢化玻璃。区域钢化玻璃是在强化过程中，中央部分的冷却速度较边缘要慢，当玻璃破损时，在主视区保持一定能见度的大碎片，以提高安全性。

③ 夹层玻璃。夹层玻璃由单层玻璃或多层玻璃板与单层或多层透明塑料膜粘接而成。夹层玻璃破碎后，其状态与钢化玻璃不同，破裂仅局限于冲击点的周围，呈蛛网裂纹，冲击点以外区域不出现小裂纹，所以不妨碍驾驶员的视线。由于有软性的中间层，破碎的玻璃被粘在塑料胶层上，从而保证使用安全性。特别是较厚的 PVB 薄膜，耐穿透能力高，在撞车事故中，司乘人员的头就不会从玻璃中穿出而导致伤亡。夹层玻璃是客车前风窗最理想的安全玻璃，尤其是大面积全景前风窗玻璃大都采用夹层玻璃。

④ 带天线的玻璃及除霜玻璃。为改善天线的安全性、操作及维修方便和消除由天线造成的气流噪声，可在前、后风窗玻璃上安装各种天线，以用于车内电视、收音、电话和导向。早期开发的天线玻璃是在夹层玻璃组合前封入极细的铜丝，现已趋向于用丝网印刷的方法将导电金属粉印在玻璃上，也可作防雾除霜之用。采用网板印刷法将导电性胶印刷在玻璃上，使其呈细线状，由于影响视线，此法只适用于后窗。而喷镀法把透明金属膜镀在玻璃上，则可用在前风窗。

（2）风窗密封。在车身的风窗口与挡风玻璃之间用橡胶密封条连接并封闭。密封条起着密封及缓冲作用，可以防止车身扭转窗口变形时损坏挡风玻璃。

（3）风窗刮水器。风窗刮水器有电动和气动两种，布置在挡风玻璃盖板下面或车身前部后挡板前面。

（4）风窗洗涤装置。风窗洗涤装置由储液罐、洗涤泵、软管、喷嘴和控制装置组成，储液罐连同洗涤泵布置在车身前部的左侧或右侧。

3）仪表及车身通风、取暖和空调装置

仪表台组件如图 6-9 所示。仪表台因正面或侧面撞击常造成整体变形皱折和固定爪破损。整体变形在弹性限度内，待骨架校正后重新装回即可。皱折影响美观，对美观要求较高

的新车或高级车最好更换。因仪表台价格一般较贵，老旧车型更换意义不大。少数固定爪破损常以焊修修复为主。

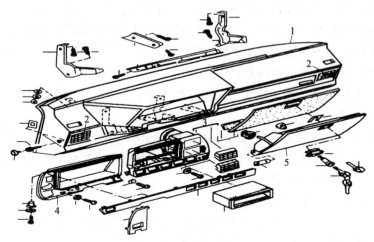

图 6 – 9　仪表台组件

1—仪表台；2—左右风口百叶窗；3—带出风口的右饰框；

4—左饰框；5—杂物箱

车身的通风、取暖和空调装置有独立式和非独立式两种。非独立式多为整体式，布置在车身前部后挡板后面、驾驶室内仪表板下。独立式空调暖风装置多用在大型客车上，送风装置布置在车身顶部，制冷及制热装置布置在车身底部的一侧。空调装置如图6 – 10所示。

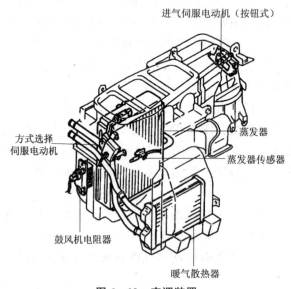

进气伺服电动机（按钮式）

蒸发器

方式选择
伺服电动机

蒸发器传感器

鼓风机电阻器

暖气散热器

图 6 – 10　空调装置

4）座椅及安全带

座椅的结构和材料因车型的不同而有较大差异，布置在车身底部，为了安全和方便驾驶及乘坐，除具有一定强度外，座椅及靠背还具有前、后、左、右、上、下调节装置。前座椅结构如图 6 – 11 所示。

为了在交通事故中保护驾、乘人员，避免或减少二次碰撞造成的伤害，车上设有安全带，安全带收紧及支撑机构布置在车身底板和车门中立柱上。安全带自动收紧装置动作后必须更换。

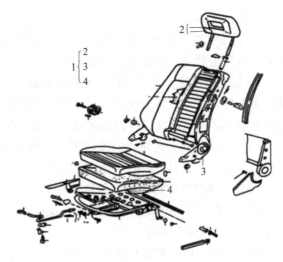

图 6-11　前座椅结构
1—前座椅总成；2—头枕；3—靠背骨架；
4—座椅底座

（二）车身材料及性能

不同的车身材料采用的修复方法也不同，所发生的修理费用就会存在差异。因此，作为事故车辆定损人员应该熟悉车身的构成材料及性能。

汽车车身所用材料有金属材料和非金属材料两类，且以薄板和型材为主。金属材料是车身的基本钣金材料，如铁板、铝板；非金属材料在现代汽车车身上的使用越来越广，如塑料、橡胶、玻璃钢等。

1. 车身常用的金属材料

1）金属材料的性能

金属材料的性能包括两个方面，即使用性能和工艺性能，使用性能又影响到工艺性能。使用性能反映了金属材料在使用过程中表现出来的特性，决定了金属材料的应用范围、安全可靠性和使用寿命，包括力学、物理和化学 3 个方面的特性。工艺性能反映了金属材料在加工制造过程中的各种特性，包括铸造性能、锻压性能、焊接性能和切削加工性能，它决定了金属材料加工制造及修复的难易程度。

（1）金属材料的物理性能。金属材料的物理性能主要有密度、熔点、热膨胀性、导热性、导电性、磁性和耐磨性。对于车身材料，影响较大的是密度、熔点、热膨胀性和耐磨性。材料的密度影响到车身的刚性和强度，其他特性影响着车身的修复工艺。

（2）金属材料的力学性能。金属材料的力学性能是指金属材料抵抗不同性质载荷作用的能力，包括强度、硬度、塑性、弹性、冲击韧性和抗疲劳强度等性能指标。

① 强度。强度表示金属材料在外力作用下抵抗变形和破坏的能力，有抗拉、抗剪、抗压、抗扭和抗弯曲强度。强度越高，抗变形和破坏的能力越强。

② 硬度。硬度是金属材料抵抗更硬的物体压入其表面的能力。硬度表示方法有布氏硬度（HBS 或 HBW）、洛氏硬度（HR）、维氏硬度（HV）和显微硬度（HM）4 种。车身材料多用布氏硬度和洛氏硬度表示，硬度高，耐磨性好。

③ 弹性。金属材料在外力作用下发生不同程度的变形，撤去外力后，金属会全部或部分恢复原来形状。这种恢复原来形状的性能叫弹性；这种变形叫弹性变形。

④ 塑性。金属材料在较大的外力作用下产生永久变形而不发生破坏的性能叫塑性。撤去外力后，金属也不会恢复原来形状，这种变形叫塑性变形。车身一般都是利用金属材料的塑性冲压成型，这说明车身材料的塑性较好。因此，碰撞事故发生后，车身的变形会比较大。塑性好的金属材料同样具有较好的延展性，金属材料的塑性也为车身钣金件的修复提供

了极大的空间。

⑤ 冲击韧性。金属材料抵抗冲击载荷的能力叫冲击韧性。车辆发生碰撞的瞬间，会形成较大的冲击载荷，速度快，应力及变形分布不均匀，极易造成金属材料的破坏。

⑥ 抗疲劳强度。金属材料在无数次重复交变载荷作用下，不至于引起断裂的最大应力，叫疲劳强度。疲劳破坏形成的断面有两个明显的区域，即扩展区和断裂区。碰撞事故是不会造成疲劳破坏的，因此，冲击载荷造成的破坏没有扩展区和断裂区之分。

（3）金属材料的化学性能反映了金属材料抵抗各种化学侵蚀的能力，如耐酸性、耐碱性、抗氧化性。金属材料的化学性能尤其对车身的寿命有较大的影响。

（4）金属材料的物理性能和化学性能决定了其工艺性能，不同的工艺性能对金属材料的修理工艺提出了不同的要求，这涉及维修费用的认定，查勘车身损失时应予以注意。

2）金属热加工知识

在车身钣金件的制造和修复工艺中，会经常用到金属热加工工艺。但对金属材料进行热加工后，会引起金属内部组织及性能的改变。下面简单介绍一些金属热加工知识。

（1）退火和正火。退火和正火的目的是：软化零件，便于切削加工；消除残余内应力，防止零件出现变形和裂纹；细化晶粒，改善组织，提高零件的力学性能；为最终热处理做准备。方法是将材料加热到某一温度范围后，保温一定的时间，然后缓慢冷却到室温。不同的是正火冷却速度稍快，金相组织比退火要细，硬度和强度稍高。

（2）淬火。将金属加热到一定温度后，保温一定时间，然后在水或油中急冷的方法叫淬火。目的是提高工件的硬度和耐磨性。在汽车修复中极少采用。

（3）回火。将淬火后的工件加热到一定温度后保温，然后在空气或油中冷却的方法叫回火。目的是消除淬火产生的应力和脆性，改善零件的力学性能。淬火和随后的高温回火合称调质处理，调质处理是为了获得较高的硬度、强度和较好的冲击韧性。

在车身的修复作业中，经常用到氧－乙炔焊对车身钣金件进行加工整形，因此破坏了原来的金相组织，所以整形结束后，要做相应的防锈处理。

3）车身常用的金属材料

金属材料可以分为两大类：黑色金属，如铸铁和钢；有色金属，除钢铁以外的其他金属，如铜、铝等。在汽车上应用最多的是钢铁材料，其次是铝合金和铜合金。现代汽车上铝合金的应用呈上升趋势，除发动机缸体、缸盖外，现代汽车为了降低自重，很多总成也采用了铝合金材料，如有些轿车的车身采用了高强度铝合金制造。

（1）钢的分类。钢材有碳素钢和合金钢两类。

碳的质量分数低于 2.11% 的铁碳合金称为碳素钢，简称为碳钢。碳素钢按含碳量的多少，分为低碳钢（碳的质量分数在 0.25% 以下）、中碳钢（碳的质量分数在 0.25% ~ 0.60% 内）、高碳钢（碳的质量分数大于 0.60%）；按钢的质量分为普通碳素钢、优质碳素钢和高级优质碳素钢；按用途分为碳素结构钢和碳素工具钢。

在碳钢中特意加入一种或几种合金元素，以提高钢的力学性能或获得某些特殊的物理性能，这种钢叫作合金钢。合金钢按主要用途分，有合金结构钢、合金工具钢和特殊钢（不锈钢、耐热钢、耐磨钢等）。按合金元素的含量分，有低合金钢（合金元素总量不超过 5%）、中合金钢（合金元素总量在 5% ~ 10% 范围内）和高合金钢（合金元素总量大于 10%）。

（2）钢板。镀膜薄钢板俗称白铁皮，是车身面板常用的材料，它是在冷或热轧薄钢板上镀一层有色金属膜（锌、锡、铅）而成。

镀膜薄钢板的防腐效果较好，表面美观，轿车车身通常采用 0.8～1.0 mm 厚度的单、双面电镀或热镀锌钢板。

（3）有色金属及其合金。有色金属具有钢铁所不及的特殊的物理、化学和力学性能，是现代汽车工业中不可缺少的重要材料。

① 铝及铝合金。铝的化学性质比较活泼，和氧的亲和力较强，暴露于空气中时其表面极易形成一层氧化膜，能保护氧化膜下的金属不再继续氧化，所以铝对大气的耐腐蚀性很强。

在纯铝中加入镁、锰、硅、铜、锌等合金元素而成的铝合金，其强度可以得到显著的提高，在汽车及车身上得到越来越广泛的应用。

② 铜及铜合金。铜及铜合金具有良好的导电性、导热性及耐腐蚀性，广泛用作电缆、散热器、冷凝器和蒸发箱等的材料。

2. 车身用非金属材料

随着材料工业的迅速发展和新型材料的不断开发，非金属材料在汽车上的应用越来越广泛。尤其是在车身方面，不仅是一些装饰件和受力较小的零件使用非金属材料，甚至有些汽车公司已经将非金属材料用于整个车身的制造。

1）塑料

塑料是一种高分子有机化合物，它具有质量轻、吸水率小；化学稳定性好，对酸、碱、盐和有机溶剂有较好的抗腐蚀性；比强度（强度与密度的比值）高；绝缘性能好；优良的耐磨、减摩能和自润性能；优良的吸振性和消声性。缺点是：强度、硬度比金属材料低，耐热性、导热性差，易老化。

车身及附件多采用聚碳酸酯，它具有良好的透光能力，收缩率、吸水率低，耐热、耐寒性好，绝缘性能好，耐化学腐蚀及尺寸稳定性好。其耐冲击性能是塑料中最好的一种，常用来制造汽车上的整体外壳、仪表板、附加板、翼子板和保险杠等。

聚氨酯泡沫塑料和聚氯乙烯泡沫塑料具有相对密度小、热导率低等特点。聚氨酯泡沫塑料还具有隔热防振的特性，常用在汽车上需隔热、隔音、防振的地方，如驾驶室顶盖内饰板等。聚氯乙烯泡沫塑料常用作地毯、密封条和垫条等。

2）橡胶

车身上多采用橡胶作门窗密封条、悬架装置的各种橡胶衬套等。

3）复合材料

复合材料是多相材料。凡是两种或两种以上不同化学性质或不同组织结构的材料，用微观或宏观的形式组合而成的材料，均称为复合材料。复合材料在性能上具有取长补短并保持各自最佳特性，从而获得优良的综合性能。

在汽车车身方面主要采用玻璃纤维增强的复合材料。像玻璃纤维增强塑料或玻璃钢等，用作车身及部分结构件。但这类构件遭受碰撞破坏后不易修复。

4）粘接剂

粘接剂即粘接密封剂，用来组装连接、填隙密封，还可以代替铆焊，以减轻汽车的质量、降低消耗，提高汽车和车身的耐用性和可靠性，粘接密封是车身修理中一种不可缺少的

工艺。

用于车身的粘接密封剂有合成橡胶型、合成树脂型和混合型，现在市场上销售的成型密封剂有：点焊密封剂，点焊前涂敷在接缝处，起到防尘防水的作用；焊缝胶，点焊后使用，对焊缝进行密封；折边粘接剂，用于发动机罩、车门和行李舱盖折边的粘接密封，可起到防水防锈的作用；风窗玻璃粘接剂，将风窗玻璃直接粘接在窗框上，有些车型是采用风窗玻璃胶条固定风窗玻璃；密封胶条粘接剂，用来粘接车门、发动机罩和行李舱盖等的密封胶条；内饰件粘接剂，用于粘接汽车的顶盖衬里、仪表板等内饰件。

（三）车身修复作业的内容及工艺特点

车身整形修复工作是出险车辆理赔程序的一项重要工作。随着车身结构的不断更新，客户对车身修复质量的要求也更高，但过低的损失鉴定影响了出险车辆的修复质量。因此，要求事故车辆定损人员应十分熟悉车身修复作业的内容及工艺特点，应熟悉修复作业中各种耗材及涂装材料的应用比例。

1. 车身修复的意义

车身修复对恢复车辆整车性能、保证车辆正常行驶具有重要的意义。科学的车身整形手段，可以完全恢复车身各部的正确尺寸及相对位置，保证汽车各总成正确的相对安装关系及运动关系，使整车性能得到最好的恢复。优质的喷涂质量，不仅对车身起到了极大的保护作用，而且恢复了汽车漂亮的外观。

1）校正车身变形

车辆在运行中，由于碰撞、刮擦等交通事故发生车身损伤是不可避免的，因此需对车身的凹陷、凸起、皱褶等变形进行整形校正，恢复原来的几何形状，保证各构件的相对位置准确、可靠，为涂装工序奠定基础。

2）改善车身局部的强度和刚度

由于车身材料所具有的物理、化学和力学性能，因承受冲击、振动、过载等原因引起的车身局部变形，由于采用了撑拉和焊接等维修工艺，都会导致车身覆盖件和关键结构件技术状况变坏，致使车身强度下降，防锈蚀能力下降。因此，在车身修复中，通过换件或有针对性地采取矫正、补强、防腐处理等措施，消除车身强度下降现象。

3）保护车身抵抗外界侵蚀

对于金属材料，尤其是钢板，由于车辆特殊的工作环境，钣金修复后的车身及涂膜损伤严重的车身，应及时补涂涂膜，以防水、空气、有机溶剂和酸碱等化学物品的侵蚀。

4）获得精致、美观的车身内外装饰

通过优质的涂装工艺和必需的饰品使车身更美观。

2. 车身修复作业的主要内容

车身修复作业的主要内容有两大项，即钣金修复和喷涂修复。

1）钣金修复的主要内容

车身钣金修复作业的主要内容包括鉴定、拆卸、修整与装配等。

（1）鉴定。鉴定就是用尺子、样板或模具等对车身损伤部位进行检查，以确定损伤的性质和具体的修复方法。这项工作往往要与拆卸结合起来进行；否则无法准确鉴定完整的损伤情况。

（2）拆卸。为便于车身的维修操作和彻底的检验损伤，同时避免维修操作时对被拆卸件造成不必要的损伤，要对有关件进行拆卸。拆卸的原则是尽量避免零件的损伤和毁坏，连接件的拆卸方法除用扳手外，还可以根据实际情况采取钻孔、锯、錾、气割等。

（3）修整。车身变形的修整作业内容和方法很多，根据不同形式的损伤采取不同的方法，具体有锤敲、撑拉、挖补、氧—乙炔焊、气体保护焊、手工电弧焊、电阻点焊、铝合金钎焊和等离子弧切割等。

（4）装配。将经过修整的车身和局部附件、需更换的部件和拆卸件，按原车的要求进行总装。

2）喷涂修复的主要内容

车身进行钣金整形后的工序就是喷涂工序，其工艺过程包括脱漆、表面预处理、涂料选择和调色、实施喷涂工序。

（1）脱漆。根据车身维修和车身旧漆的情况，需部分或全部地除去车身上的旧漆，以保证涂装工艺的质量要求。常用的方法有火焰法、手工或机械法、化学脱漆剂等。

（2）表面预处理。预处理的工序是：去锈斑、除污垢，进行氧化处理、磷化处理、钝化处理等。去锈除污的目的是增加涂层和腻子与基体金属的附着力；氧化处理、磷化处理、钝化处理的目的是防锈，延长车身的使用寿命。

（3）涂料选择和调色。根据原车面漆的质地与色号，选择涂料和调色。车身涂料除面漆外，还需要各种附料，如底漆、腻子、稀释剂、清漆、固化剂、防潮剂、红灰和胶纸等。

（4）实施喷涂工序。喷涂主要工序包括：头道底漆的喷涂，刮涂腻子，喷涂二道底漆，用红灰填补沙眼、气孔，喷涂末道底漆，面漆喷涂，罩清漆，喷涂后处理。

头道底漆为防锈底漆，目的是防锈和增加腻子与基体金属的附着力。腻子至少要刮涂 2~3 遍，并进行打磨，刮涂腻子的目的是将修整时留下的不平找平。整形效果越好，腻子的使用量越小。

3．车身修复的特点

车身修复与制造相比有以下特点。

1）车身结构修复具有恢复性

车身修复后，必须保持原车的车型风格，在车身构件的外形、线条、材料、装饰及色调等方面都不能破坏原车的特点，并保证整车的一致性。

2）车身材料具有多样性

车身材料除金属材料外，还采用了大量的非金属材料，各种材料的性能和加工工艺都不尽相同，其修理方法和工艺要求也同样存在很大的差别。因此，在车身定损及修理时，必须准确区分不同构件的材料特性及结构特点。

3）车身修复工艺的复杂性

车身的修复工艺与其他总成有较大的差异，进行车身修理时必须照顾到车身的造型艺术、内部装饰、取暖通风、防振隔音、密封、照明以及与人体工程学有关的一些问题。对车身的金属构件，还要采取防腐、防锈措施。因此，车身修理时，应针对不同的损伤部位和类型，采用科学合理的修理工艺和方法。

（四）车身变形的测量

1．车身变形测量的基本概念

车辆在碰撞、刮擦事故中，车身构件或覆盖件发生局部变形，可以通过直观的观察做出损伤鉴定。当车身出现整体变形时，则必须进行正确的测量，才能制定合理的修理工艺，准确估算工时费用。

1）车身测量的目的

车身测量的目的是确认车身损伤状态和把握变形程度的大小。碰撞造成车身整体定位参数发生变化，会严重影响汽车的使用性能。车身整体定位参数是指直接影响发动机、底盘和车身主要构件装配位置的基础数据，如前轮定位参数、两侧轴距差、传动轴输入输出角等。这些数据的变动影响到车身修理工艺和方法的制定，因此，车身测量是定损的重要依据。

2）车身测量的基准

车身测量的目的是检测车身变形后形状和位置误差的变化，而形状和位置误差检测的基础是选择正确的测量基准。因此，测量基准的选择就显得十分重要，根据车身变形的部位，车身测量基准的选择可以参照下面的基本要素。

3）车身测量的基本要素

车身测量的基本要素是控制点、基准面和中心线。

（1）控制点原则。车身测量的控制点用于检测车身损伤与变形程度。车身设计与制造中设有多个控制点，车损鉴定时可以根据各控制点之间尺寸的变化判定车身的损伤程度及修复工艺和方法。承载式车身控制点如图 6-12 所示。

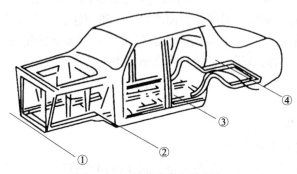

图 6-12　承载式车身控制点

①—第一控制点（通常在前保险杠或水箱框架支撑部位）；②—第二控制点（一般在前悬架支撑点）；③—第三控制点（在车身中间相当于后门框部位）；④—第四控制点（在车身后悬架支撑点）。

（2）基准面原则。选择与车身设计相同的基准面，来控制其误差的大小。实际应用中，不方便直接测量时，可以采用投影法。

（3）中心线与中心面原则。中心线和沿其垂直方向投影获得的中心面，实际上是一个假想的空间直线和平面，该平面将车身纵向分为对称的两部分。车身的各点通常是以这一平面对称分布，因此，宽度方向的各尺寸参数都以该中心面为基准测量。

2. 车身变形的测量方法

1）测距法

测距法是最简单、实用的一种测量方法，可以直接获得定向位置点与点之间的距离，通过测距来体现车身构件之间的位置状态。测距法使用的量具有钢卷尺、专用测距尺等。

如图 6-13 所示，车架变形可以运用测距法进行测量。将所测得的数据与图纸或相关技术文件进行对比，确定变形的程度。有些数据需进行必要的测量后，再根据几何关系，利用三角函数法或勾股定理进行相应计算得出，如图 6-13（b）所示。

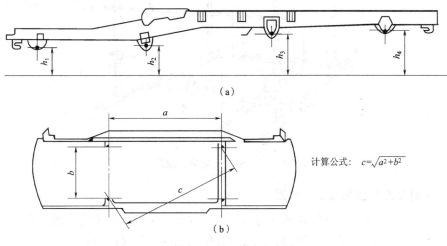

(a)

计算公式：$c=\sqrt{a^2+b^2}$

(b)

图 6-13　测距法应用实例

(a) 车架各控制点的测量；(b) 水箱框架的测量

2）定中规法

发生碰撞事故后，车身的变形往往是很复杂的，涉及各个方向，形成综合性变形，用测距法反映问题就不够直观。但使用定中规法，就可以比较好地解决这类测量问题。使用定中规法需要注意的是，要根据具体情况有针对性地做好对称性调整；否则，会影响到测量的准确性。

在使用定中规检测车身变形时，根据定中销是否发生偏离及偏离方向，判断车身是否发生变形及变形的状态。图 6-14 所示为定中规法测量示意。

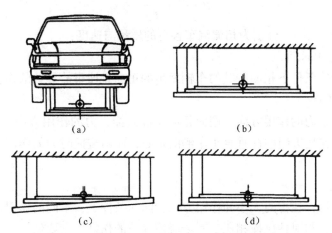

(a)　　　　　　　　　　　　　　(b)

(c)　　　　　　　　　　　　　　(d)

图 6-14　用定中规测量变形

(a) 正常；(b) 水平方向上有弯曲扭曲；(c) 扭曲；(d) 垂直方向上有弯曲

3）坐标法

可用坐标法检测车身壳体表面的变形。应用图 6-15 所示的桥式测量架对车身壳体进行

测量，测量过程中，根据需要随时调整测量架与车身的相对位置，使测量针接触车身表面，从导轨、立柱、测杆及测量针上读出所测数据。

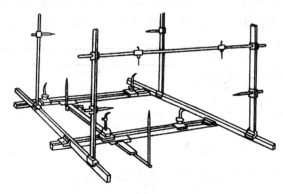

图 6-15   桥式三坐标测量架

（五）车身变形及损伤程度的诊断

测量只是从一个角度为分析和确认变形提供了依据，要想准确鉴定事故车辆的损失，还需要从多方面入手，确认导致变形的诸因素，确定损伤的类型及严重程度。

1. 碰撞力分析

碰撞所造成的车身损坏程度，主要取决于碰撞力的大小、方向及作用点。

1) 碰撞力的大小

相向行驶的车辆发生正面碰撞，碰撞力为

$$P = \frac{m_1 v_1 + m_2 v_2}{t}$$

顺向行驶的车辆发生追尾碰撞事故时，碰撞力为

$$P = \frac{m_1 v_1 - m_2 v_2}{t}$$

式中 m_1，m_2，v_1，v_2——分别为相撞汽车各自的质量与速度；

t——力的作用时间。

由此可见，同等条件下相向行驶的车辆发生的正面碰撞事故导致的伤害最大。

2) 力的作用方向

碰撞形式决定了力的作用方向。迎面相向正面碰撞，力的作用方向垂直于车辆的重心；侧面正碰撞，力的作用方向同样垂直于车辆的重心；而斜碰撞时力的作用方向则对车辆中心形成力偶。

3) 力的作用点

如图 6-16 所示，在力的大小和作用方向相同的条件下，不同的作用点导致的伤害结果却大不相同。显然，与对柱碰撞相比，对壁碰撞导致的伤害程度要低。

2. 损伤形式

根据车身损伤的原因和性质，车身的损伤形式包括直接损伤、波及损伤、诱发性损伤及惯性损伤。

（1）直接损伤是车辆直接与其他车辆或物体发生碰撞而导致车身的损坏。直接损伤的

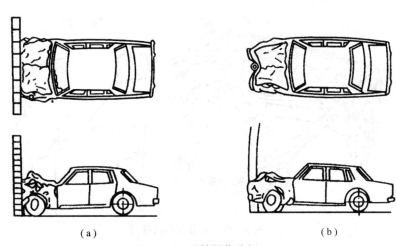

图6-16 碰撞损伤分析

(a) 对壁碰撞；(b) 对柱碰撞

特征是，两客体接触时在着力点形成的擦伤、撞痕、撕裂状伤痕。

（2）波及损伤是指碰撞冲击力作用于车身上并分解后，其分力在通过车身构件过程中所形成的损伤。根据力的可传性，碰撞形成的冲击力在分解、传播、转移的过程中，可以很容易地通过强度、刚度高的构件，但当传到强度、刚度相对较弱的构件时，就会造成车身不同程度的损伤，在这些相对薄弱的构件上形成以弯曲、扭曲、剪切、折叠为主要形态的损坏。

（3）诱发性损伤是指一个或一部分车身构件发生了损坏或变形后，同时引起与其相邻或有装配关系的构件的变形及损坏。它与波及损伤的区别在于，这些构件并不承受冲击载荷或承受冲击载荷很少，主要是受到关联件的挤压和拉伸导致的诱发性损伤。损坏特征为弯曲、折断和扭曲。

（4）惯性损伤是指车辆发生碰撞时，在惯性力的作用下导致的损伤。损伤的形态有：车辆其他总成与车身的结合部承受的惯性载荷超过其承受极限时而破坏。在惯性作用下，人或货物被抛起与车身部件发生二次碰撞而造成车身损坏和人员伤害。惯性损伤的特征是撞伤、拉断或撕裂、局部弯曲变形等。如碰撞发生后，在惯性的作用下，人体脱离座位时头部撞在前挡风玻璃上造成损伤。

3. 变形的倾向性分析

因车身结构不同，碰撞给车身带来的损伤程度和变形类型也都不同，但具有一定的倾向性。碰撞给车身造成的直接损失比较容易诊断，但对于波及损伤、诱发性损伤等就需要通过对变形倾向进行分析，才能做出正确的判断。

1）承载式车身的变形倾向

承载式车身由于没有车架，车身壳体由薄板类构件焊装起来，直接承受各方向的作用力。与车架相比刚性较低，因此，碰撞事故发生时，对整体变形的影响都比较大。碰撞冲击波作用于各构件，并在传递过程中被不断地吸收、衰减，最终在各部位以变形体现出来。

（1）前车身变形的倾向。如图6-17所示，前车身主要由发动机舱与发动机盖等组成。前悬架、行走机构和转向装置等总成都布置于车身前部，相向碰撞发生时，也是通过前车身来有效地吸收冲击能量。

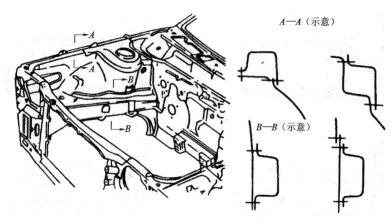

图 6-17 承载式车身前部

发生正面相向碰撞时,车身前部势必会产生变形,变形的倾向和损伤程度与冲击力的大小、方向、受力点和客体对象有关。

车辆发生较为轻度的正面碰撞时,车的前保险杠及其支架会遭受到直接损伤,首先受到波及的构件是水箱框架、翼子板和发动机罩锁支架等,有可能引发前轮定位失准。

较大强度的正面碰撞,致使直接损伤的范围进一步扩大,翼子板变形增大,压迫车门使其开启困难;发动机罩拱曲变形并通过铰链触及前围板;前纵梁弯曲变形并引起前横梁产生变形,致使前围板变形后移伤及通风装置的塑料壳体,使前轮定位严重失准;更严重的碰撞则会使前保险杠、翼子板、水箱框架、散热器、冷凝器、横梁、前纵梁等严重损坏,冲击力的波及、诱发和惯性作用,使车身 A 柱变形弯曲,前围板变形严重,影响到空调通风装置,发动机支撑错位,悬架装置严重受损,诱发车身底板和车顶棚拱曲变形,车门下垂、挡风玻璃损坏等。

(2)车身后部变形倾向。乘用车车身后部结构如图 6-5 所示,当车辆发生倒车和追尾事故时会造成车身后部的变形,其变形规律和变形倾向与车身前部大致相同。只是由于车身后部的刚度较弱,在相同的撞击力下,后部损伤较严重。但后部附件较少,损失价值稍低。乘用车的油箱多位于后排座椅下面,一旦发生严重的台球式追尾碰撞,伤及油箱会造成汽油泄漏,后果会很严重。

总之,在进行车身损伤的鉴定过程中,要针对损伤的性质、严重程度进行认真、细致的鉴别。

2)车架变形倾向分析

对于非承载式或半承载式车身来说,车架与骨架是整车的基础,由于碰撞或倾翻致使车架变形,会严重影响整车的使用性能。车架的变形一般有弯曲和扭曲两种情况,同时伴随有皱褶类的损伤,往往是几种变形的综合体现,进行车架损伤鉴定时应引起注意。

(1)车架弯曲变形。车架弯曲的形式因碰撞方向的不同而不同。发生正面碰撞,车架易出现水平方向的弯曲;发生侧面碰撞,车架易出现垂直方向的弯曲。

(2)车架扭曲。同样,车架扭曲变形的形式也受冲击载荷方向的影响。车架受到垂直方向非对称载荷作用时,车架会形成垂直方向上的扭转变形,如高速上下台阶或重载下的过度颠簸等。当发生偏离车架中心线的角碰撞时,则形成一种水平方向上的对角扭曲(也叫菱形)。参见图 6-18 车架扭曲变形。

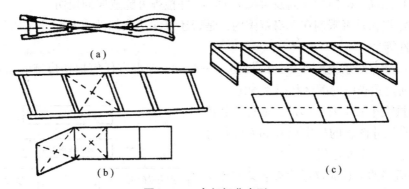

图 6 – 18　车架扭曲变形

（a）扭转变形；（b），（c）菱形变形

车架发生严重的扭曲变形，使车身四周的离地间隙发生改变。离地间隙的改变有两种原因，一是车架扭转力超过了悬架在空载状态下的弹力所致；二是悬架弹簧的弹力不一造成。因此，在进行车架损伤鉴定时，应加以区别，一定要首先排除悬架弹簧弹力不均的问题。

三、车身碰撞损伤评估

要准确评估一辆事故汽车，就要对其碰撞受损情况做出准确诊断，即确切评估出汽车受损的严重程度、波及范围和受损部件。确定之后才能制定维修工艺，确定维修方案。一辆没有经过准确诊断的事故车，有可能在修理过程中发现新的损伤，这样必然会造成修理工艺及方案的改变。对碰撞做出准确诊断是衡量评估人员水平的重要标志。

通常，汽车评估人员对碰撞部位直接造成的零部件损伤都能做出诊断，但是这些损伤对于与其相关联零部件的影响以及发生在碰撞部位附近的损伤常常被疏忽。因此对于较大的碰撞损伤，只通过目测鉴定损伤是不够的，还必须借助相应的工具和仪器设备来鉴定。

（一）汽车车身损伤鉴定的一般事项

1. 在进行碰撞损伤鉴定评估之前的注意事项

（1）在查勘碰撞受损的汽车之前，先要查看汽车上是否有破碎玻璃棱边，以及是否有锋利的刀状和锯齿状金属边角，为安全起见，最好对危险部位做上安全警示或进行处理。

（2）如果闻到有汽油泄漏的气味，切勿使用明火和开关电气设备。在事故较大时，为保证汽车的安全可考虑切断蓄电池电源。

（3）如果有机油或齿轮油泄漏，当心滑倒。

（4）在检验电气设备状态时，注意不要造成新的设备和零部件损伤。例如，在车门变形的情况下，检验电动车窗玻璃升降功能时，切勿盲目升降车窗玻璃，以免造成车窗玻璃的损坏。

（5）应在光线良好的场所进行碰撞诊断，如果损伤涉及底盘件或需在车身下进行细致检查时，务必使用汽车升降机，以提高评估人员的安全。

2. 基本的汽车碰撞损伤鉴定步骤

（1）了解车身结构的类型。

（2）以目测确定碰撞部位。

（3）以目测确定碰撞的方向及碰撞力大小，并检查可能造成的损伤。

（4）确定损伤是否限制在车身范围内，是否还包含功能部件或零配件（如车轮、悬架、发动机及附件等）。

（5）沿碰撞路线系统检查部件的损伤，一直检查到没有任何损伤痕迹的位置，如立柱的损伤可以通过检查门的配合状况来确定。

（6）测量汽车的主要零部件，通过比较维修手册上车身尺寸图表的标定尺寸和实际尺寸来检查车身是否产生变形量。

（7）用适当的工具或仪器检查悬架和整个车身的损伤情况。

一般而言，汽车损伤鉴定按图 6 - 19 所示的步骤进行。

图 6 - 19　汽车损伤鉴定步骤

（二）碰撞对不同车身结构汽车的影响

汽车车身既要经受行驶中的振动，又要在碰撞时能给乘员提供安全。因而，现代汽车车身设计成在碰撞时能够最大限度地吸收碰撞时的能量，以减少对乘员的影响。因此，现代乘用车在碰撞时，前部和后部车身形成一个吸引能量的结构，在某种程度上碰撞容易损坏，使得车身中部形成一个相对安全区，当汽车以 50 km/h 的速度碰撞坚固障碍物时，发动机室的长度会被压缩 30% ~ 40%，但乘员室的长度仅被压缩 1% ~ 2%，如图 6 - 20 所示。

图 6 - 20　标致 307 轿车的碰撞试验

汽车车身结构有两种基本类型，即承载式和非承载式。非承载式车身遭受碰撞后，可能是车架损伤，也可能是车身损伤，或车架车身都损伤，车架车身都损伤时可通过更换车架来实现车轮定位及主要总成定位，然而，承载式车身受碰撞后通常都会造成车身结构件的损伤。通常非承载式车身的修理只需满足形状要求，而承载式车身的修理既要满足形状要求，更要满足车轮定位及主要总成定位的要求。所以碰撞对不同车身结构的汽车影响不同，从而造成修理工艺和方法的不同，最终造成修理费用的差距。这是评估人员必须掌握的基本知识。

1. 碰撞对非承载式车身结构汽车的影响

非承载式车身由车架及围在其周围的可分解部件组成，如图 6 - 21 所示，图中车架上圈出的部位为车架刚度较小的部位，主要用来缓冲和吸收来自前端或后端的碰撞能量，车身通过橡胶件固定在车架上，橡胶件同样也能减缓从车架传至车身上的振动效应。但这里需要注意的是，遇有强烈振动时，橡胶垫上的螺栓可能会折曲，并导致车架与车身间出现缝隙。而且，由于振动的大小和方向，车架可能遭受到损伤而车身则没有。

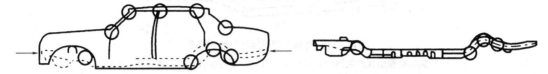

图 6-21　车架上刚度较弱的部位

1）车架变形的种类

车架的变形大致分为以下 5 种。

（1）左右弯曲。如图 6-22 所示，从一侧来的碰撞冲击力经常会引起车架的左右弯曲或一侧弯曲。左右弯曲通常发生在汽车前部或后部，一般可通过观察钢梁的内侧及对应钢梁的外侧是否有皱曲来确定。

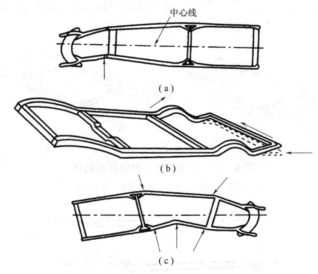

图 6-22　各种不同的左右弯曲变形
（a）由前端碰撞引起的车架前部左右弯曲；（b）由后端碰撞引起的车架后部左右弯曲；
（c）车架中部受到碰撞的左右弯曲

此外，通过发动机盖、行李箱盖及车门缝隙、错位等情况都能够辨别出左右弯曲变形。

（2）上下弯曲。如图 6-23 所示，汽车碰撞产生弯曲变形后，车身外壳表面会比正常位置高或低，结构上也有前、后倾现象。上下弯曲一般由来自前方或后方的直接碰撞引起（图 6-24），可能发生在汽车的一侧也可能是两侧。

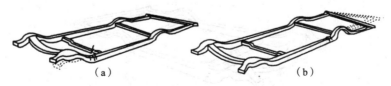

图 6-23　车架的上下弯曲损伤
（a）左前端上下弯曲；（b）后尾部上下弯曲

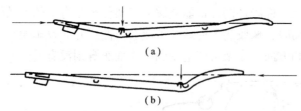

图 6 – 24　直接碰撞引起的上下弯曲

（a）前端碰撞引起的侧钢梁上下弯曲；（b）后端碰撞引起的侧钢梁上下弯曲

　　判别上下弯曲变形时，可以查看翼子板与门之间的上下缝隙，是否在顶部变窄，而下部变宽；也可查看车门在撞击后是否下垂。上下弯曲变形是碰撞中最常见的一种损伤，严重的上下弯曲变形能造成悬架钢板的弯曲变形损伤。

　　（3）皱折与断裂损伤。如图 6 – 25 所示，汽车碰撞后车架或车上某些零部件的尺寸会与厂家提供的技术资料不相符，断裂损伤通常表现在发动机罩盖前移和侧移、行李箱盖后移和侧移。有时看上去车门与周围吻合很好，但车架却已产生了皱折或断裂损伤，这是非承载式结构不同于承载式车身结构的特点之一。皱折或断裂通常发生在应力集中的部位（图 6 – 26），而且车架通常还会在对应的翼子板处造成向上变形。

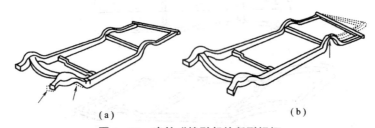

图 6 – 25　直接碰撞引起的断裂损坏

（a）左前侧的断裂损伤；（b）左后侧的断裂损伤

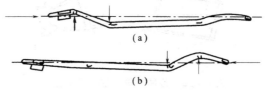

图 6 – 26　车架的断裂损伤

（a）由前端碰撞引起的车架断裂损伤；（b）由后端碰撞引起的车架断裂损伤

　　（4）平行四边形变形。如图 6 – 27 所示，汽车的一角受到来自前方或后方的撞击力时，其一侧车架向后或向前移动，引起车架错位，使其成为一个接近平行四边形的形状，平行四边形变形会对整个车架产生影响，而不是一侧的钢梁。从视觉上，会看到发动机室盖及行李箱盖错位，通常平行四边形变形还会附有许多断裂及弯曲变形的组合损伤。

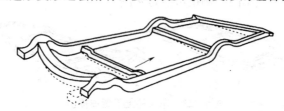

图 6 – 27　平行四边形变形

（5）扭曲变形。如图 6 – 28 所示，扭曲变形是车架损伤的另一种形式，当汽车在高速下撞击到与车架高度相近的障碍时就常发生这种变形。另外，汽车尾部受侧向撞击时也时常发生这种变形。受此损伤后，汽车的一角会比正常情况高，而相反的一侧会比正常情况低。应力集中处时常伴有皱折或断裂损伤。

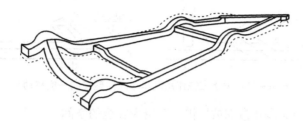

图 6 – 28　使整个车架发生扭转的扭曲变形

2）车架产生多种变形时的修理与校正步骤

大多数碰撞损伤是以上所述损伤的混合，其修理与校正步骤如下：① 解决扭曲变形；② 解决平行四边形变形；③ 解决皱折与断裂损伤；④ 解决上下弯曲变形；⑤ 解决左右弯曲变形。

2. 碰撞对承载式车身结构汽车的影响

1）碰撞对承载式车身结构汽车的影响

由碰撞引起的整体式汽车损伤可以用图 6 – 29 所示的圆锥体形法进行分析。

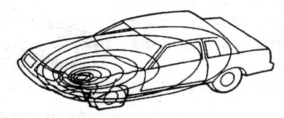

图 6 – 29　运用圆锥体形法确定碰撞对承载式结构车身的影响

承载式车身结构的汽车通常被设计成能够很好吸收碰撞时产生的能量。这样受到撞击时，汽车车身由于吸收撞击能量而产生变形，撞击能量通过车身扩散，车身结构从撞击点依次吸收撞击能量，使得撞击能量主要被车身吸收。将目测撞击点作为圆锥体的顶点，圆锥体的中心线表示碰撞力的方向，其高度和范围表示碰撞力穿过车身壳体扩散的区域。圆锥体顶点附近通常为主要的受损区域。

由于整个车身壳体由许多片薄钢板连接而成，碰撞引起的振动大部分被车身壳体吸收，如图 6 – 30 所示。

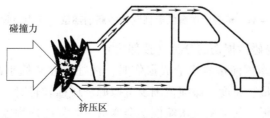

图 6 – 30　碰撞能量沿着车身扩散

振动波的影响被称为"二次损伤"，通常，此损伤会影响整体式车身内部零部件和造成相反一侧的车身变形损伤，如图6-31所示。

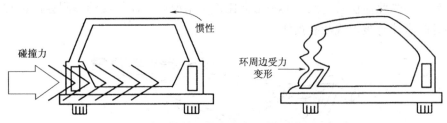

图6-31 由于惯性作用汽车车顶向碰撞的一侧移动

为了控制二次损伤变形并为乘员提供一个更为安全的空间，承载式车身结构汽车在前部和后部设计了如图6-32所示的碰撞应力吸收区域。

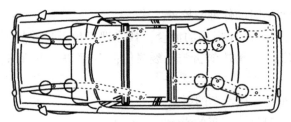

图6-32 承载式结构车身的横向刚度较弱的部位（应力吸收区）

在受到碰撞时，它能按照设计要求形成折曲，这样传到车身结构的振动波在传送时就被大大减小。换句话说，来自前方的碰撞应力被前部车身吸收了（图6-33）。

来自后方的碰撞应力被后部车身吸收了，如图6-34所示。

而来自前侧方的碰撞应力被前翼子板及前部纵梁吸收，中部的碰撞应力被边梁、立柱和车门吸收，后侧方的碰撞应力被后翼子板及后部纵梁吸收。

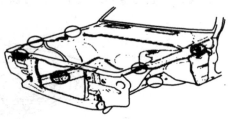

图6-33 承载式车身的前部刚度较弱的部位（应力吸收区）

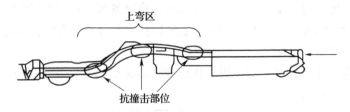

图6-34 承载式车身的后部刚度较弱的部位（应力吸收区）

2）承载式结构车身碰撞损伤的分类（按部位）

（1）前端碰撞。汽车因前端碰撞造成损伤时，往往是在碰撞事故中为主动物。碰撞冲击力主要取决于汽车质量、速度、碰撞范围及碰撞源。碰撞较轻时，保险杠会被向后推，前纵梁及内轮壳、前翼子板、前横梁及水箱框架会变形；如果碰撞程度加大，那么前翼子板会弯曲变形并移位触到车门，发动机盖铰链会向上弯曲并移位触到前围盖板，前纵梁变形加剧造成副梁的变形；如果碰撞程度更剧烈，前立柱将会产生变形，车门开关困难，甚至造成车门变形；如果前面的碰撞从侧向而来，由于前横梁的作用，前纵梁就会产生图 6 – 35 所示的变形。前端碰撞常伴随着前部灯具及护栅破碎、冷凝器、水箱及发动机附件损伤、车轮移位等。

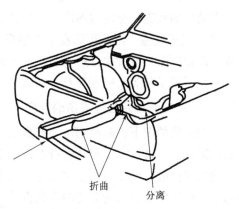

折曲　　分离

图 6 – 35　承载式结构车身的弯曲及断裂效应

（2）后端碰撞。汽车因后端正面碰撞造成损伤时，往往是汽车在碰撞事故中为被动物。汽车遭受后端碰撞时，碰撞的冲击力主要取决于撞击物的质量、速度，被碰撞的部位、角度及范围。如果碰撞较轻，通常后保险杠、行李箱后围板、行李箱底板可能压缩弯曲变形；如果碰撞较重，C柱下部前移，C柱上端与车顶接合处会产生折曲，后门开关困难，后挡风玻璃与C柱分离，甚至破碎。碰撞更严重时会造成B柱下端前移，在车顶B柱处产生凹陷变形。后端碰撞常伴随着后部灯具等的破碎，如图 6 – 36 所示。

图 6 – 36　汽车后端碰撞

（3）侧面碰撞。在确定汽车侧面碰撞时，分析汽车的结构尤为重要。一般来说，对于严重的碰撞，车门A、B、C柱以及车身底板都会变形。当汽车遭受的侧向力较大时，惯性作用会使另一侧的车身产生变形。当前后翼子板中部遭受严重碰撞时，还会造成前后悬挂零部件的损伤，前翼子板中后部遭受严重碰撞时，还会造成转向系统中横拉杆、方向机齿轮齿条的损伤，如图 6 – 37 所示。

图 6 – 37　汽车侧面碰撞

（4）底部碰撞。底部碰撞通常因为路面凹凸不平、路面上异物等造成车身底部与路面或异物发生碰撞，致使汽车底部零部件、车身底板损伤。常见的损伤有前横梁、发动机下护

板、发动机油底壳、变速器油底壳、悬挂下托臂、副梁及后桥、车身底板等被损伤。

（5）顶部碰撞。汽车顶部发生单独碰撞的概率较小，单独的顶部受损多为空中坠落物所致，以顶部面板及骨架变形为主。汽车倾覆是造成顶部受损的常见现象，受损时常伴随着车身立柱、翼子板和车门变形及车窗破碎。

（三）以目测确定碰撞损伤的程度

在大多数情况下，碰撞部位能够显示出结构变形或者断裂的迹象。用肉眼进行检查时，先要后退几步离开汽车，对其进行总体观察。从碰撞的位置估计受撞范围大小及方向，并判断碰撞如何扩散。同样先从总体上查看汽车上是否有扭转、弯曲变形，再查看整个汽车，设法确定损伤的位置以及所有的损伤是否都由同一起事故引起。

碰撞力沿着车身扩散，并使汽车的许多部位发生变形，碰撞力具有穿过车身坚固部位最终抵达并损坏薄弱部件，扩散并深入至车身部件内的特性。因此，为了查找出汽车的损伤，必须沿碰撞力扩散的路径查找车身薄弱部位。图6-38所示为损伤容易出现的部位。沿碰撞力扩散方向逐处检查，确认是否有损伤及损伤程度。

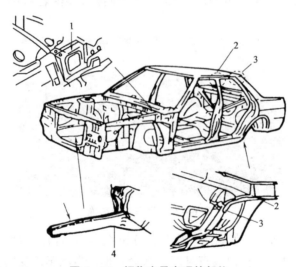

图6-38 损伤容易出现的部位
1—围板；2—顶盖侧横梁与B柱结合处；3—顶盖侧横梁与C柱结合处；4—前纵梁

具体可从以下几个方面来加以识别。

1. 钣金件的截面突然变形

碰撞所造成的钣金件的截面变形与钣金件本身设计的结构变形不一样，钣金件本身设计的结构变形处表面油漆完好无损，而碰撞所造成的钣金件的截面变形处油漆起皮、开裂。车身设计时，要使碰撞产生的能量能够按照一条既定的路径传递到指定的地方吸收。

2. 零部件支架断裂、脱落及遗失

发动机支架、变速器支架、发动机各附件支架是碰撞应力吸收处，各支架在设计时就有保护重要零部件免受损伤的功能。在碰撞事故中常有各种支架断裂、脱落及遗失现象出现。

3. 检查车身每一部位的间隙和配合

车门是以铰链形式装在车身立柱上的，通常立柱变形会造成车门与车门、车门与立柱的间隙不均匀，如图6-39所示。

另外，还可通过简单地开关车门，查看车门锁与锁扣的配合，从锁与锁扣的配合可判断车门是否下沉，从而判断立柱是否变形，从查看铰链的灵活程度可判断立柱及车门铰链处是否变形。

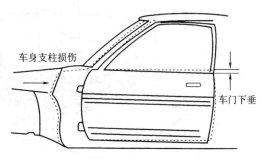

图 6-39 通过车门下垂检查支柱是否损伤

在汽车前端碰撞事故中，检查后车门与后翼子板、门槛、车顶侧板的间隙，并做左右对比是判断碰撞应力扩散范围的主要手段。

4. 检查汽车本身的惯性损伤

当汽车受到碰撞时，一些质量较大的部件（如装配在橡胶支座上的发动机及离合器总成）在惯性力的作用下会造成固定件（橡胶垫、支架等）及周围部件及钢板的移位、断裂等，进行检查时，对于承载式车身结构的汽车还需查看车身与发动机及底盘的结合部是否有变形。

5. 检查来自乘员及行李的损伤

由于惯性力的作用，乘客和行李在碰撞中还能引起车身的二次损伤，损伤的程度因乘员的位置及碰撞的力度而异，其中较常见的损伤有转向盘、仪表工作台、方向柱护板及坐椅等。行李箱中的行李是造成行李箱中部分设备，如 CD 机、音频功率放大器等设施损伤的常见原因。

（四）车身变形的测量

车身尺寸的测量是做好碰撞损失评估的一项重要工作，就承载式车身结构的汽车来说，准确的车身尺寸测量对于损伤鉴定尤为重要。转向系和悬架大都装配在车身上，齿轮齿条式转向器通常装配在车身或副梁上，形成与转向臂固定的联系，车身的变形直接影响到转向系中横拉杆的定位尺寸。绝大多数汽车的主销后倾角和车轮外倾角不可调整，是通过与车身的固定装配来实现的，车身悬挂座的变形直接影响到汽车的主销后倾角和车轮外倾角。发动机、变速器及差速器等也被直接装配在车身或由车身构件支承的支架上。车身的变形还会使转向器和悬架变形，或使零部件错位，而导致自身操作失灵，引发传动系的振动和噪声以及拉杆接头、轮胎、齿轮齿条的过度磨损和疲劳损伤。为保证正确的转向及操纵性能，关键定位尺寸的公差不得超过 3 mm。

1. 车身尺寸的测量基准分为基准平面、基准线及基准点

基准平面是与车底平行且距车底一定距离的一个平面，它既是汽车制造厂测量和标注车身所有高度尺寸的基面，也是修理时测量汽车的基面，一般为汽车轮胎的接地面。

基准平面由一个假想中心平面分开，这个中心平面或基准中线将汽车分成相等的两半。对称汽车的所有宽度尺寸都是从基准中线测量的，即从基准中线到右侧某点的距离与到左侧相同点的距离完全相等。

有时，也将车身分成前、中、后 3 个部分，分断面在前后桥附近，称为零平面。对于承载式车身结构，每一段都应采用比较两根对角线长度的方法来检查其方正状况。在检查结构的正直性时，应把中间车身段作为基础。车身尺寸测量基准面及基准中线，如图 6-40 所示。

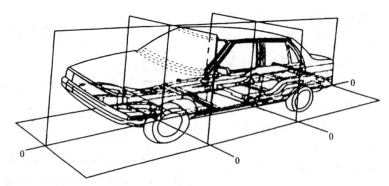

图 6-40 车身尺寸的测量基准面及基准中线

基准点是车身尺寸手册中确定承载式车身尺寸所用的点、螺栓孔等。基准点间的距离可以用杆规或卷尺进行测量。

2. 测量工具及测量方法

碰撞破坏经常出现在控制点。在冲击力作用下，通常两个车架边梁同时出现变形。但当车辆侧面撞击时，可能只有直接撞击的边梁出现变形。当控制点处没有横梁时，这些点可以称作区域，如前围板区域和后车门区域。可把车架自定心规放在控制点上，测量和诊断车架的破坏程度。

1) 车架自定心规

每个车架自定心规是一个自定心单元，每个测量腿的端部上各有一个可滑动的销子，这样可以很方便地与车架边梁的内外侧相接触，无论边梁是箱形结构还是槽形结构。在某些类型的车架上，可以采用磁性体固定仪器，因为有些孔和卷边是不能接触到的。有时为提高观察的精确度和方便性需要使用外接附件。

检查车架的歪斜、下垂、弯皱和扭曲破坏的程度时，常用的 4 个安装位置分别是前横梁、前围板区域、后车门区域和后横梁部位。为了便于观察，前围板区域和后车门区域应采用支腿较短的车架自定心规。将测量仪器安装在每侧边梁同样高度的孔或区域上，并且与边梁紧密接触，这是很重要的。这样测量销很好地排列，并在仪器的中心自定心。

2) 麦弗逊撑杆式测量仪

许多车辆均采用麦弗逊式悬架。为了检查车辆前部零部件的中心线和位置，通常采用撑杆式自定心测量仪。它能够非常精确地测量滑柱座位置和其他前部零部件的位置，如图 6-41 (a) 所示。

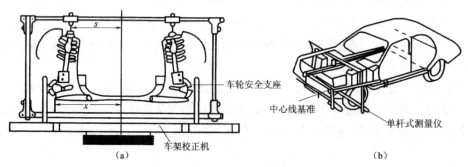

图 6-41 麦弗逊撑杆式测量仪

撑杆式自定心测量仪安装在麦弗逊滑柱座上，仪器的上横臂上有两个活动卡箍。卡箍上装有指针。下横臂上也有一条中心线，通过吊规来调整水平高度和基准高度。当设定基准线时，需要将从参考点到横杆的距离加到给定的尺寸上。

用两种方法读取仪器水平尺寸，即通过将上表盘横杆与前围板区域瞄准进行读数和将下横臂与第二个基准仪器瞄准进行读数。测量宽度尺寸时，将仪器安装在上横臂和轨道上，如图6-41（b）所示，将下横臂中心线的瞄准销瞄准第二和第三号仪器的中心瞄准销。如果这些所有的瞄准销都在同一条线上，说明柱杆座间距正确，中心位置也正确，如果基准测量设置正确，仪器就会显示出柱杆座是否太高或太低。该测量仪还可以用来测量检查其他零部件。

3）轨道式测量仪

轨道式测量仪器用来测量车身和车架，以便精确地确定损坏部位。在使用轨道式测量仪进行测量时，应采用生产厂家的车架和车身结构尺寸。这样，通过确定损伤的位置，准确地使车身结构恢复到原来的形状。

如果使用得当，轨道式测量仪器和测量带可以用来测量很多类型的损伤，应记住每个车辆都有一个中心面，这是使用自定心规的基础。车辆上还有很多对角线和测量结果。这就是自定心规的有用之处——它可以从一点到另一点进行对角线测量。然后在一个控制区域里或长度范围内将这个测量结果与相对应的点的测量结果相比较。

4）轮距的测量

车架修理完毕和轮胎定位后，应检查轮距是否合适。轮距也就意味着后轮在一个平行的位置上跟随前轮的轨迹。检查轮距时，首先对一侧的前后轮间距进行测量，再测量另一侧，将测量值进行对比。正确的测量方法是：将仪器的针脚分开，调整到轴距的长度。一个指针在前部，两个指针在后，如图6-42所示。将指针调整得能够在轴心高度上接触到轮胎和轮毂之间的区域，然后将调整的结果与另一边的结果进行比较。钩吊力、保持力和纠正压力一般施加在控制点，很少施加在控制点之间。

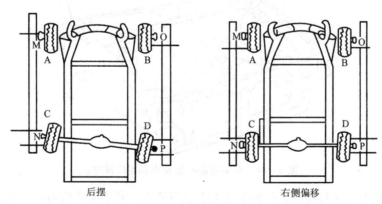

图6-42 轮距测量的方法

5）高级车身、车架测量设备

目前一般采用高精确度的仪器系统，即通用测量系统进行测量。

3. 利用杆规测量车身尺寸的方法

1）车身上部尺寸的测量

车身上部的损伤可用杆规和卷尺进行测量，其方法与车身下部的评估鉴定基本相同，如图 6 -43 所示。

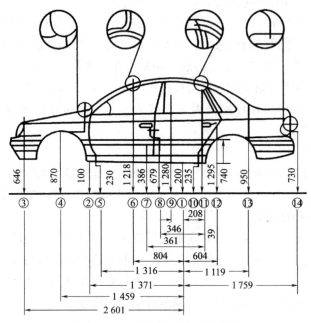

图 6 -43　车身上部尺寸的测量

2）车身前段的测量

在检查前部车身尺寸时，用杆规测量的最好部位就是悬架和机械部件的固定点，它们对于正确定位非常重要。图 6 -44 所示为典型的承载式结构车身前部的控制点和定位尺寸。

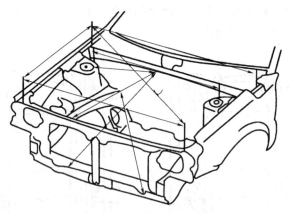

图 6 -44　车身前部的控制点和定位尺寸

检查时，每个尺寸都应从另外两个基准点进行检查，其中至少应有一个基准点在对角线上。检查的尺寸越长，测量就越准确。

通过测量图中所标位置的尺寸和车身原尺寸来判断碰撞产生的变形量。最常用的方法是上部测量两悬挂座至另一侧水箱框架上控制点的距离是否一致；下部测量前横梁两定位控制点至另一侧副梁后控制点的距离是否一致。通常检查的尺寸越长，测量就越准确。如果利用每个基准点进行两个或更多个位置尺寸的测量，就能保证所得到的结果更为准确，同时还有助于判断车身损伤的范围和方向。

3）车身侧围的测量

通过观察车门在打开和关闭时的外观及不正常现象，可以判断车身侧围结构是否变形。对于某些变形部位，还应注意可能会漏水，因此必须进行精确的测量。

图 6-45 所示为典型的车身侧板上的控制点和定位尺寸。

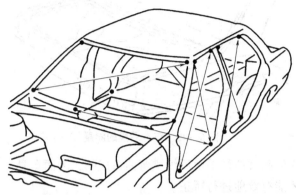

图 6-45　车身侧板上的控制点和定位尺寸

通常汽车左右都是对称的，利用车身的左右对称性，可以用杆规来测量车身的侧围结构。通过测量对角线可以进行扭曲变形的诊断。这种测量方法适用于下述情况：没有发动机室和车厢底部的尺寸，车身尺寸图表上没有适用的数据，或因翻车而造成了车身的严重损伤，如图 6-46（a）所示；对角线比较测量法并不适用于车身左右两侧都发生损伤变形情况下的检查，也不适用于扭曲的情况，因为这时测不出左右对角线的差异，如图 6-46（b）和图 6-46（c）所示；如果左右两侧的变形一样，那么左右两侧对角线的差异并不明显，如图 6-46（d）所示。

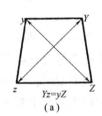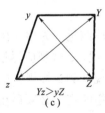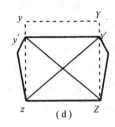

图 6-46　利用对角线法测量车身挠曲变形

(a) 车身没有挠曲；(b)(c) 车身挠曲变形；(d) 车身两侧均发生变形

这种测量方法不适用于车身的扭曲变形和左右两侧车身对称受损的情况。

在图 6-47 中，通过左侧、右侧长度 yz、YZ 的测量和比较，可对损伤情况做出很好的判断，这一方法适用于左侧和右侧对称的部位，它还应与对角线测量法联合使用。

4）车身后段的测量

后部车身的变形可通过行李箱盖开关的灵活程度与行李箱结合的密封性来判断。另外，后挡风玻璃是否完好，它与框之间的配合间隙是否合适，也是判断车身后部是否

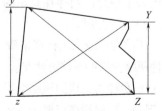

图 6-47　左右侧高度尺寸的比较

变形的常用手段，如图 6 - 48 所示。考虑到其变形的位置及漏水的可能性，所以必须进行准确的测量。

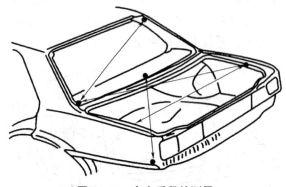

图 6 - 48　车身后段的测量

此外，行李箱地板的起皱往往是由后纵梁弯曲造成的，因而车身后段的测量应与车底的测量结合进行，这样才能有效地进行矫正。

4. 用量规诊断各种损伤变形的方法

1) 扭曲变形

要修复碰撞产生的变形，撞伤部位的整形应按撞击的相反方向进行，修复顺序也应与变形的形成顺序相反。因此，检测也应按相反的顺序进行。

测量车身变形时，应记住车身的基础是它的中段，所以应首先测量车身中段的扭曲和方正状况，这两项测量将告诉汽车评估人员车身的基础是否周正，然后才能以此为基准对其他部位进行测量。

扭曲变形是最后出现的变形，因此应首先进行检测。扭曲是车身的一种总体变形。当车身一侧的前端或后端受到向下或向上的撞击时，另一侧变形就以相反方向变形，这时就会呈现扭曲变形。

扭曲变形只能在车身中段测量。为检测扭曲变形，必须悬挂两个基准自定心规，称为 2 号（前中）和 3 号（后中）规。2 号规应尽量靠近车体中段前端，3 号规则尽量靠近车体中段的后端。然后相对于 3 号规观测 2 号规：如果两规平行，则说明没有扭曲变形；否则可能有扭曲变形。注意，真正的扭曲变形必须存在于整个车身结构中。当中段内的两个基准规不平行，要检测是否为真正的扭曲变形时，通常再挂一个量规。应走到未出现损伤变形的车身段上，把 1 号（前）或 4 号（后）自定心规挂上。这个自定心规应相对于靠其最近的基准规来进行测量，即 1 号规相对于 2 号规，而 4 号规相对于 3 号规观测。如果前（或后）量规相对于最靠近它的基准规观测的结果是平行的，则表示不存在真正的扭曲变形，而只是在中段失去了平行。当存在真正的扭曲变形时，各量规将呈现出图 6 - 49 所示的情形。

2) 压缩变形

压缩变形应当用杆规来检测，当车身段或梁比原来的尺寸短时存在这种变形。用杆规检测各种压缩变形的正确方法是：① 前端向上撞击造成的压缩变形及其伴随出现的后端二次变形；② 右前角撞击造成的压缩变形；③ 前端直接撞击造成的压缩变形；④ 前端向下撞击造成的压缩变形；⑤ 前端高点撞击造成的压缩变形；⑥ 后端高点撞击造成的压缩变形，如图 6 - 50 所示。

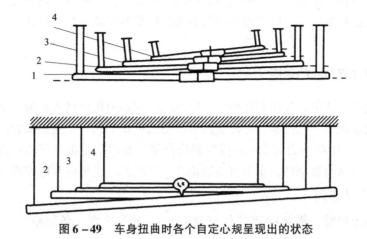

图 6-49 车身扭曲时各个自定心规呈现出的状态

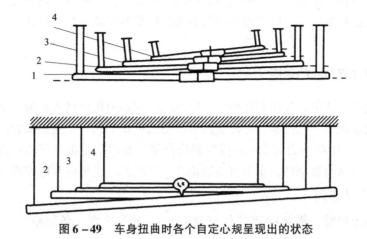

图 6-50 车身压缩变形的诊断

3）下陷变形

下陷变形是指前围部位发生低于正常位置的一种变形。检测下陷变形需要使用3个自定心规。第一个放在前横梁处,第二个置于前围处,第三个放在后轮轴处。如果3个自定心规互相平行且对中,但中间一个位置较低,说明前围附近有下陷变形。

4）侧倾变形

当车身前段、中段或后段发生侧向变形时,就存在侧倾变形。如图6-51所示,检测侧倾变形需要使用3个自定心规。如果碰撞发生在车身前部,则应以位于前围处的2号规和后桥处的3号规为基准规,而把1号自定心规悬挂在前横梁处。如果1号规的中心指针与其他

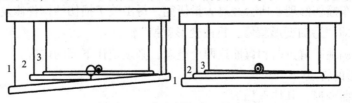

图 6-51 车身侧倾变形的诊断

两规的中心指针不在一条直线上，则说明有前部侧倾变形，否则没有侧倾变形；如果车身后部被撞，则自定心规所显示出的变形状况与前部侧倾变形相似，只是后部自定心规上的中心指针偏离中线。

四、常损零件修与换的掌握

在汽车的损失评估中，受损零件修与换标准的把握是困扰评估人员的一个难题，同时也是评估人员必须掌握的一项技术，是衡量汽车评估人员水平的一个重要标志。在保证汽车修理质量的前提下，"用最小的成本完成受损部位修复"是评估受损汽车的原则。碰撞中常损零件有承载式车身结构钣金件、车身覆盖钣金件、塑料件、机械件及电器件等。

（一）零件换修原则

对事故车辆定损时，损坏的零部件究竟是更换还是维修，必须坚持一定的原则，具体如下。

1. 质量、寿命有保证

修理后零、部件的使用寿命应能达到新件使用寿命的80%以上，且应能与整车的使用寿命相匹配。

2. 修理零部件的费用与新件价格的关系

价值较低的，一般修理费用应不高于新件价格的30%；中等价值的，一般修理费用应不高于新件价格的50%；总成的修理费用，不可大于新件价格的80%。

3. 确保行车安全

有关安全的零部件受损变形后，从质量和安全角度考虑，应适当放宽换件的标准。例如，转向摇臂、直臂等，在无探伤条件下无法确定其内部是否受损时就要更换，以确保安全。对于某些零件，如轿车的稳定杆、桑塔纳轿车的发动机副梁、货车的传动轴等，受伤变形若无校正检验设备来保证校正质量时也要更换。

4. 灵活掌握

对大保户单位的车，考虑到扩展业务的需要，对外观部件可适当放宽换件标准。对政府机关、公安、交警单位的领导用车，考虑到社会影响问题，对外观部件可适当放宽换件标准。以上这些都需要有分公司经理参加定损，未经分公司经理批准，定损人员不得擅自放宽换件标准。

5. 对某些老旧车型

凡市场上已很难购到的配件，且尚可修理的，其修理费用虽高一些也要修复。

（二）承载式车身结构钣金件修与换的掌握

碰撞受损的承载式车身结构件是更换还是修复，这是汽车评估人员几乎每天都必须面对的问题。美国汽车撞伤修理业协会经过大量研究，得出关于损伤结构件修复与更换的一个简单的判断原则，即"弯曲变形就修，折曲变形就换"。

为了更加准确地了解折曲和弯曲这两个概念，必须记住下面的内容。

1. 弯曲变形的特点

零件发生弯曲变形，其特点如下。

（1）损伤部位与非损伤部位的过渡平滑、连续。

（2）通过拉拔矫正可使它恢复到事故前的形状，而不会留下永久的塑性变形。

2．折曲变形的特点

（1）折曲变形剧烈，曲率半径小于 3 mm，通常在很短的长度上弯曲可达90°以上，如图6-52所示。

（2）矫正后，零件上仍有明显的裂纹或开裂，或者出现永久变形带，不经调温加热处理不能恢复到事故前的形状。

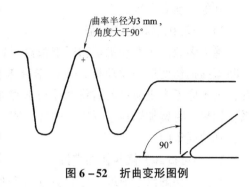

图6-52　折曲变形图例

3．承载式车身结构件换与修的掌握

虽然美国汽车撞伤修理业协会给出的"弯曲与折曲"概念，是作为判断承载式车身结构件是更换还是修复的依据，但评估人员必须懂得以下几点。

（1）在车身折曲和随后的矫正过程中钢板内部发生了什么变化。

（2）对于一些像梁、轴一类的大结构件，虽已矫正，但在棱和孔处如有裂纹，即使是很小的折曲变形或裂纹也必须更换。

（3）当决定采用更换结构板件时，应完全遵照制造厂的建议。这一点非常重要。当需要切割或分割板件时，厂方的工艺要求必须遵守，一些制造厂不允许反复分割结构板件；另一些制造厂规定只有在遵循厂定工艺时，才同意分割。所有制造厂家都强调，不要割断可能降低乘客安全性的区域、降低汽车性能的区域或者影响关键尺寸的地方。然而，在我国，多数汽车修理企业没有做到完全按制造厂工艺要求更换车身结构件。所以，在我国应采用"弯曲变形就修，折曲变形就可以换"，而不是"必须更换"，从而避免产生更大的车身损伤。

（4）高强度钢在任何条件下，都不能用加热法来矫正。

（三）非结构钣金件修与换的掌握

非结构钣金件又称覆盖钣金件，承载式车身的覆盖钣金件通常包括可拆卸的前翼子板、车门、发动机罩、行李箱盖和不可拆卸的后翼子板、车顶等。

1．可拆卸件

1）前翼子板

（1）损伤程度没有达到必须将其从车上拆下来才能修复的程度，如整体形状还在，只是中部的局部凹陷，一般不考虑更换。

（2）损伤程度达到必须将其从车上拆下来才能修复的程度，并且前翼子板的材料价格低廉、供应流畅，材料价格达到或接近整形修复的工时费，应考虑更换。

（3）如果每米长度超过3个折曲、破裂变形或已无基准形状，应考虑更换（一般来说，当每米折曲、破裂变形超过3个时，整形和热处理后很难恢复其尺寸）。

（4）如果每米长度不足3个折曲、破裂变形，且基准形状还在，应考虑整形修复。

（5）如果修复工时费明显小于更换费用，应考虑以修理为主。

2）车门

（1）如果门框产生塑性变形，一般来说是无法修复的，应考虑更换。

（2）许多汽车的车门面板是作为单独零件供应的，损坏后可单独更换，不必更换总成。

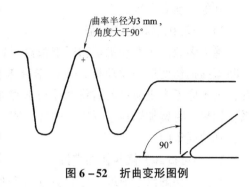

其他同前翼子板。

3）发动机罩和行李箱盖

绝大多数汽车发动机罩和行李箱盖，是用两个冲压成型的冷轧钢板经翻边胶粘而成的。判断碰撞损伤变形的发动机罩或行李箱盖是否要将两层分开进行修理，如果不需将两层分开，则不应考虑更换；若需将两层分开整形修理，应首先考虑工时费加辅料与其价值的关系，如果工时费加辅料接近或超过其价值，则不应考虑修理；反之，应考虑修复。

其他同车门。

2. 不可拆卸件修与换的掌握

碰撞损伤的汽车中最常见的不可拆卸件就是三厢车的后翼子板。由于更换需从车身上将其切割下来，而国内绝大多数汽车修理厂在切割和焊接上，满足不了制造厂提出的工艺要求，从而造成车身结构方面新的修理损伤。所以，在国内现有修理行业的设备和工艺水平条件下，后翼子板只要有修理的可能性都应采取修理的方法修复，而不应像前翼子板一样存在值不值得修理的问题。

（四）塑料件与电器件修与换的掌握

1. 塑料件与电器件修与换的掌握

塑料在汽车上的推广和运用，就产生了修理碰伤的新课题。许多损坏的汽车可以经济地修理而用不着更换，特别是不必从车上拆下零件。划痕、擦伤、撕裂和刺穿都可修理。此外，由于某些零件更换不一定有现货供应，修理往往可迅速进行，从而缩短修理工期。

塑料件修与换的掌握应从以下几个方面来考虑。

（1）对于燃油箱及要求严格的安全结构件，必须考虑更换。

（2）整体破碎应以更换为主。

（3）价值较低、更换方便的零件应以更换为主。

（4）应力集中部位应以更换为主，如富康车尾门铰链、撑杆锁机处。

（5）是基础零件，并且尺寸较大，受损主要表现为划痕、撕裂、擦伤或穿孔，拆装麻烦、更换成本高或无现货供应，这些零件应以修理为主。

（6）表面无漆面的，不能使用氰基丙烯酸酯粘接法修理的，且表面光洁度要求较高的塑料零件，由于修理处会留下明显的痕迹，一般应考虑更换。

2. 电器件修与换的掌握

有些电器件在遭受碰撞后，外观虽然没有损伤，内部很可能因撞击和振动而损坏，因此，一定要认真检查。碰撞会造成系统过载，相应的熔断器、熔丝链、大限流熔断器和断路器会因过载而工作，出现断路。此时熔断器、熔丝链、大限流熔断器要更换，应使用同一规格的熔断器。自动式断路器可自动复位循环使用；手动式断路器须人工复位，循环使用。

（五）机械类零件修与换的掌握

1. 悬挂系统、转向系统零件

在阐述悬挂系统中零件修与换的掌握之前，必须说明悬挂系统与车轮定位的关系。非承载式车身，正确的车轮定位的前提是正确的车架形状和尺寸，承载式车身，正确的车轮定位的前提是正确的车身定位尺寸，图6-53所示为桑塔纳2000型车身主要定位尺寸。这一点容易被人们忽视。车身定位尺寸的允许偏差一般为1~3 mm，可见要求之高。

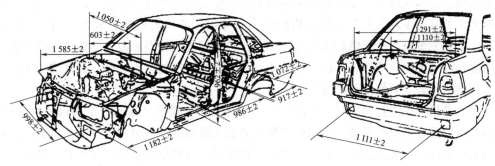

图 6 – 53　桑塔纳 2000 型车身主要定位尺寸

众所周知，汽车悬挂系统中的任何零件是不允许用校正的方法进行修理的，当车轮定位仪器检测出车轮定位不合格时，用肉眼和一般量具无法判断出具体损伤和变形的零部件，所以不要轻易做出更换悬挂系统中某个零件的决定。

车轮外倾、主销内倾、主销后倾，它们都与车身定位尺寸密切相关。如果数据不对，首先分析是否因碰撞造成，由于碰撞事故不可能造成轮胎的不均匀磨损，可通过检查轮胎的磨损是否均匀，初步判断事故前的车轮定位情况。例如，桑塔纳的车轮外倾角，下摆臂橡胶套的磨损、锁板固定螺栓的松动，都会造成车轮外倾角的增大。再检查车身定位尺寸，在消除了诸如摆臂橡胶套的磨损等原因，校正好车身，使相关定位尺寸正确后，再做车轮定位检测。如果此时车轮定位检测仍不合格，再根据其结构、维修手册判断具体的损伤部件，逐一更换、检测，直至损伤部件确认为止。上述过程通常是一个非常复杂而烦琐的过程，又是一个技术含量较高的工作。由于悬挂系统中的零件都属于安全部件，而价格又较高，鉴定评估工作切不可轻率马虎。

转向机构中的零件也有类似问题。

2. 铸造基础件

发动机缸体、变速器、主减速和差速器的壳体往往用铸铁或铝合金铸造而成，在遭受冲击载荷时，常常会造成固定支脚的断裂，若碰撞严重时还可能导致壳体断裂。不论是铸铁或铝合金铸件，焊接都会造成其变形，一般应考虑更换。

五、发动机与底盘的定损

车辆发生碰撞、倾翻等交通事故时，车身因直接承受撞击力而造成不同程度的损伤，同时由于波及、诱发和惯性的作用，发动机和底盘各总成也存在着受损伤的可能。但由于结构的原因，发动机和底盘各总成的损伤往往不直观，因此，在车辆定损查勘过程中，应根据撞击力的传播趋势认真检查发动机和底盘各总成的损伤。

（一）发动机及附件碰撞损坏的认定及修复

汽车的发动机，尤其是小型轿车和载重汽车的发动机，一般布置于车辆前部发动机舱。车辆发生迎面正碰撞事故时，不可避免地会造成发动机及其辅助装置的损伤。对于后置发动机的大型客车，当发生追尾事故时，有可能造成发动机及其辅助装置的损伤。

一般发生轻度碰撞时，发动机基本上受不到损伤。当碰撞强度较大，车身前部变形较严重时，发动机的一些辅助装置及覆盖件会受到波及和诱发的影响而损坏，如空气滤清器总

成、蓄电池、进排气歧管、发动机外围各种管路、发动机支撑座及胶垫、冷却风扇、发动机时规罩等，尤其对于现代轿车，发动机舱的布置相当紧凑，还可能造成发电机、空调压缩机、转向助力泵等总成及管路和支架的损坏。比较严重的碰撞事故或发动机进水或直接拖底时，可能导致其损坏。更严重的碰撞事故会波及发动机内部的轴类零件，致使发动机缸体的薄弱部位破裂，甚至致使发动机报废。

在对发动机损伤进行检查时，应注意详细检查有关支架所处发动机缸体部位有无损伤，因为这些部位的损伤不易发现。发动机的辅助装置和覆盖件损坏时，可以直接观察到，因此可采用就车拆卸、更换或修复的方法。若发动机支撑、时规罩和基础部分损坏，则需要将发动机拆下进行维修。当怀疑发动机内部零件有损伤或缸体有破裂损伤时，需要对发动机进行解体检验和维修。必要时应进行零件隐伤探查，但应正确区分零件形成隐伤的原因。因此，在对发动机定损时，应考虑到修复方法及修复工艺的选用。

1. 发动机系统主要构成件的碰撞损坏认定及修复

1）发动机附件

发动机附件如时规及附件、油底壳及胶垫、发动机支架及胶垫、进气系统、排气系统等。时规及附件如图 6 – 54 所示。

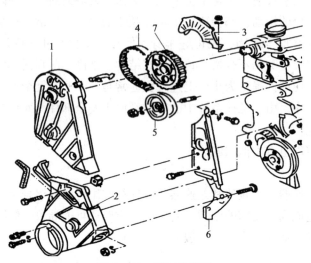

图 6 – 54　时规分解图

1—时规上罩盖；2—时规下罩盖；3—盖板；4—时规皮带；5—时规张紧轮；6—支承板；7—凸轮轴正时齿轮

发动机附件中时规及附件因撞击破损和变形的以更换修复为主。

油底壳轻度的变形一般无须修理，放油螺塞处碰伤及中度以上的变形以更换为主。

发动机支架及胶垫因撞击变形、破损的以更换修复为主。

进气系统因撞击破损和变形的以更换修复为主。

排气系统中最常见的撞击损伤形式为发动机移位造成的排气管变形。由于排气管长期在高温下工作，氧化现象较严重，通常无法整修。消声器吊耳因变形超过弹性极限破损，也是常见的损坏现象，应更换修复。

2）水箱及附件

水箱及附件包括水箱、进水管、出水管、副水箱等，现代汽车的水箱基本上是铝合金的，铜质水箱由于造价较高，基本不再使用。判断水箱的修与换，基本与冷凝器相似。所不同的是水箱常有两个塑料水室，水室破损后，一般需更换，而水室在遭受撞击后最易破损。

水管的破损一般以更换方式修复。

水泵带轮是水泵中最易损坏的零件，变形后通常以更换为主，较严重的会造成水泵前段轴承处的损坏，一般更换水泵前段即可，不必更换水泵总成。

3）风扇及附件

风扇护罩轻度的变形一般以整形校正为主，严重的变形常常采取更换的方法修复。

主动风扇与从动风扇的损坏常为风扇叶破碎，由于风扇叶是不可拆卸式，也无风扇叶购买，所以风扇叶破碎后需要更换总成。

风扇皮带在碰撞后一般不会损坏，由于其正常使用的磨损也会造成损坏，拆下后如果需更换，应确定是否是碰撞原因所致。

4）制冷系统

空调制冷系统由压缩机、冷凝器、干燥瓶、膨胀阀、蒸发箱、管道及电控元件等组成。压缩机、冷凝器、干燥瓶、管道等一般位于发动机舱内。

汽车空调冷凝器均采用铝合金制成，中低档车的冷凝器一般价格较低，中度以上损伤一般采用更换法处理，高档车的冷凝器一般价格较贵，中度以下损伤常可采用亚弧焊修复。注意冷凝器因碰撞变形后虽未漏冷媒，但拆下后重新安装时不一定不漏冷媒。

储液罐（干燥器）因碰撞的变形一般以更换为主。如果系统在碰撞中以开口状态暴露于潮湿的空气中时间较长，则应更换干燥器；否则会造成空调系统工作时出现"冰堵"现象。

压缩机因碰撞造成的损伤有壳体破裂，带轮、离合器变形等。壳体破裂一般采用更换的方法修复，带轮变形、离合器变形一般采用更换带轮、离合器的方法修复。

汽车空调管有多根，损伤的空调管一定要注明是哪一根，常用×××—×××加以说明。汽车空调管破损一般采用更换的方法修复。

汽车空调蒸发箱通常由蒸发箱壳体、蒸发器和膨胀阀等组成，一般事故不会伤及，当发生比较严重的碰撞事故时，则会造成蒸发箱壳体破损。蒸发箱壳体大多用热塑性塑料制成，局部破损可用塑料焊接修复，严重破损一般需更换，决定更换时一定要考虑有无壳体单独更换。蒸发器的换与修基本同冷凝器。膨胀阀因碰撞损坏的可能性极小。

2. 发动机拖底后的检测及处理

1）发动机拖底的形成原因及规避

现代汽车，尤其是轿车，为了降低空气阻力，一般采用低车身的结构。采用了低车身结构的汽车，最小离地间隙往往较小，这就导致汽车的通过性能下降。

汽车在通过坑洼路段时，可能会因为颠簸而使位于较低部位的发动机油底壳与路面相接触，从而导致"发动机拖底"；汽车在路面状况良好的路段行驶时，若没有察觉前车坠落的石块，有可能导致"发动机拖底"；汽车不慎驶入路坡等处时，被路牙石垫起，会造成拖底。

避免发动机拖底的办法其实并不复杂：一是在行车过程中密切关注路面情况，遇到不明物体时一定要躲避行驶，选择合理车速行驶；二是在长途行车归来后（尤其是别人驾驶你的车归来），仔细检查汽车是否有拖底现象；三是一旦发现汽车拖底，要立即熄火、停车，认真检查，此时发动机内部机件一般不会坏坏，要认真检查拖底所造成的损失是否会影响汽车的继续行驶，如果发现有机油泄漏等影响继续行驶的现象，绝对不能继续行驶，要立即进行修复作业。

2）发动机拖底后的损坏范围

发动机拖底后，往往会对机件造成一些损失，这些损失可以划分为直接损失和间接损失。

（1）直接损失。发动机拖底后，会造成油底壳部分的凹陷变形；如果程度较重，还可能使壳体破损，导致机油泄漏；如果程度严重，甚至会导致油底壳里面的机件变形、损坏，无法工作。

（2）间接损失。发动机拖底以后，如果驾驶员没有及时熄火，油底壳内的机油将会大量泄漏，导致机油泵无油可泵，使发动机的曲轴和气缸得不到机油的充分润滑和冷却，致使曲轴抱死和粘缸，严重的造成发动机报废。另外，由于机油压力的降低，发动机的凸轮轴、活塞和气缸缸筒也会因缺油而磨损或抱死。

3）发动机拖底后的检测及处理

发动机发生拖底事故后，维修人员不要急忙将发动机从车上拆下来，应该首先用手转动曲轴，检查曲轴转动是否正常，根据检查情况决定是否拆检。

（1）曲轴转动正常时的处理。如曲轴转动正常，说明曲轴没有烧损现象，处理时可以在更换油底壳或机油泵、机油泵滤清器后加注机油，发动汽车。如果汽车发动机没有异响，可以认为该拖底事故处理完毕。

（2）曲轴转动异常时的处理。如果用手转动曲轴后，感到转动困难或无法转动，说明曲轴很可能与轴瓦烧烛或已经抱死，这时只好将发动机从车上拆下，将曲轴瓦盖、连杆瓦盖揭开，检查曲轴、连杆、活塞及活塞环、缸筒、凸轮轴等的损坏情况。

（3）曲轴的检测及处理。汽车发动机的曲轴是可以加工和修理的零件。

货车发动机的曲轴可以在允许范围内进行磨修。曲轴轴瓦可根据曲轴修理级别进行选配。不过，一般轿车发动机的曲轴是不允许加工的，损坏后只有更换整个曲轴，定损时最好得到专业维修站的证实之后再做决定。

（4）连杆的检测及处理。连杆的检测主要集中在连杆的弯扭变形、连杆轴承及连杆轴承座孔的磨损和烧蚀等情况。连杆轴瓦一般以更换为主。

（5）凸轮轴的检测及处理。凸轮轴在缸体中的位置较高，其孔座是在缸体上直接镗出的，凸轮轴与孔座之间安装有轴瓦（轿车发动机普遍采用顶置凸轮轴，没有轴瓦）。缺油后，凸轮轴与轴瓦的磨损会加剧、烧蚀，对于轿车发动机，甚至会造成缸盖报废。凸轮轴轴瓦损坏后一般以更换为主。凸轮轴与孔座都有标准尺寸，如超出标准值应该予以更换。

（6）活塞、活塞环、缸筒的检测及处理。对活塞与缸筒的更换，一是要注意划痕深度，二是要测量活塞与缸筒间隙。通过对上述二者的分析，准确区分是正常磨损还是事故损伤，决定活塞与缸筒的更换是否属于保险责任。

案例1：发动机托底事故

案情简介：

2015年8月某日10时左右，藁城市张先生报案称自己驾驶北汽福田BJ1043V8JEA-S3厢式货车（发动机型号：CA4DC2-10E3）为一建筑工地送料时，途中不慎拖底，发动机已不能运转，请保险公司查勘。

查勘人员赶到现场以后，发现福田牌厢式货车已经陷在施工现场的坑内，前桥及发动机与地面全面接触。将汽车牵引出坑后，检查发现发动机油底壳大面积变形且向内凹进，但没有发现机油泄漏的现象。搬动曲轴时，根本无法转动，只好送汽车维修厂拆解后再认定。

经汽车维修厂的维修人员拆解发动机后认定：油底壳变形但没有断裂；曲轴与曲轴瓦、连杆与连杆轴瓦粘连抱死；瓦片合金摩擦层烧蚀流化；曲轴与连杆座、瓦盖均烧成蓝色；其他机件没有变形、烧蚀、损坏的现象。

经询问，驾驶员承认当车陷落坑内后发动机没有及时熄火，而且，为了使汽车能够爬出陷坑，进行了几次低挡大油门的操作，直至发动机突然灭车，再打启动机时，就只有启动机的运转声，发动机根本无法转动。无奈之下，只好找保险公司报案。

案情分析：

通过对发动机损坏情况的分析，可以发现：发动机拖底后没有机油外漏，如果发动机的机油泵、机油泵集滤器没有损坏的话，油面高度正常，发动机运转时不会造成烧曲轴、烧轴瓦的现象发生。本次事故造成的发动机油底壳变形，导致机油集滤器被油底壳托住，没有了吸油间隙，驾驶员急于自救，加大油门使发动机高速运转，由于机油泵集滤器被堵死，机油泵泵不上油，系统油压急剧下降，曲轴轴瓦、连杆轴瓦润滑供油严重不足，造成曲轴轴瓦、连杆轴瓦因缺油而干磨，温度快速升高烧蚀摩擦部件。

根据保险合同除外责任的规定：车辆遭受保险责任范围内的损失后，未经必要修理继续使用，致使损失扩大的部分为除外责任。保险公司只负责事故车辆拖底造成的直接损失，即发动机油底壳、油底壳垫、润滑油及相应的修理费用。

启迪：第一，发动机发生拖底事故后，驾驶员应立即熄火，不准重新启动发动机；第二，如果汽车发动机拖底后必须重新启动发动机时，当发动机运转后要密切注意查看机油压力表的压力显示，压力低或没有压力时要立即熄火。

案例2：躲避行人造成翻车

案情简介：

2010年10月某日13时，衡水市王先生报案称其投保的CA4282P21K2T1平头牵引车货车（发动机型号CA6DL1-32增压中冷柴油机）沿307国道行驶至辛集市军齐段时因躲一行人驶入路边沟内，造成驾驶人员受伤，交警部门在施救后将车辆拖至停车场。

交警提供的事故照片显示，事故车车头陷在沟内泥水中，后轮停在斜坡上。保险公司查勘人员在现场看到，公路边沿车辆运行方向一侧的周围树木被大片折断，公路与沟的坡度大约成30°。查勘人员对现场进行复核后，确定为保险责任。

案情分析：

汽车维修厂将事故车拆解后发现，驾驶室前部因受碰撞而变形，悬挂也变形，水箱下水室部分被切断脱落，发动机油底壳拖痕较重，有裂痕并伴有机油渗漏，曲轴与轴瓦在第六缸位置有轻微的烧蚀和磨损，机油泵、集滤器无损坏，第六缸活塞顶部烧蚀严重，第五缸活塞顶部烧蚀较轻，发动机其他机件没有变形损失。

由机理分析得知，曲轴及轴瓦的烧蚀、磨损是因供油不足造成的，而活塞烧蚀又是什么原因造成的呢？活塞的烧蚀应该与供油压力的降低没有必然关系，应该是由缺水造成的。

对事故车辆的进一步查验发现，水箱下水室已被切断！由于水箱下水室是储存冷却水最集中的地方，它被切断后冷却水大量流失。由于事故发生时驾驶员负伤，无能力对车辆进行任何处理（包括熄灭发动机），而前部的碰撞又将油门踏板挤压变形，使发动机处于高速运转状态。此时车辆停在30°的斜坡上，发动机前低后高，发动机内部的冷却水自然流向低

处，导致后部缺水严重。由于发动机运转时顶部温度最高，而缺水的第六缸顶部温度更高，当活塞顶部温度超过正常温度后，顶部开始熔化变形，所以第六缸顶部烧蚀最严重。第五缸缺水程度比第六缸略好一点，故烧蚀程度轻一些。

据此分析，该起拖底事故造成了发动机油底壳断裂、机油泄漏、系统油压下降，使机件缺油运转而导致烧蚀变形。不过，机油的缺失不会造成活塞顶部烧蚀，活塞顶部的烧蚀是由缺水造成的，此起事故发动机部分属于保险责任。

案例 3：躲避拖拉机发生事故

案情简介：

2011 年 11 月某日早 8 时，邯郸市张先生报案称其投保的斯泰尔货车行驶到邯长公路 156 km 处时，因躲避拖拉机撞在路边树上，树下有一块大石头，造成发动机底部拖底损坏，机油大量外泄，拖拉机已逃离现场。

查勘人员立即赶赴现场，发现斯泰尔货车斜向撞到树上，驾驶室右前角损失较重，发动机油底壳处大量漏油，油底壳处有一块石头，沿车辆行驶方向有两条清晰的刹车痕印。

对发动机拆检后发现，发动机油底壳与缸体在第一缸下沿处有一孔洞，第一缸连杆瓦盖脱落，两根连杆螺钉已断开，折断处有明显的拉伸变形。活塞碎裂，连杆严重变形，缸体被连杆捣坏，连杆正好卡在曲轴和缸体之间，发动机油底壳孔洞处的变形为向外翻起状。

检验结果证实本次事故不像碰撞拖底，但道路上有明显的刹车痕印，树下又有大石头，这该如何解释呢？

案情分析：

机理分析及处理意见如下。

（1）本起事故是由发动机捣缸直接造成的，而捣缸的起因则是由连杆螺栓的螺母松动引起的。经查，斯泰尔货车发动机的连杆螺栓与螺母属于自锁形式，自锁式螺栓不允许重复使用，使用一次后必须更换！该车一个月前刚在某修理厂进行了大修，维修人员认为只要按规定的扭力拧紧螺栓就不会有什么问题，其实，自锁螺栓重复使用不更换很容易导致松扣。另外，汽车发动机在走合期满之后也要进行保养，分别对轴瓦、曲轴间隙、连杆螺栓螺母的松动情况等进行检查，以调整间隙、紧固螺母。如果没有及时按规定进行这些相关的操作，加之维修作业时有瑕疵，在使用一段时间后，连杆螺母有可能开始松扣。如果螺母出现松动，连杆与瓦盖之间出现间隙，柴油机振动负荷较大，螺母就会继续松脱，螺栓会被拉伸，出现疲劳，直至连杆螺栓切断，瓦盖脱落。脱落的瓦盖将油底壳砸漏捣破，失去约束的连杆将缸体捣坏。本次事故基本是上述原因造成的。

（2）车辆在正常行驶过程中突然发生捣缸，连杆会直接捣向缸体。在将缸体捣破的同时，连杆如不折断就会卡在缸体上，使曲轴骤停，传动系统停止传动，车轮滚动停止，路面会产生急刹车的痕迹。这是本次事故刹车痕迹形成的真正原因。

（3）发动机骤停以后，方向机助力泵的传动也突然停止。由于驾驶员事先毫无准备，转向盘突然变沉，在他毫无准备的情况下，车辆会沿原来的轨迹继续行驶，很可能脱离正常行驶路线，造成事故。

（4）本次事故中所出现的石头，纯粹属于一种巧合，与事故的真正起因无关。

（5）经与驾驶员核实，他描述行驶中感到发动机突然发出一声巨响，转向盘随之变沉，还没来得及做出反应，汽车已经撞向路边大树。

结论：此次事故中，发动机损坏部分属于保险除外责任，其他损失按保险责任予以赔付。

（二）汽车底盘的定损

1. 悬架系统的定损

悬架是车架（或承载式车身）与车桥（或车轮）之间的一切传力装置的总称。悬架系统的作用是：把路面作用于车轮上的垂直反力、纵向反力（牵引力和制动力）和侧向反力以及这些反力所形成的力矩传递到车架（或承载式车身）上；悬架系统还承受车身载荷；悬架系统的传力机构维持车轮按一定轨迹相对于车架或车身跳动；对于独立悬架还直接决定了车轮的定位参数。承载式车身的前纵梁及悬挂结构如图6-55所示。

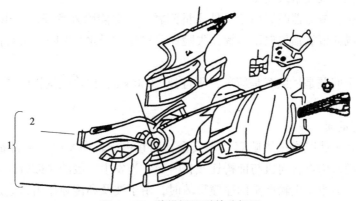

图6-55 前纵梁及附件分解图
1—前纵梁总成；2—前纵梁

对于承载式车身的汽车，前纵梁及悬挂座属于结构件，按结构件方法处理。

前悬挂系统及相关部件主要包括悬挂臂、转向节、减振器、稳定杆、发动机托架、刹车盘等。车辆遭受碰撞事故时，悬架系统由于受到车身或车架传导的撞击力，悬架弹簧、减振器、悬架上支臂、悬架下支臂、横向稳定器和纵向稳定杆等元件会受到不同程度的变形和损伤。悬架系统元件的变形和损伤往往不易直接观察到，在对其进行损伤鉴定时，应借助检测设备和仪器进行必要的测量及检验。这些元器件的损伤一般不宜采用修复方法修理，应换新件，这在车辆定损时应引起注意。

减振器主要鉴定是否在碰撞前已损坏。减振器是易损件，正常使用到一定程度后会漏油，如果外表已有油泥，说明在碰撞前已损坏。如果外表无油迹，碰撞造成弯曲变形，则应更换。

由于悬架直接连接着车架（或承载式车身）与车桥（或车轮），其受力情况十分复杂，在碰撞事故中，悬架系统（尤其是独立悬架系统）经常受到严重的损伤，致使前轮定位失准，影响车辆正常行驶。

由于车速越来越高，汽车的操纵稳定性对其性能的影响也变得越来越重要。现代汽车不仅具有前轮定位参数，有些高速客车和多数轿车还有后轮定位参数。这些定位参数的变化不仅使汽车操纵稳定性恶化，引起转向沉重、跑偏、摆振和轮胎异常磨损等，还能造成动力性、经济性、安全性等的恶化。

案例 4：机件失灵造成事故

案情简介：

2008 年 7 月 10 日 11 时许，任丘市吴女士驾驶自家东风日产轩逸轿车行驶到津晋高速 19 km 处，突然轿车方向失控，吴女士紧握转向盘想控制车辆，但车辆还是撞向左侧护栏，致使车辆左大灯、叶子板、保险杠、前格栅、左后部严重受损，左半周断裂、左侧减振器总成随车轮被撞掉，吴女士及车上乘客 4 人不同程度受伤。镇静下来后，吴女士向保险公司报案，在征得保险公司同意后，吴女士委托修理厂将车拉回任丘市。

案情分析：

保险公司查勘人员在现场查勘时发现，该车的减振器断裂处有一扩展区，表明该减振器存在质量缺陷，该事故是由于减振器损坏所致。由于减振器的断裂，车辆的前轮定位参数失控，导致方向失控，致使事故发生。

查勘人员分析，减振器断裂属于机件质量问题，是保险除外责任。但由于减振器断裂，而后方向失控造成的事故损失属于车辆损失险保险责任。因此，保险公司对保险责任部分进行了赔付。

本案的另一个问题是：该车是新车，刚行驶 7 000 km，保险人是否应向汽车经销商或生产商追索赔偿。

2. 转向系的定损

转向系统的技术状况直接影响着行车安全，而且由于转向系统的部件都布置在车身前部，通过转向传动机构将转向机与前桥连接在一起。当发生一般的碰撞事故时，撞击力不会波及转向系元件。但当发生较严重的碰撞事故时，由于波及和传导作用，会造成转向传动机构和转向机的损伤。

转向系易受损伤的部件有转向横直拉杆、转向机、转向节等；更严重的碰撞事故，会造成驾驶室内转向杆调整机构的损伤。

转向系部件的损伤不易直接观察，在车辆定损鉴定时，应配合拆检进行，必要时作探伤检验。

3. 制动系的定损

车辆制动性能下降会导致交通事故，造成车辆损失。车辆发生碰撞事故时，同样会造成制动系部件的损坏。

对于普通制动系统，在碰撞事故中，由于撞击力的波及和诱发作用，往往会造成车轮制动器的元器件及制动管路损坏。这些元器件的损伤程度需要进一步的拆解检验。

对于装用 ABS 系统的制动系，在进行车辆损失鉴定时，应对有些元件进行性能检验，如 ABS 轮速传感器、ABS 制动压力调节器。管路及连接部分的损伤可以直观检查。

4. 变速器及离合器的定损

变速器及离合器总成与发动机组装为一体，并作为发动机的一个支撑点固定于车架（或承载式车身）上，变速器及离合器的操纵机构又都布置在车身底板上。因此，当车辆发生严重碰撞事故时，由于波及和诱发等原因，会造成变速器及离合器的操纵机构受损，变速器支撑部位壳体损坏，飞轮壳断裂损坏。这些损伤程度的鉴定，需要将发动机拆下进行检查鉴定。

1）变速器主要构成件的碰撞损坏认定及修复

（1）传动轴及附件。中低档轿车多为前轮驱动，碰撞常会造成外侧等角速万向节（俗称外球笼）破损，常以更换方式修复，有时还会造成半轴弯曲变形，也以更换方式修复为主。

（2）变速器。手动变速器主要由变速器壳体、齿轮组、挂挡轴、拨叉组、换挡拉杆等组成。

手动变速器损坏以后，其内部的机件基本都可以独立更换，对变速器齿轮、同步器、轴承等部件的鉴定，碰撞后只有断裂、掉牙才属于保险责任，正常磨损不属于保险责任。这一点在定损中要注意界定和区分。

变速操纵系统遭撞击变形后，轻度的损坏常以整修修复为主，中度以上的以更换修复为主。

2）自动变速器拖底后的检测及处理

对于自动变速器，从保险角度来看，其损失形式主要是拖底，其他类型的损失极小。自动变速器发生拖底碰撞后，应该按照以下流程进行检测与修复处理。

（1）报案告诫。接到自动变速器拖底碰撞的报案后，立即通知受损车辆，就地熄火停放，请现场人员观察自动变速器下面是否有红色的液压油漏出（大部分自动变速器液压油为红色）。不允许现场人员移动车辆，更不允许任何人擅自启动发动机。

（2）救援。对于现代轿车，由于车身离地间隙较小，如不能确认自动变速器油底有无变形，最好采用驮运，不要牵引救援。假如认定自动变速器油底壳有变形，不论有无漏油，不允许直接牵引，要采用可以将受损车辆驮走的拖车将其驮运到汽车修理厂。

（3）修复处理。受损车辆被驮运到汽车修理厂以后，要将整车放在举升器上将车举起，拆下变速器油底壳进行检查，方法如下。

① 拆下变速器油底壳，分别检查机油滤清器、滑阀总成、变速器壳等，如果只有变速器油底壳和机油滤清器损坏，其他部件没有断裂与损坏，可以只更换变速器油底壳和滤清器。经过加油、着火、试车各环节后，如各挡位没有出现异常，则此次事故处理完成。

② 拆下变速器油底壳，若发现滑阀体断裂或箱体断裂，滑阀体要更换总成，一般情况下，只需更换箱体就可以了。

③ 部分装有自动变速器的汽车在拖底事故中，摩擦片、制动器、离合器、油泵轮也可能有所损坏，这是因为拖底以后驾驶员没有及时停车而继续行驶，导致机油大量泄漏造成的（长距离拖车时，变速器机油温度升高而得不到冷却也会造成以上机件的损坏）。

④ 使用时间较长的变速器的离合器、制动器等机件已经磨损、老化，所以，查勘时要特别注意，没有把握时不要盲目建议解体自动变速器，而且应该通知车主和汽车修理厂，在没有保险查勘人员在场的情况下，任何人不得私自解体变速器，同时还要注意事故损坏件与自然损坏件的鉴别。

案例5：前方车辆掉下异物造成的损失如何赔付

案情简介：

2012年5月24日上午10时，唐山市付先生报案称自己的丰田凌志300在去迁西的路上，被前方车辆掉下的一块石头托住，造成发动机与自动挡变速器连接部位漏油，询问保险公司应该如何处理。

查勘定损人员接到报案后及时与保户电话联系，告之千万不要启动发动机、移动车辆。

他们赶到现场后对事故现场进行了详细查勘，发现碰撞物与车损状况相吻合，确定属于保险责任。同时认定碰撞部位为自动变速器油底壳部位，变速器液压油大量泄漏，属于变速器拖底事故。

案情分析：

查勘定损人员根据损失部位的特征，在征得保户同意后，将事故车辆驮运到附近的汽车维修厂。经维修人员检查后发现，变速器只有油底壳损坏，机油集滤器、滑阀体、变速器壳体没有断裂和损坏。在更换变速器油底壳并加注液压油后，重新启动试车，发现自动变速器在各挡位的工作均正常，没有异常现象。

该起事故总赔款 2 000 元，包括拖运费、材料费、工时费。

案例 6：驾驶不慎，车辆托底如何赔付

案情简介：

2012 年 9 月 18 日 22 时许，唐山市张先生报案称他的奔驰 500SEL 轿车在某饭店下便道时不慎拖底，自动变速器底部有液压油泄漏。现在，车已被拖进维修站，请保险公司派员查勘定损。

查勘定损人员赶到维修站后，在向驾驶员了解情况时，感觉驾驶员谈吐清楚，没有酒后驾车的嫌疑。维修站值班人员介绍本单位内部有规定，自动变速器只有专业的维修人员才能拆检，其他人员一概不允许插手。

查勘定损人员与保户一起来到出险现场，发现饭店的停车场在便道上，便道与道路落差较大。在饭店停车管理人员的指引下，发现事故车辆停放的便道台阶上有明显刮痕，痕印很深、很新，并有油点，沿着车辆行走的方向有断续油点。饭店停车场管理人员介绍说，奔驰车驶离停车场时，前轮偏离了专为车辆驶下台阶而准备的活动三脚架才造成拖底，不然不可能发生这样的事故。

第二天，查勘定损人员与保户一同去维修站，对自动变速器的损坏情况进行检查，发现变速器油底壳有严重拖痕，并有 10 cm 左右的裂痕，有一个米粒大小的孔洞，变速器壳体没有发生断裂或变形。但维修工提示变速器输出轴转不动，怀疑内部有问题。

解体变速器后发现，变速器离合器、制动器严重烧蚀变形，钢片、摩擦片粘连在一起，行星轮及架、齿圈烧蚀，阀体、变速器壳体内部也有不同程度损坏。总体来说，变速器损坏严重，已无修复价值。

据驾驶员本人介绍，吃饭后开车下便道时感觉前轮突然落地，底部传来刮碰响声，下车查看时，没有发现什么异常，车也能正常运转，以为没什么事，便将车上几位领导送回家，回单位进入车库才发现车底漏油。因第二天单位还有急事用车，赶紧将车送到维修站，请他们夜间修好。没想到快到维修站时，汽车就无法开动了，最后找人帮忙才推进维修站的，饭店到维修站累积行驶 50 ~ 60 km 路。

案情分析：

变速器拖底后，造成油底壳断裂、漏油，属于保险责任。如果此时车辆不继续行驶，自动变速器内部的机件是不会损坏的。自动变速器自动换挡，是依靠一定压力的液压油和各种滑阀配合动作来实现的。液压油又对机件起到润滑、冷却的作用。如果漏油后还继续行驶，液压油压力的下降使自动换挡工作迟缓甚至停止。同时，各部机件的润滑、冷却得不到保证，机件干磨、烧蚀、抱死，造成了自动变速器的严重损坏。本次奔驰车拖底事故造成的内部损失就是这样形成的。

根据保险合同除外责任的规定，遭受保险责任范围内的损失后，未经必要修理继续使用，致使损失扩大的部分为除外责任。保险公司只负责事故车辆拖底造成的直接损失，即自动变速器油底壳、油底垫、液压油及相应的修理费用，其他维修费用由保户自理。

案例7：在停车场被撞，车辆损失如何赔付

案情简介：

2008年5月17日上午9时，石家庄市任先生报案称自己的通用别克GL8商务车在南货场的停车场被一大型货车倒车时撞上，大货车已逃离，发动机罩、前格栅、左大灯等已损坏，发动机工作正常，自动变速器挂上挡后无法前进，现已与维修单位联系准备送修。查勘定损人员及时赶到现场，查勘了车辆及现场。

现场是一停车场，车前有1m多长的擦痕，未发现其他异常。发动机工作正常，但挂挡后车辆不行走，拔出油尺检查变速器的油面，显示正常。由于在现场无法找到故障，双方同意将车辆送维修单位检查后再定。

维修人员拆开变速器后发现，离合器、制动器的摩擦片有烧蚀现象、部分严重脱落，大量的摩擦片已变成刀片状的金属片，其上面没有任何摩擦材料，输入、输出载体已卡死，变速器已无法正常运转。

案情分析

经查，保户的别克GL8是通用02款系列，生产时间为2002年，保户是从深泽县购买的二手车，车辆已行驶逾26万公里，变速器除更换ATF油外没做过其他保养。加之车辆在县乡的行驶状况，从变速器中的摩擦碎片来看，车辆的驾驶方法不当，摩擦片存在烧蚀，摩擦片已大大超出了使用寿命。摩擦片强度下降、严重磨损是其脱落的主要原因。经汽车维修管理技术部门鉴定，摩擦片的脱落系保养不当、自然磨损造成的，不是碰撞引起的。根据汽车维修管理技术部门的鉴定意见，此次别克GL8所造成的自动变速器损坏的事故按除外责任进行了处理。

5. 车轮损坏检测认定及修复

车轮由轮辋、轮胎、轮罩等组成。

轮辋遭撞击后以变形损伤为主，多以更换的方式修复。

轮胎遭撞击后会出现爆胎现象，以更换方式修复。

轮罩遭撞击后常会产生破损现象，以更换方式修复。

六、维修工时费用的确定

在确定了出险车辆的损伤程度后，就要确定修复方法和维修工时费用。维修工时费用的确定要依据车辆的损伤程度和维修工时定额标准进行，下面主要介绍维修工时定额的一般知识和制定。

（一）汽车维修工时定额

从广义来说，定额就是对某一事物的发展过程所规定的额度，即人们根据各种不同的需要，对某一事物所规定的数量标准，如工资标准、办公用品的消耗定量、设计施工的技术标准及选举名额等。

对于汽车维修工作，定额是指在一定的作业条件下，利用科学方法制定出来的，完成满足规定技术要求的、质量合格的单位工作量，所需要消耗的人力、物力、机械台班和资金的数量标准。

汽车维修工时定额是汽车维修作业中诸多技术经济定额中的一种，是在一定作业条件下完成维修作业所消耗的劳动时间标准，是维修工时费用确定的重要依据。

汽车维修工时定额，根据汽车的维修类别和维修工艺规范的基本要求，包括以下几种。

（1）汽车大修工时定额。就是对一部汽车完成大修作业所需要的工时限额。汽车大修工时定额应分别根据车辆的类别、型号、技术含量，并参考车辆厂牌制定。

（2）汽车总成大修工时定额。就是对汽车某一总成完成大修作业所需要的工时限额。汽车总成大修工时定额应分别根据车辆的类别、型号、技术含量，并参考车辆厂牌的总成制定。

（3）汽车维护工时定额。就是对一部汽车完成维护作业所需要的工时定额。汽车维护工时定额应分别根据车辆的类别、型号、技术含量，并参考车辆厂牌的维护级别制定。

（4）汽车小修工时定额。是指完成汽车每一单项小修作业所需的工时定额。汽车小修工时定额应分别根据车辆的类别、型号、技术含量，并参考车辆厂牌的每一单项具体作业制定。

（5）摩托车维修工时定额。摩托车的维修工时定额包括摩托车大修作业、总成大修作业、小修作业分别需要的工时限额。其维修工时应分别根据摩托车类别、型号，并参考厂牌制定。

出险车辆损伤的维修工艺和施工方法与汽车性能下降造成的损伤的维修工艺和施工方法存在一定的差别，其工时定额标准也有所不同，在确定出险车辆的维修工时定额时，可以参照当地维修行业管理部门制定的工时定额进行修订。

（二）制定汽车维修工时定额的原则和方法

1. 制定汽车维修工时定额的原则

制定汽车维修工时定额是行业管理和企业生产经营管理的基础工作。对于保险车辆，维修工时定额是出险车辆理赔工作的基础。维修工时定额不单单是一个劳动时间定额，更重要的是定额要体现工艺设计和施工方法，体现出现代汽车的技术含量，保证做到耗时少、工效高、质量优。为此，在制定汽车维修工时定额时要遵循以下几项基本原则。

1）现实性

要求定额的水平要相对合理，要考虑到当地汽车维修行业管理水平和企业生产管理水平，考虑到工人的技术水平、工装设备水平和材料配件等。定额制定应参照行业平均先进水平。使企业能在该定额水平指导下，按质、按量完成各项维修作业，满足行业各项技术标准。

2）合理性

要求在不同车型之间、不同工种之间的定额水平保持平衡，使其定额的实现比例和超额比例大体接近，避免相差悬殊、宽严不等。以防因工时定额制定不合理，造成有些车型的利润太高，而有些车型因工时不足达不到技术要求。

3）特殊性

在制定维修工时定额时，应考虑到汽车上采用的新工艺、新结构、新技术，要满足这些新工艺、新结构、新技术的要求。另外，对要求不同条件或特殊情况下的作业，应采取不同的工时定额。

制定维修工时定额时，特别是一些新型汽车和新结构、新技术，应广泛征求管理者、技术工人等各方面的意见和建议，切实考虑当地行业的实际情况，使定额水平合理、公平。

2. 制定汽车维修工时定额的方法

汽车维修工时定额的制定方法，应与当地的行业发展情况和企业的生产特点、生产技术条件、生产规模相适应，常见的工时定额制定方法有以下几种。

1）经验估算法

经验估算法是定损人员根据自己的经历及经验，经过对维修项目、工艺规程、生产条件（如设备、工具、工人技术水平等）以及现场实际情况等方面的分析，结合过去完成同种维修作业或类似维修作业的实际经验资料，用估算的方法来确定工序的时间定额。

经验估算法的优点是简便易行、易于掌握、工作量小，便于定额的及时制定和修改。比较适用于作业量小、工序较多或临时性作业中。但是，这种方法比较容易受到定损人员的主观因素影响，原因是对构成定额的各种因素缺乏仔细的分析和计算，技术依据不足，因而定额的准确性比较差。因此，要求定损人员生产经验丰富、技术水平较高、责任心较强，要仔细客观地分析各种技术资料，以求客观、公正。同时建立估算登记制度，便于互相比较，达到提高定额准确性的目的。

2）统计分析法

统计分析法是根据过去同类维修项目实际消耗工时的统计资料，进行分析整理，剔除其中不正常因素的影响，结合当前维修项目施工的技术组织和生产条件制定工时定额的方法。

统计分析法的优点是以丰富的统计资料为依据，使制定的工时定额较为准确，方法相对比较简便，工作量小，在统计制度比较健全、资料数据比较准确的条件下，方法比较容易实现。缺点是，对于较复杂的维修工艺和数量繁多的工序，繁重的统计工作量将会影响到资料的准确性。

统计分析法制定的工时定额的准确性，基本上取决于统计资料的可靠性。因此，为了保证工时定额具有较高的准确性，就需要建立真实、完整的原始记录，建立严格的统计制度，加强统计工作，建立健全各级业务核算制度，真实全面地积累工时消耗资料。在工时定额的制定过程中，还要仔细区分原来与当前生产技术、组织条件的变化，如人员结构、工艺水平与要求、材料性质有何不同以及新技术、新设备的运用等。

3）技术测定法

技术测定法就是根据企业生产技术条件和组织条件进行分析研究，再通过技术测定和计算，确定合理的维修工艺、操作方法和工时消耗限额。

技术测定法的制定过程相对比较烦琐，需要完成工序分析、设备情况分析、劳动组织分析、工人技术分析、维修工作分析等工作，包括：维修工序的结构、衔接是否合理，生产工人的操作是否合理，是否有不必要的操作和交叉作业，维修工艺规程、维修项目、技术要求是否合理，设备性能是否得到充分发挥，现场各工序统筹是否合理，对工人作业有无影响等。通过详细地分析研究，确定作业内容，进而确定维修工时定额。

技术测定法的具体运作是，按单项工序时间的各个组成部分，分别确定它们的定额时

间。按确定时间的方法不同，又可分为分析研究法和分析计算法两种。分析研究法采用工作日写实和测时的方法来确定工序时间定额的各个组成部分的时间。分析计算法是根据写实、测时和其他调查统计方法长期积累的具有一定规律的资料进行计算确定。

技术测定法的优点是，所用资料内容比较全面、系统，技术数据充分，方法科学细致，所制定工时定额的准确性最高。但由于该方法细致复杂，整个工作费时费力，需要有系统的资料支持，所以不易做到及时修订。

4）类推比较法

类推比较法就是根据现有车型维修项目的工时定额为依据，经过对比分析，推算出另一种车型同类项目的维修工时定额的方法。其优点是简便易行，基本能保证定额水平。缺点是这种方法受到同类维修项目可比性的限制，通用性较差。

在工时定额制定的实际工作中，可以通过竞赛评比，总结先进操作经验，在此基础上制定工时定额，可以对项目和工艺进行技术测定，制定工时定额。可以结合诸多统计资料，运用数理统计的方法进行数学处理，然后综合平衡确定工时定额。

在实际运用中，要结合地区生产环境和现状，考虑经济上的合理性、客观上的可能性，综合平衡，制定合理的维修工时定额。在此基础上参照当地执行的单位工时定额费用，计算出全部维修工时费用。

七、其他财产损失的确定

保险事故导致的财产损失，除了车辆本身的损失和第三者人员伤害外，还可能会造成第三者的财产损失和车上承运货物的损失，从而构成第三者责任险、车上责任险赔偿对象。

（一）第三者财产损失的确定

对于第三者财产损失的定损因其涉及范围较大，定损标准、技术以及掌握的尺度相对机动车辆来讲要难得多。根据机动车辆第三者责任险保险条款规定，保险车辆发生意外事故，直接造成事故现场他人现有财产的实际损毁时，保险人依据保险合同的规定予以赔偿。而对于第三方（受害者）在对财产损毁的赔偿方面往往提出远高于实际价值的要求，有些甚至还包括间接损失以及处罚性质的赔偿。由此，给保险公司定损人员在定损过程中带来很多困难。

第三者财产损失赔偿责任是基于被保险人的侵权行为产生的，应根据民法的有关规定按照被损害财产的实际损失予以赔偿。交通事故造成财产直接损失的，按照《民法通则》第117条的规定，应当恢复原状或者折价赔偿。确定的方式可以采用与被害人协商，协商不成可以采用仲裁或者诉讼的方式。

按照《交通事故处理程序规定》的规定，对于交通事故造成财、物损失的应赔偿直接损失，其赔偿办法是修复或者折价赔偿。修复费用、折价赔偿费用按照实际价值或者评估机构的评估结论计算。

第三者财产损失包括第三者车辆所载货物、道路、道路安全设施、房屋建筑、电力和水利设施、道旁树木花卉及道旁农田庄稼等。

常见第三者财产损失的定损处理方法如下。

1. 市政设施

对于市政设施的损坏，市政部门对肇事者索要的损失赔偿往往有一部分属处罚性质以及间接损失方面的赔偿。但保险公司依据条款规定只能承担因事故造成的直接损失。因此定损人员在定损过程中应该掌握和区分在第三者索要的赔偿部分中，哪些属于间接费用，哪些属于罚款性质。同时，为使定损合理，定损人员要准确掌握和收集当地的损坏物体的制造成本、安装费用及赔偿标准。一般情况下，各地市内绿化树木及草坪都有规定的赔偿标准及处罚标准。在定损过程中，只能按损坏物体的制造成本、安装费用及赔偿标准进行定损。

2. 道路及道路设施

车辆倾覆后很容易造成对道路路面的擦痕以及燃油对道路的污染。很多情况下，路政管理部门都要求对路面进行赔偿，尤其是高速公路路段。道路两旁的设施（护栏等）也可能因车辆碰撞造成损坏。对于以上两方面所造成的损失，保险公司有责任与被保险人一起同路政管理部门商定损失。因道路及设施的修复施工一般都由路政管理部门组织，很难以招标形式进行定损。大部分损失核定都以路政管理部门为主，但在核损时定损人员必须掌握道路维修及设施修复费用标准，定损范围只限于直接造成损坏的部分。对于路基路面塌陷应视情况确定是否属于保险责任。若在允许的载重吨位下，车辆通过所造成的路基路面塌陷，应在赔偿范围之内；若车辆严重超载，在超过允许吨位下通过所造成的路基路面损失，应由被保险人自行赔偿，不在保险公司赔偿范围之内。

3. 房屋建筑物

碰撞事故可能造成路旁房屋建筑物的损坏。在对房屋建筑物的损失核定方面，除要求定损人员掌握有关建筑方面的知识外（建筑材料费用、人工费用），在定损方面最好采取招标形式进行。请当地建筑施工单位进行修复费用预算招标，这样一方面便于准确定损，另一方面也比较容易说服第三者（受害者）接受维修方案。

4. 道旁农田庄稼

车辆倾覆可能造成道旁农田庄稼（青苗）的损坏，此部分损失核定可参照当地同类农作物亩产量进行测算定损。

5. 第三者车上货物的损坏

在对第三者损失定损的过程中，实际确定的损失费用往往与第三者向被保险人所索要的赔偿费用有一定的差距。保险公司定损人员应当向被保险人解释清楚，即保险公司只能对造成第三者的实际损坏部分的直接损失费用进行赔偿，超出部分（如间接损失费用、处罚性质费用以及第三者无理索要的部分费用）应由被保险人与第三者进行协商处理。

（二）车上货物损失的确定

凡发生保险责任内的车上货物损失，原则上保险公司必须立即派员前往出事现场，对车上货物损失进行查勘处理，然后会同被保险人和有关人员对受损的货物进行逐项清理，以确定损失数量、损失程度和损失金额。在损失金额的确定方面应坚持从保险利益原则出发，注意掌握在出险当时标的具有或者已经实现的价值，确保体现补偿原则。

在对车上货物损失进行查勘定损时，应注意掌握以下几个原则。

（1）机动车辆保险条款在车上责任保险条款中一般都有明确规定："由于诈骗、盗窃、丢失、走失、哄抢造成的货物损失，保险人概不负责。"根据这一规定，在车辆发生保险责任事故，如碰撞、倾覆造成车上货物损失，查勘定损人员在对车上货物进行查勘定损时，

只需对损坏的货物进行数量清点，并分类确定其受损程度。

（2）对于易变质、易腐烂的（如食品、水果类等）物品在征得保险公司有关领导同意后，应尽快现场变价处理。

（3）对机电设备损坏程度的确定，应联系有关部门进行严格的技术鉴定。当地有条件的可在当地进行，当地无条件的可将设备运回进行技术鉴定（或送往设备制造单位）。在对机电类设备进行定损时仍坚持以修复为主的定损原则。坚持可更换局部零件的，不更换总成件，一般不轻易作报废处理决定。

（4）对确实已达报废程度，无修理恢复使用价值可能性的，可作报废处理，但必须将残值折归给被保险人。

案例8：车辆高速公路爆胎，致第三方损失如何赔付

案情简介：

2008年5月，南京市的谢某买了一辆轿车后，在南京一家保险公司投了保。6月12日下午，他驾驶这辆轿车行至沪宁高速公路时，左前轮突然爆胎，失去方向的轿车将路中水泥隔离墩撞飞，砸到对面车道正常行驶的一辆小面包车上，造成该车的乘客一死两伤。交警认定，谢某车辆左前轮爆胎是引发事故的直接原因，该事故属交通意外，双方均无责任。经交警部门调解，谢某与死者家属达成协议，由谢某一次性赔偿死者家属17.8万余元。当场给付9万余元后，余款8.8万元由谢某出具一份欠条给死者家属。同时，省交通厅也对谢某做出处理决定，要求其赔偿路产损失1 100元。

回宁后，在办理保险理赔时，谢某为早日获得车辆损失理赔，被迫向保险公司出具承诺书，表示此前付给死者家属的部分费用由他本人承担，不再向保险公司索赔。

案情分析：

2009年3月，谢某将保险公司告上玄武区法院，要求该公司承担17.9万余元的事故理赔费。

庭审时，保险公司辩称，原告在交警部门做出的赔偿调解未得到被告认可，是原告私下给付的，原告已于2008年8月16日做出部分放弃理赔的承诺。另外，交警部门做出的事故责任认定，认定原告在该起事故中不承担责任，依据双方约定的保险合同，被告不应理赔。

法院审理后认为，原告投保的车辆在行驶过程中发生意外事故造成损失，依法应由保险公司赔偿。意外事故中的人员伤亡、财产损失与原告的行为有直接因果关系，被告应该承担无过错责任，全额赔偿死者家属的损失及路政财产损失。原告向被告保险公司出具的放弃理赔承诺书，不是其真实意思表示，原告申请撤销，法院予以准许。

进一步审理后，法院依法撤销原告向保险公司出具的放弃理赔承诺书，判令保险公司支付原告部分赔偿款12.9万余元。

由于现行车险条款关于第三者责任险的规定中，并没有明确"意外事故"是否必须发生于保险车辆本身，但该事故的确由于保险车辆引起，所以应当视为条款中所指的"意外事故"。因此，应当认定该起事故构成第三者责任险的保险责任，保险人应当按照保险合同的规定予以赔偿。

本案还存在一个问题是，保险公司负责赔偿是否要进行全部赔偿。因为本事故不属于道路交通事故，因此本案的损害赔偿责任的认定，不适用《道路交通安全法》，而应当适用《中华人民共和国民法通则》。根据《中华人民共和国民法通则》第132条规定："当事人对造成损害都没有过错的，可以根据实际情况，由当事人分担民事责任。"因此，保险公司应负部分赔偿责任。

案例 9：紧急避险造成的第三者损失理赔案例

案情简介：

2007 年 11 月 25 日 21 时，马某驾驶一辆奥迪 A6 行驶到石家庄市南二环与富强大街交叉口时，由于天黑视线不良，到跟前才发现路中央有一片淤泥，马某为躲避驶入二环辅道，致使一骑自行车人因躲避撞到路边行道树上，造成骑车人刘某重伤的交通事故，合计损失达 1.4 万元，马某的车安然无恙。经公安交通管理部门裁定：马某在此次交通事故中负全部责任。

马某驾驶的奥迪 A6 已投保车辆损失险和第三者责任险，事故处理结案后，马某持保险单，以"第三者责任损失"为由向保险公司索赔，遭到拒赔，双方遂引起纠纷。

案情分析：

针对两车并未碰撞，该不该赔付第三者责任险，存在两种相反的观点。

（1）拒赔。主张拒赔的理由如下。

机动车辆保险条款规定："被保险人在使用保险车辆过程中发生意外事故，致使第三者遭受人身伤亡或财产的直接损毁，依法应由被保险人支付的赔偿金额，保险人依照保险合同的规定给予赔偿。"而本案中，保险车辆并未发生意外事故，不存在给第三者造成损失的前提条件。即使按第三者责任立案，由于两车未发生碰撞，故第三者的损失属于间接损毁，而非直接损毁，因此拒赔。

（2）赔付。主张赔付的理由如下。

① 紧急避险指为了使国家、公共利益、本人或者他人的人身、财产和其他权利免受正在发生的危险，不得已采取的避险行为。由于被保险人马某在路口处占了非机动车道，在即将发生碰撞危险时，刘某不得已而采取措施避让马某，从而致使车辆侧翻，刘某的行为属于紧急避险。

②《中华人民共和国民法通则》规定："紧急避险造成损害的，由引起险情发生的人承担民事责任。"刘某因紧急避险造成的损失，是由引起险情的被保险人马某的行为直接导致，理应由马某承担责任。虽然未发生碰撞，第三者的损失仍可认定为直接损毁。

因此，本案的焦点在于：两车未发生碰撞，对第三者的损失能否认定为直接损毁。根据机动车辆保险条款，是否发生直接接触并非是第三者责任险赔偿的限制条件。本案具备机动车辆第三者责任保险条款规定的成立要件：直接损毁和被保险人依法应当承担的赔偿金额。因此保险公司应依照合同规定给予赔偿。所以，马某可以在第三者责任险的保险额度内，从保险公司得到其应承担刘某紧急避险造成的全部损失 1.4 万元赔偿。

案例 10：机动车挂车致他人受损的理赔案例

案情简介：

2006 年 7 月 2 日，吴某驾驶东风牌全挂车由西向东行驶到石家庄市南二环与石铜路交叉口时，再向右转向石铜路时，主车过去，挂车与蒋某驾驶的摩托车发生碰撞。事故造成蒋某重伤及摩托车损坏。交通部门裁定：吴某负事故主要责任，蒋某负事故次要责任。吴某为自己的车在某保险公司投保了第三者责任险。保单上注明第三者责任险责任限额为 20 万元，但没有具体说明主车和挂车分别的保险金额。该起事故责任由挂车引起，只根据保单无法确

知到底是主车和挂车三者险保险金额总和为 20 万元，还是分别是 20 万元。因此，在保险公司内部出现两种不同的意见：第一种意见认为应以 10 万元为挂车的保险金额；第二种意见认为应以 20 万元为保险金额。

案情分析：

第二种意见比较合理。

根据机动车辆保险条款的规定："挂车投保后与主车视为一体。发生保险事故时，挂车引起的赔偿责任视同主车引起的赔偿责任。保险人对挂车赔偿责任与主车赔偿责任所负赔偿金额之和，以主车赔偿限额为限。"因此，法院裁定由挂车引起的该起保险事故应给予赔偿，且以 20 万元为保险金额。

同时根据《中华人民共和国保险法》第 31 条规定："对于保险合同的条款，保险人与投保人、被保险人或者受益人有争议时，人民法院或者仲裁机关应当作有利于被保险人和受益人的解释。"根据有利于被保险人的原则，以 20 万元为保险金额。

八、施救费用和残值处理

（一）施救费用的确定

施救费用是指当被保险标的遭遇保险责任范围内的灾害事故时，被保险人或其代理人、雇佣人员为了减少事故损失而采取适当措施抢救保险标的时支出的额外费用。所以，施救费用是用一个相对较小的费用支出来控制损失的扩大。

1. 确定施救费用应遵循的原则

施救费用的确定要严格按照条款规定事项进行，并遵循以下原则。

（1）保险车辆发生火灾时，应当赔偿被保险人或其允许的驾驶员使用他人非专业消防单位的消防设备、施救保险车辆所消耗的合理费用及设备损失。

（2）保险车辆出险后，失去正常的行驶能力，被保险人雇用吊车及其他车辆进行抢救的费用，以及将出险车辆拖运到修理厂的运输费用，保险人应按当地物价部门核准的收费标准予以负责。

（3）在抢救过程中，因抢救而损坏他人的财产，如果应由被保险人赔偿的，可予以赔偿。但在抢救时，抢救人员个人物品的丢失，不予赔偿。

（4）抢救车辆在拖运受损保险车辆途中，发生意外事故造成保险车辆的损失扩大部分和费用支出增加部分，如果该抢救车辆是被保险人自己或他人义务派来抢救的，应予赔偿；如果该抢救车辆是受雇的，则不予赔偿。

（5）保险车辆出险后，被保险人或其允许的驾驶员，或其代表奔赴肇事现场处理所支出的费用，不予负责。

（6）保险人只对保险车辆的施救保护费用负责。保险车辆发生保险事故后，需要施救的受损财产可能不仅局限于保险标的，但是，保险公司只对保险标的的施救费用负责。所以，在这种情况下，施救费用应按照获救价值进行分摊。如果施救对象为受损保险车辆及其所装载货物，且施救费用无法区分时，则应按保险车辆与货物的获救价值进行比例分摊，机动车辆保险人仅负责保险车辆应分摊的部分。

（7）保险车辆为进口车或特种车，发生保险事故后，当地确实不能修理，经保险人同意后去外地修理的移送费，可予适当负责。但是，应当明确的是这种费用属于修理费用的一部分，而不是施救费用。另外，护送保险车辆者的工资和差旅费，不予负责。

（8）施救、保护费用与修理费用应分别理算。但施救前，如果施救、保护费用与修理费用相加，估计已达到或超过保险金额时，则可推定全损予以赔偿。

（9）保险车辆发生保险事故后，对其停车费、保管费、扣车费及各种罚款，保险人不予负责。

（10）车辆损失险的施救费用是一个单独的保险金额，而第三者责任险的施救费用不是一个单独的赔偿限额，第三者责任险的施救费用与第三者损失金额相加不得超过第三者责任险的保险赔偿限额。

2. 施救过程中车辆损失扩大的处理

车辆发生重大事故后，如严重碰撞及倾覆，往往需要进行施救，才能使出险车辆脱离现场。

根据机动车保险条款规定："保险车辆发生保险事故后，被保险人应当采取合理的保护、施救措施，并立即向事故发生地交通管理部门报案。同时通知保险人。"被保险人未履行此条义务的，保险人有权拒赔。在掌握上应重点放在区分是否合理保护、施救上。

一般情况下，在对车辆进行施救时，难免对出险车辆造成再次损失，如使用吊车吊装时钢丝绳对车身的漆皮损伤。对于合理的施救损失，保险公司可承担损伤赔偿责任（即在定损时考虑对损坏部位的修复），对于不合理的施救损失则在定损时可不予考虑。

不合理的施救表现如下。

（1）对倾覆车辆在吊装过程中未合理固定，造成二次倾覆的。

（2）在使用吊车起吊中未对车身合理保护，致车身大面积损伤的。

（3）对拖移车辆未进行检查，造成车辆机械（如制动、传动部分）损坏的，轮胎缺气或转向失灵硬拖硬磨造成轮胎损坏的。

（4）在分解施救过程中因拆卸不当，造成车辆零部件损坏或丢失的。

（二）残值处理

残值处理是指保险公司根据保险合同履行了赔偿并取得对于受损标的所有权后，对这些受损标的的处理。

在通常情况下，对于残值的处理均采用协商作价折归被保险人并在保险赔款中予以扣除的做法。但在协商不成的情况下，保险公司应将已经赔偿的受损物资收回。这些受损物资可以委托有关部门进行拍卖处理，处理所得款项应当冲减赔款。一时无法处理的，则应交保险公司的损余物资管理部门收回。

案例 11：在车辆施救过程中受伤的理赔案例

案情简介：

某运输公司驾驶员钱某驾驶东风牌货车在山路上行驶，忽遇路面滑坡，车辆顺势滑至坡下逾 20 m 处，所幸钱某没有受伤。钱某小心翼翼地下车，发现车子还有可能继续下滑，就从工具箱中取出千斤顶，想把车子的前部顶起来防止其继续下滑。就在钱某操作千斤顶时，车辆忽然下滑，钱某躲闪不及，被车辆压住，导致腰椎骨折。

事故发生后，运输公司迅速向保险公司报案，并提出索赔请求。保险公司业务人员在核

赔时发现该车只投保了车辆损失险，遂告知运输公司对于钱某的伤残费用不负赔偿责任。运输公司则认为，钱某是在对车辆施救过程中受的伤，其伤残费用应属于"施救费"，应在车损险的保险赔付范围内，并申请在车辆修复金额之外单独计算予以赔偿。保险公司拒绝了运输公司的请求，运输公司遂向法院起诉。

法院经审理后认为，依据《中华人民共和国保险法》的有关规定，钱某的伤残费用不属于"施救费用"，保险公司可以拒赔，于是判决运输公司败诉。

案情分析：

我国《中华人民共和国保险法》第 42 条第 2 款对保险施救费用有专门规定："保险事故发生后，被保险人为防止或减少保险标的的损失所支付的必要的、合理的费用，由保险人承担；保险人所承担的数额在保险标的的损失赔偿金额以外另行计算，最高不超过保险金额的数额。"机动车辆损失保险条款也对施救费用做出了与《中华人民共和国保险法》内容相同的规定。施救费用一般包括两个方面：一是保险事故发生时，为抢救财产或者防止灾害蔓延而采取必要措施所造成的保险标的的损失；二是为施救、保护、整理保险标的所支出的合理费用。保险人之所以支付施救费用，目的在于充分调动被保险人抢救保险标的的积极性，防止损失的扩大。

根据我国《中华人民共和国保险法》的上述规定，施救费用必须是为"防止或减少保险标的的损失"所支付的必要的、合理的费用。本案中的车辆驾驶员的伤残虽然是在施救过程中发生的，但他的伤残与防止或减少保险标的的损失并没有必然的联系，而是属于在施救过程中发生的另一起意外事故。另外，钱某的人身伤残损害也不是施救所应付出的必要的、合理的代价。因此，司机钱某的伤残治疗费用不属于"施救费用"，根据法律和合同的规定，保险人无须承担其伤残治疗费用。

案例 12：车辆受损后继续使用所致损失扩大的理赔案例

案情简介：

2007 年 12 月 17 日，藁城市高先生为自家 POLO 轿车向保险公司投保了车辆损失险。2008 年 8 月，高先生驾车去山东泰安办事，行至 308 国道清河段，在超车时，因视线被遮挡，汽车被路上一水泥块托底。高某下车检查，未发现异常，又驾车继续行驶 2km 左右，发动机曲轴抱死，车辆不能行驶。高某随即停车并与保险公司联系，征得保险公司同意后将车拖至修理厂。修理厂经检查发现，该车发动机油底壳有一凹陷，位置正好在机油集滤器处，活塞、连杆、曲轴报废，修理费预计达 1.3 万余元。车修好后高某即向保险公司索赔，保险公司在了解事故的全过程后，将赔偿范围缩小。双方由此发生争议，高某上诉至法院。

保险公司认为，发动机曲轴抱死、活塞粘缸等是由于发生保险事故后，高某采取措施不当继续行驶所致，属扩大的损失，对扩大的损失保险公司不予赔偿。

高某认为，车辆在行驶中被乱石托起后自己曾停车检查，并未发现车辆受损，作为一名普通司机，只有通过车辆能否继续行驶才能判断是否发生了保险事故，自己继续驾车行驶的行为并无不妥，保险公司理应赔偿全部损失。

法院经审理后认为，本案车辆的事故症状并非普通司机所能够准确判断的，高某作为一名普通司机，缺乏专业修理知识，其主观上无法知道保险事故已经发生，只有通过车辆能否继续行驶才能判断是否发生了保险事故，也就是说，高某在保险事故发生后未经必要修理而继续使用车辆，无扩大损失的故意，因此，被告应当赔偿高某的全部损失。

案情分析：

本案争议的焦点是：高某在停车检查后又驾车行驶，由此造成的扩大损失部分，保险公司是否应予赔偿。

《中华人民共和国保险法》第42条规定："保险事故发生时，被保险人有责任尽力采取必要的措施，防止或者减少损失。"这一条确定了被保险人有防损救灾的义务。被保险人要履行这个义务一般应具备两个条件：一是主观上知道保险事故已经发生；二是客观上能够采取一定措施预防或减少保险标的的损失。这两个条件是相互联系、互为前提的，它是判断被保险人是否履行了防损救灾义务的标准。只有知道，才会施救；具备条件，才能施救。如果被保险人不知道或无法知道保险事故已经发生，保险人就不能以被保险人未采取必要措施为由而拒赔；同时，如果被保险人根据当时当地的客观条件，无法采取措施防止或减少保险标的的损失，保险人也不能拒赔。因此，判断被保险人是否履行了救灾防损义务，必须以被保险人的应知、能知以及能够采取措施为前提；否则就强人所难，加重了被保险人的义务，不能合理有效地保护被保险人的利益。

 **复习思考题**

一、简答题

1. 事故车辆定损应遵守的原则是什么？
2. 在定损时如何区别正常磨损和事故损坏？
3. 车辆定损工作中有哪些特殊情况？应如何处理？
4. 在确定损伤零件的换或修时应掌握什么原则？
5. 为什么在定损时要考虑车辆零部件和总成材料的类型及特性？
6. 施救费用包括哪些内容？如何确定施救费用是否合理？

二、填空题

1. 事故车辆损失鉴定的公正性、正确性与鉴定人员的_____、_____有直接关系。

2. 工作人员在查勘、定损、估价过程中，要做到_____查勘、_____定损、_____复核。

3. 对损失金额较大，双方协商难以定损的，或受损车辆技术要求高，难以确定损失的，可聘请_____或委托_____定损。

4. 在与修理厂谈判工时费用时，可对事故车辆的作业项目按_____、_____进行工时分解，并逐项核定解释，以理服人。

5. 根据车身损伤的原因和性质来说，车身的损伤形式包括：_____损伤、_____损伤、诱发性损伤和_____损伤。

三、单选题

1. 对需要更换的零配件需要确定其价格，且须使确定的零配件价格符合市场情况，能让修理厂保质保量地完成维修任务，所以零配件报价应做到（　　）。

A. 有价有市　　　B. 公平合理　　　C. 保证质量　　　D. 保证安全

2. 对老旧、稀有车型的配件报价，应准确核对（　　），积极寻找通用互换件。

项目六　事故车辆损失评估

A. 损伤   B. 车型   C. 价格   D. 货源

3. 有关（   ）的零部件受损变形后，从质量和安全角度考虑，应适当放宽换件的标准。

A. 结构   B. 美观   C. 安全   D. 成本

4. 承载式车身前部一般为（   ）结构，具有较强的刚性，用来安装布置发动机、前悬架、转向装置等部件。

A. 箱式   B. 框架   C. 单梁   D. 双纵梁

5. 与车身前部相比，车身后部只有面板，而没有（   ）部分，所以，其刚性比车身前部低得多。

A. 横梁   B. 底架   C. 加强筋   D. 骨架

6. 在车辆定损查勘过程中，应根据撞击力的（   ）认真检查发动机和底盘各总成的损伤。

A. 作用点   B. 大小   C. 传播趋势   D. 方向

7. 发动机（   ）后，往往会对机件造成一些损失，这些损失可以划分为直接损失和间接损失。

A. 过热   B. 漏机油   C. 烧瓦   D. 托底

8. 接到自动变速器拖底碰撞的报案后，立即通知受损车辆，就地（   ），请现场人员观察自动变速器下面是否有红色的液压油漏出。

A. 熄火   B. 熄火停放   C. 请求救援拖车   D. 就近开到修理厂

四、多选题

1. 下面（   ）内容是做好保险理赔工作的基础。

A. 及时赶赴现场   B. 准确和定配件价格

C. 保证修理质量   D. 首先控制成本

2. 以下属于机动车辆保险事故定损原则的是（   ）。

A. 公平公正、能修不换

B. 能更换零部件的坚决不能更换总成

C. 修理范围仅限于本次事故中所造成的车辆损失

D. 局部损伤，为保证美观，应扩大喷涂面漆范围

3. 下面属于事故现场查验车辆的内容的是（   ）。

A. 验明出险车辆号牌、发动机号、车架号是否与车辆行驶证及有关文件一致

B. 验明驾驶员身份

C. 查验驾驶证准驾车型是否与所驾车型相符

D. 验明车辆损伤的新旧程度

4. 下面属于不合理施救措施的项目是（   ）。

A. 对被拖移车辆未进行检查，造成车辆机械损坏的

B. 对倾覆车辆在吊装过程中未合理固定，造成二次倾覆的

C. 使用吊车起吊时未对车身合理保护，致车身大面积损伤的

D. 在分解施救过程中拆卸不当，造成车辆零部件损坏或丢失的

5. 进行车身修理时必须照顾到（   ）项目。

A. 车身的造型艺术　　　　　　　　B. 内部装饰、取暖通风

C. 防振隔音、密封　　　　　　　　D. 照明、人体工程学有关的一些问题

6. 下列属于第三者财产损失的项目是（　　　）。

A. 第三者车辆所载货物　　　　　　B. 道路、道路安全设施

C. 房屋建筑、电力和水利设施　　　D. 道旁树木花卉、道旁农田庄稼

7. 下列不属于第三者损失的部分是（　　　）。

A. 车上货物损失　　　　　　　　　B. 车上人员损伤

C. 驾驶员的财物　　　　　　　　　D. 路上停放的自行车

五、实践题

一辆马自达 M6 高级轿车行驶中因躲避行人撞倒道路右侧的一棵行道树上，同时"砰"的一声炸响，空调爆炸，致车主李某腿部划伤，驾驶室内一片狼藉。

在现场勘验的基础上，调取了该车历年的维修记录，从维修记录及相关调查得知：该车购于 2007 年 4 月，已行驶 10 万余公里；该车曾于 2009 年 4 月 28 日、2010 年 4 月 24 日和 2011 年 5 月 2 日 3 次因空调制冷剂泄漏同样原因导致空调不制冷故障，车主将故障车送维修站维修。经查阅维修记录和向维修站工作人员询问得知，在 3 次维修过程中，维修工采用了同样的检修方法，都是对制冷系统抽真空、充填检漏剂检漏，但都因未发现明显泄漏而没能检测出制冷剂泄漏部位，最终只是重新充注新的制冷剂，恢复空调制冷效果。

现场勘验图片如图 6 – 56 所示。

图 6 – 56　事故发生地

空调爆炸造成了冷凝器严重损坏，如图 6 – 57 所示。

图 6 – 57　损坏的冷凝器

前保险杠被空调爆炸碎片击坏，如图 6 – 58 所示。

压缩机管路接头严重损坏，蒸发器出/入口、膨胀阀严重损坏，如图 6 – 59 所示。

图 6 – 58　损坏的保险杠

图 6 – 59　损坏的蒸发器出/入口

仪表板、手工具箱和面板严重损坏，驾驶室内一片狼藉，如图 6 – 60 所示。

图 6 – 60　驾驶室内一片狼藉

　　如图 6 – 61 所示，泄漏处周围有明显的陈旧油渍，后经仔细查勘，发现管接头焊缝处有一微小的旧裂痕。

　　请根据现场勘验情况介绍，分析空调爆炸的原因，并确定是否为保险责任。

图 6 – 61　原始泄漏处

项目七

水淹车辆损失评估

项目要求

（1）掌握水淹车辆事故现场查勘的基本要求，熟悉现场查勘程序，掌握现场查勘的内容和技术要求。

（2）能够运用所学知识，进行水淹车辆保险事故的分析，准确查勘事故责任，能根据查勘结果评估车辆损失。

相关知识

近年来，我国每年汽车产销量达到 2 000 万辆，增长势头迅猛，保有量也超过亿辆。我国属气象灾害和地质灾害多发的国家，每年大范围突发性暴雨、洪水、泥石流等水灾事故给广大车主带来使用方面的不便，同时给车主和保险公司造成较为严重的经济损失，尤其在车辆集中使用、停放的大中城市。水淹车辆具有数量集中、单车损失金额高、处理时效性强等特点，对保险查勘、定损的技术要求更高。提高水淹车辆查勘定损处理能力和服务水平是全行业尤为关注的。

一、汽车水淹事故的主要原因

受地理位置和气候影响，我国东、南方容易遭受暴雨、台风、洪水等自然灾害袭击，汽车因水淹或涉水行驶而损坏的情况较为常见。水淹车辆造成损失的原因主要有以下几个方面。

1. 暴雨

中国气象领域规定，每小时降雨量 16 mm 以上，或连续 12 h 降雨量 30 mm 以上、24 h 降水量为 50 mm 或以上的雨称为"暴雨"。暴雨，特别是大范围持续性的暴雨和集中的特大暴雨，往往会引起严重的洪涝灾害，使人民的生命财产遭受巨大损失。

2. 洪水

洪水是指江河水量迅猛增加及水位急剧上涨的自然现象。洪水的形成往往受气候、地理环境等自然因素与人类活动因素的影响。按地区可分为河流洪水、融雪洪水、注川洪水、冰凌洪水、雨雪混合洪水和溃坝洪水 6 种。我国河流的主要洪水大都是暴雨洪水，多发生在夏、秋季节，南方一些地区春季也可能发生。以地区划分，我国中东部地区以暴雨洪水为主，西北部地区多融雪洪水和雨雪混合洪水。

3. 其他原因

海啸或者海水的潮汐等现象也会造成车辆被水淹而受损。还有些车辆进水发生损失，是因交通事故等其他原因，如车辆驶入（掉入）江、河、湖、海等，在这种情况下，车辆因碰撞造成的损失很小或没有，主要因水淹浸泡而造成车辆损失。

二、水淹损失评估的前期工作

（一）了解车辆承保情况

1. 保险期限及承保险别

查看保单保险期限，确认出险时间是否在保险期限以内，对出险时间临近保险起止日期的案件要重点审核。

查验承保险别，重点注意以下问题：车主是否只投保了交强险或第三者责任险；对于发动机进水造成损失的案件，是否承保了相应的附加险条款。

2. 保险金额和责任限额

查看保险金额和各险别责任限额，了解车损险保险金额、车辆使用年限和车辆使用性质，初步判断保险车辆的实际价值。

3. 批单和相关信息

查验保单是否进行过批改，有批单的要详细浏览批改内容，重点注意批改日期、被保险人是否发生过变更，车牌号、车架号、发动机号等车辆基本信息是否发生过变动，有无特别约定内容等。

此外，应查验投保车辆是否投保附加新增设备。

（二）了解出险情况

（1）查看出险时间、报案时间、出险地点，对出险时间和报案时间间隔过长的案件要提高注意度，对出险后 48 h 以上才报案的案件要重点审核。

（2）查看出险车辆信息，确认车牌号码、牌照底色和厂牌型号等出险车辆信息与保单信息是否一致。

（3）查看驾驶人员、报案人员信息，确认是否存在非投保人指定驾驶人使用被保险车辆发生事故的情况。

（4）查看事故发生经过，判断报案人对事故经过的描述是否符合普通常识，是否前后逻辑一致。

（5）查看承保车辆历史报案信息，对于近期内存在多次报案记录的被保险车辆，要详细浏览历史案件的处理情况，确认是否存在重复索赔的情况。

（三）了解案件查勘处理过程

详细阅读查勘记录，了解案件的处理经过和处理结果。

（1）了解事故基本信息，主要是了解事故出险原因、事故类型、事故处理人员等。

（2）详细阅读查勘员对事故经过、施救过程、查勘情况的简单描述，查看查勘员对事故责任的初步判断，对查勘员强调的重要事实和线索要重点关注。

（3）了解水淹事故基本信息，主要核实水淹事故类型，确定是静态水淹事故还是动态水淹事故。

（4）了解事故发生的基本情况，即水淹时间、水质情况、现场水淹情况和水线高度、车辆水淹高度。

三、水淹车辆损失等级

（一）车辆水淹事故的损坏形式

水淹车的事故损失根据水淹的形成可分为以下两种，即静态水淹车损事故和动态水淹车损事故。

1. 静态水淹车损事故

静态水淹车损事故，是指车在停放时被暴雨或洪水侵入甚至淹没，属于静态进水。静态条件下，如车内浸水，会造成内饰、电器、空滤器、排气管等部位受损。因水淹高度的不同，发动机气缸内也可能会进水，及时排水、清洗，一般不会造成发动机内部损坏；有些车辆的电喷发动机也可能因短路造成无法点火等。

特大暴雨和洪灾导致停放车辆被淹是比较常见的静态水淹车损事故，如图 7 - 1 所示。

图 7 - 1　静态进水场景

2. 动态水淹车损事故

动态水淹车损事故，是指车在行驶时发动机气缸因吸入水而熄火，或在强行涉水未果、发动机熄火后被水淹没。车辆在动态条件下进水，除造成静态进水遇到的损失外，由于发动机仍在运转，气缸吸入水后，会迫使其熄火。同时，因为吸进的水无法压缩，在强大的冲力下，连杆和曲轴所承受的负荷增加，有可能导致连杆和曲轴弯曲、断裂，甚至造成缸体损坏。

动态进水也包括行驶的车辆意外落水造成汽车因进水发生的损失，如图 7 - 2 所示。

（二）水淹事故损失的影响因素

车辆被水淹的水质、被水浸泡的时间、水淹的高度和汽车配置情况等是影响水淹车损失大小的重要因素，下面以乘用车为例进行说明。

1. 水质情况

图7-2　动态进水场景

在评定水淹车的损失时，水质是确定损失程度的一个重要参数之一。水灾事故中通常将水分为淡水和海水。淡水多为雨水或泥水，对车辆的损伤相对较小；由城市下水道倒灌形成的浊水含有油、酸性物质与其他异物，它们对车辆的损伤各不相同。城市污水、海水含有碱性物质，对车辆的损伤相对较大。定损评估时应结合现场查勘的情况，确定水淹区域的水质，对水淹车辆的损失确定具有一定的参考价值。

2. 确定水淹时间

水淹时间的长短对车辆损失的影响很大，结合现场查勘的情况，确定水淹时间，对水淹车辆的损失评估工作有重要的参考意义。

水淹时间通常以 h 为单位计量（常用 T 表示），一般分为六级，如表7-1所示。

表7-1　水淹时间的分级

损失级别	水浸时间
第一级	$T \leqslant 1\text{ h}$
第二级	$1\text{ h} < T \leqslant 4\text{ h}$
第三级	$4\text{ h} < T \leqslant 12\text{ h}$
第四级	$12\text{ h} < T \leqslant 24\text{ h}$
第五级	$24\text{ h} < T \leqslant 48\text{ h}$
第六级	$T > 48\text{ h}$

3. 确定水淹高度

不同水淹高度对车辆造成的损失差异很大，结合现场查勘的情况和水线的高度确定水淹高度对准确评估水淹车辆的损失和发现损失隐患有重要意义。

1）水淹高度为一级

水淹高度为一级时，水淹高度在制动盘下沿以上，车身底板以下，乘员仓未进水，如图

7-3所示。可能导致制动盘或制动毂生锈,可简单拆装、清洗、除锈等,严重的可能需要四轮保养。

图7-3 水淹高度为一级的场景

2)水淹高度为二级

水淹高度为二级时,水淹高度在车身底板以上,驾驶员座椅坐垫之下,乘员仓进水,如图7-4所示。

除一级损失外,还可能造成以下结果。

(1)四轮轴承、全车悬挂下部连接处、车身地板有损伤或脱胶因进水而锈蚀。

(2)配有ABS的汽车的轮速传感器的磁通量传感失准。

(3)少数汽车将一些控制模块置于地板上的凹槽内(如帕萨特系列),会造成模块损毁。

3)水淹高度为三级

水淹高度为三级时,水淹高度在驾驶员座椅之上,仪表台之下(图7-5)。除二级损失外,可能造成座椅内饰污染。如果超过24 h,还可能造成以下结果。

(1)座椅、坐垫、座套、部分内饰潮湿和污染。

(2)超过24 h的,木质内饰板会分层开裂,车门电机、变速器、主减速器、差速器、部分控制模块、启动机、CD换片机、音响功放被淹进水。

4)水淹高度为四级

水淹高度为四级时,水淹高度在仪表台中部(图7-6)。除三级损失外,还可能造成以下结果。

(1)发动机、蓄电池、各种继电器、保险丝盒进水。

(2)仪表台中部音响控制设备、喇叭、CD机、空调控制面板被淹受损。

(3)所有控制模块、大部分座椅及内饰被水淹。

图7-4 水淹高度为二级的场景

图 7-5　水淹高度为三级的场景

图 7-6　水淹高度为四级的场景

5）水淹高度为五级

水淹高度为五级时，水淹高度在仪表台以上，车顶棚以下，如图 7-7 所示。除四级损失外，还可能造成以下结果。

（1）发动机、离合器、变速器、后桥严重进水。

（2）全部电器装置、绝大部分内饰、车架大部分被泡。

6）水淹高度为六级

水淹高度为六级时，水淹高度在车顶棚以上，车辆被淹没（通常称作没顶），如图 7-8 所示。此时可能造成全车电脑模块全部受损，汽车所有零部件都有可能受到损失。

图7-7　水淹高度为五级时发动机、变速器的损失

图7-8　水淹高度为六级的场景

对于没顶车辆，一般的常用做法是，对水淹高度为六级，水淹时间为六级的车辆，保险人在与被保险人协商达成一致意见后，车辆不再拆解，清洗干燥后，可把车辆作为损余物质以拍卖或其他方式处理。

一般来说，水淹时间每增加一级，损失程度也随之会增加一个级别；在水淹时间相同情况下，海水浸泡的车辆会比河流、湖泊浸泡车辆损失程度高（图7-9）。

图7-9　六级水淹施救后的车辆

四、水淹车辆损失确定要点

水淹车的处理对时效性要求很高，往往"时间就是金钱"，关键要做到"六快"，即快速清洗、快速拆检、快速干燥、快速诊断、快速定损和快速修理。受损车辆进厂后，定损人员应督促修理厂尽快拆检，根据水淹高度对有可能损失的部件进行拆检，不能让车辆处于停厂待修状态。

（一）迅速拆检电器元件

一般修复工艺为清洗外表面、擦干（吹干）、无水酒精擦拭、干燥、检测线路。要按照水淹高度确定有可能损失的电器部件，进行分类拆检，确定损失程度，然后确定

配件更换。

电器元件主要包括：电脑板及电控元件；总成线及灯具、各类继电器、传感器、接插件；安全气囊及电机；音响及其他电器元件。

1. 电脑板及电控元件

电脑板一般在壳体内部，难以进水，其主要受损特征是污渍和受潮，外层污渍清洗后，应拆卸外盖高压吹干线路板水渍，防止印制电路发生氧化腐蚀。电脑板须用无水乙醇来擦拭，然后晾干或用风扇吹干；否则电脑板上的元件可能会锈蚀，影响使用。经过如此处理，有很多电器是没有问题的。

经检查确认进水，但没有出现氧化、腐蚀和发霉，并做过清洗、烘干、防腐防锈处理（无短路、腐蚀、烧蚀痕迹）的各类电脑板、控制模块要进行装车测试。测试时不能工作或工作情况不正常的部件需使用电脑故障检测仪检测故障码，并对故障码进行清除，故障码清除不了或清除后继续出现故障的需进一步检查，确定损失情况（图 7-10）。

如进水致使集成线路板出现毛病，或因浸泡时间较长，拆检后发现电脑板有氧化、生锈、发霉等现象的可以更换。

注意：车内水汽可用抽湿机进行抽湿，防止未清理到的水汽影响电器元件工作。

2. 密封性不可拆卸的电气元器件

密封性不可拆卸的电气元器件，如雨刷电机、喷水电机、玻璃升降电机、后视镜电机、鼓风机电机、隐藏式大灯电机等，一旦进水并经鉴定损坏，修复处理难度较大，一般可做更换处理。

3. 可拆解的电机

车辆上各类电机进水后，需对可拆解的电机采取"拆解—清洗—烘干—润滑—装配"的流程进行处理，如启动机、压缩机、发电机、天线电机、步进电机、风扇电机、座位调节电机、门锁电机、ABS 电机、油泵电机等。

4. 线束及插头

线束本身一般不会有问题，线束插头分为普通镀铜插头和镀银插头等多种材质，轻微的氧化可使用无水酒精、专用清洗剂（WD-40 等）清洗，用刷子刷，再用高压空气风吹干，并进行防腐处理。因浸泡时间过长，锈蚀较严重的可考虑更换。

5. 安全气囊

安全气囊一般可采用风干方式处理，一般不会有损失。在对气囊进行风干、电脑板和显示灯恢复后，车辆能自行检测气囊是否恢复正常。气囊损失鉴定可放在最后试车阶段进行。

6. 汽车照明装置

灯具进水后，如果仅仅是灯壳内壁附着水，通过清洗、吹干处理后，能将灯壳内壁的水清理干净，可不予更换。灯罩内壁、反光罩等确实无法清洗干净的，可考虑更换（图 7-11）。

标准封闭式、卤钨封闭式灯具进水后，灯芯部分一般无影响，插接点会出现锈蚀，可采用清洁方式处理；半封闭式、无封闭式进水后内部会产生污渍，插接点出现锈蚀后，一般需要更换。

图 7 – 10　水淹后已腐蚀的电器　　　　　图 7 – 11　汽车照明装置进水

（二）拆检、清洁内饰及座椅

内饰件要及时清洗、通风晾干，也可以放在烤房里面烘干，但要防止太阳直接照射，暴晒会导致内饰件老化、有的皮质颜色变淡。

1. 塑料、乙烯树脂、皮革、纤维织物和毛织物零部件的清洗

用纱布或柔软的抹布以含有3%中性洗涤剂的水溶液浸湿后轻轻擦洗这些零部件，并用清水把洗涤剂擦拭干净。

2. 车内装饰件

用地毯洗涤剂清洗地毯，烘干，用不褪色的干净纱布和除斑剂轻轻擦磨油迹。用真空吸尘器或刷子清洁座椅（电控座椅电器部分按以上方法处理）；用3%~5%中性洗涤剂的水溶液清洗棉织物和皮革制品并及时风干（图7 – 12）。

3. 清洗剂的选择

切忌不可使用汽油、清漆稀释剂、四氯化碳、石脑油、松节油、涂料稀释剂、挥发油、指甲膏清洗剂、丙酮等来清洗汽车。

4. 内饰还需消毒防"臭"

被水浸泡过的车辆，如没彻底烘干就易霉变，气味会非常难闻。烘干时，特别要主意细节部位，如座椅内部、隔音层等。因此，不仅要对内饰进行检查清洗，还要进行全面消毒，以免滋生细菌。

评估以上损失时，要考虑相应的拆解、清洗费用，包括清洁剂和消毒剂的费用。

（三）拆检机械部件

1. 发动机

先打开空气滤清器壳检查滤芯是否进水，如进水，需拍摄滤芯及空气格底座内的水渍，滤芯进水表明可能水已进入燃烧室，若是静态进水，评估时要考虑清洗费和机油费用；即使未进水也需拍摄空滤壳内的情况，防止追加配件及机油等辅料，造成无据可查，如图7 – 13所示。

1）如何判断发动机是否进水

判断发动机是否进水主要采用观察法：一是检查机油尺上润滑油的颜色、液面高度和附着物；二是打开油底壳或缸盖查看机油是否有异常；三是使用辅助工具（如内窥镜）进行

图7-12 正在风干的车辆内部饰件

图7-13 空气滤清器进水检查

观察，查看曲柄连杆机构、缸壁等是否有锈蚀痕迹，确认气缸内是否进水。另外，拆下火花塞并检查其是否有水渍，也能确定是否进水。

2）评估发动机损失时的注意事项

若确认发动机已经进水，则要将发动机进行分解，不得带水点火。在评估发动机损失时要注意以下几点。

（1）若车辆是静态进水，一般机体组织（包括缸体、缸盖、缸套、油底壳等）、活塞连杆组（活塞、活塞环、连杆等）、气门组（包括气门、气门导管、气门座）及气门传动组等的机械件和启动系统不会有大的损失，定损时考虑清洗、拆检即可。气缸进水后造成的损失如图7-14所示。

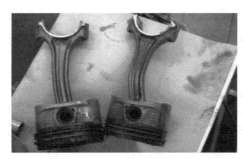

图7-14 气缸进水后造成连杆弯曲、活塞破裂

（2）一般汽油发动机的汽油供给系统、水冷却系统等只需进行除锈去污处理。

（3）汽油喷射系统的电子器件因受潮使绝缘性能降低，容易发生短路，需进行烘干。

（4）水灾中点火系统各电器相关元件绝缘电阻下降、漏电或短路，容易导致点火系统失效，评估时要认真检查，确定损失。

2. 变速器

首先确定是否进水，放出变速箱油拍摄并查看是何种颜色，如果是红色，说明正常，黑色则属磨损造成，不属于保险责任，白色混浊说明进水（水通常是从通气孔进入的）。

变速器有手动和自动两种，变速器内有齿轮油，进水后一般难以锈蚀，大多数情况会污染油液，需要进行分解、清洗、添加油液、装配等工序，但自动变速器的电子部分会受损，定损时需要对此部分电子器件进行清洗检查，若已损坏则需要更换。

3．传动、制动系统

传动系统、制动系统因有油液，一般结构件不容易锈蚀或损坏，故浸水后只需拆装、清洗、更换油液、保养即可。水位超过制动油泵的车辆，需更换制动液。

4．外观部件和悬挂部件

悬挂连接位置的泥沙和污物需清洗，并重新润滑。轴承方面容易生锈的部位需优先处理，对所有轴承进行必要的保养处理。还要检查排气管，如排气管进水需尽快排水处理，以免水中的杂质堵塞三元催化器和损坏氧传感器。

五、水淹车辆损失复核要点

由于水灾车辆维修具有特殊性，定损工作一般采取"快拆快定"的方式，每项更换配件须由理赔人员逐项签字认可，以减少损失，尤其大面积水淹事故发生时，定损人员每天要处理比平时多几倍的车辆，为防止忙中出错，在出具正式定损单之前，对评估出的损失，还要加强定损复核工作。

（一）水淹车辆可能涉及的定损项目

水淹车辆可能涉及的定损项目有：更换配件费用；拆解、清洗费用；油料及辅料费用（不包括美容费用）；重新装配费用。

水淹车辆的损坏配件建议做回收处理，更换的电器、灯具、电动座椅、音响等元件，须在第一次看车时就贴好标签，定损完毕后回收登记（图7－15）。

图7－15　水淹车辆回收的元器件

（二）水淹事故评估工作的复核和事后追偿

1．换件项目的准确合理性

（1）剔除应予修复的换件项目（修复费用超过更换费用的除外）。

（2）剔除非本次事故的换件项目。

（3）剔除历史信息中已经定损更换但修理时未更换的重复索赔损失项目。

（4）剔除可更换零部件的总成件。根据市场零部件的供应状况，对于能更换零配件的，不更换部件；能更换部件的，不更换总成件。

（5）剔除保险车辆标准配置外新增加设备的换件项目（有附加险除外）。

（6）剔除保险责任免除部分的换件项目，如一些保险条款约定发动机进水后导致的发动机损坏。

（7）剔除超标准用量的油料、辅料、防冻液、冷媒（制冷剂）等。

2．维修项目和维修工时的准确合理性

（1）应严格区分事故损失和非事故损失的界限，剔除非本次事故产生的修理项目。

（2）应正确掌握维修工艺流程，剔除不必要的维修、拆装项目。

（3）对照事故照片及修理件的数量、损坏程度，剔除超额工时部分。

（4）工时费单价的审核应以当地修理行业的平均价格为基础，并适当考虑修理厂的资质，剔除超额单价部分。

3．做好追偿与旧件回收工作

对于涉及需要向第三方追偿的事故，应注意收集相关停车证据和收费证据。对损失重大的水淹事故车辆，还应组织人员检验收回旧件，对修理后的车辆及时进行验车，减少保险企业损失。

六、水淹事故损失等级估算法

一般来说，单个水淹事故车辆的定损、施救、拆装、清洗、晾晒、维修都比较容易，而暴雨和洪水往往造成大面积水灾，其涉及损失车辆数量众多，短期大量集中定损的需求与定损人员相对较少的矛盾突出，定损过程中难以掌握质量与速度的平衡。保险公司会结合历史定损处理经验和定损数据，参考损失等级估算的方法，检验定损结果的适合性，并快速定损。

（一）损失等级估算法

损失等级估算法只是一种损失评估方式，可大体估算出车辆的损失情况（图7-16），但不能用作精准的车辆损失。该方法适合大面积快速处理的情况，但需要提前测算出不同品牌和不同新车购置价车辆之间的区别，设置不同的车型系数。

图7-16 大面积水灾

损失等级估算法：依据水淹高度和水淹时间，估计损失等级，综合考虑车型系数，再根据损失等级对应的损失率与事故发生时的新车购置价的乘积，评估定损结果。损失等级的确定主要以水淹高度为主、水淹时间为辅。

（二）损失等级估算法特例

因水淹车辆维修工作的时效性很强，损失等级估算法是应对大面积水灾，迅速处理水淹车辆，快速服务车险客户，担当社会责任的较好方法。

下面几种类型水淹车辆的处理方式，可以不借鉴损失等级估算法，与客户协商采取更灵活的快速处理方式：一是水淹车辆无法施救；二是保险水淹车辆的施救费用达到或超过保险事故发生时车辆的实际价值；三是事故车辆修理费用达到或超过保险事故发生时事故车辆的实际价值；四是当事故车辆修理费用与施救费用之和达到或超过保险事故发生时事故车辆的实际价值；五是水淹至仪表台以上的车辆；六是没顶车辆。

七、大面积水淹车的事故处理原则

对于因暴雨、洪水、台风、风暴等重大自然灾害造成的大面积水淹事故，为确保受损车辆能够迅速理赔，提升客户满意度，理赔工作快速有序地进行，各保险公司应从事前预防、事中积极、事后总结等方面进行处理。

1．建立完善防灾预警机制

保险公司应建立较为完善的防灾预警机制，积极与当地气象、防汛、水文、地质等部门建立灾害信息共享渠道，随时掌握可能出现的暴雨、洪水灾害信息。灾害易发地区的公司应与当地专业气象台等部门建立信息联动机制，开通气象短信服务，及时获取气象部门发布的预警天气预报和正式的灾害性或转折性天气消息，为保险公司防灾防损提供重要的技术保障。

当灾害来临前，保险公司在获取相关灾害预报信息的基础上，对灾害可能发生的区域、时间和灾害种类、损失程度做出判断，并在该区域内启动相关预案。确保理赔人员通信工具畅通，随时待命。保险公司还可以通过广播、电视、公益广告、短信及电话等方式将大灾警报迅速、准确地通知到被保险人，并迅速部署预防措施。

2．主动、及时、科学施救

保险公司可以通过编制宣传手册、防灾防损知识手册和水淹车辆科学施救手册，宣传施救的意义、目的和作用及施救方法，让被保险人主动树立起防灾防损的观念。客户积极参与大灾前后施救，对大灾的防灾和理赔工作尤为重要。

保险公司在组织施救中，在有限的时间内可调动的内外部资源有限，因此要有效整合内部资源，充分利用修理厂、救援公司等外部资源，及时发布大灾信息，宣传、动员、协助被保险人开展抢险施救。

3．保持报案专线的畅通

保险公司在灾害突发时应合理安排值班，临时增派专线人员，保证专线的畅通。为保障灾害天气发生时电话沟通顺畅，应事先让专线人员掌握理赔服务机构和主要合作救援、修理企业应急联系电话和联系人。

为避免电话线路繁忙，保险公司还可以积极引导客户通过微信、微博等方式报案。

4．特事特办、积极引导

大面积水淹事故发生时通常会造成交通堵塞，查勘人员难以在第一时间到达水淹现场。为避免受损车辆产生进一步损失，可以适当放宽第一现场查勘要求，及时通知救援车辆施以

援助或指引客户撤离现场，保证生命安全，而将查勘重点放在修理厂拆检环节。

在确保客户处于安全状态后，查勘人员通过了解的受损情况，应及时对标的受损情况做出分析，给予客户有效的指引及自救方法：第一，指引客户对现场情况进行拍摄；第二，指引客户在确保人身安全的情况下将车辆电源断开、挡位置于空挡，并将车辆挪至较高地势；第三，对于发动机存在受损可能的，应告知客户不要尝试启动发动机；第四，对于停放在营业场所受损的，应告知客户保留好相关凭证；第五，对于自动挡车辆，应提示施救时采用驱动轮离地的拖车方式；第六，指引客户在标的离开水淹区域后及时进厂定损。

5. 统一标准、合理定损、强化监控

保险公司在高效完成水淹车辆施救和受损车辆拆检工作的同时，应制定统一的水淹车施救标准和定损标准，合理安排车辆的定损工作。同时为避免争议，保险公司应结合车型、水淹高度等，通过咨询行业协会、外聘专家等方式，及时制定既符合保险原则，又切实可行的定损标准，还要积极争取监管部门和当地行业协会的支持，推动在行业统一机动车辆大面积水淹事故的处置标准，并在保险行业内统一执行。

在执行统一的水淹事故处置标准下，保险公司还应对救援、修理等合作单位建立监控机制，及时对合作单位的工作进行评价。对于在事故处置过程中推诿、拖延、故意扩大车辆损坏程度、虚报车辆损失金额的合作单位，应严格审核。必要时采取行业共同限制合作范围、取消合作关系等措施，以保证合作双方减损救灾的顺利开展。

6. 准确统计、认真总结

在机动车辆大面积水淹事故处置过程中，保险公司应建立灾情日统计制度，对每天新增水淹事故的出险情况、处理进度、已发生事故的处理进度、已赔付结案的赔付成本、赔付宗数进行统计。

保险公司还要及时分析事故的高风险地区和高风险因素等理赔重要信息，根据事故处置过程中的经验和教训，进一步完善保险行业的大灾应急预案。

八、防止水淹车事故欺诈

1. 水淹车疑似骗赔案件的特征

（1）车辆使用时间较长或行驶里程多，并足额投保，车辆没有营运能力或无明确使用指向。

（2）车辆刚刚过户，车辆破旧不堪；车上无贵重物品；车主急迫索赔。

（3）驾乘人员神态自然，遭遇突发事件后的紧张、焦虑感很弱；没有私人财务遭受损失后的心疼感。

（4）汽车没有水线，或者水线很低未到车身。被水浸泡车辆一般都有较为明显的水线痕迹，凭借水线可以相对容易判断事故受损事实和受损范围。

（5）车体内局部湿润，有比较明显的事后泼水痕迹等。

2. 防止故意扩大损失的风险

警惕个别修理厂故意拖延或扩大损失行为。例如，故意拖延不拆检、不清理，造成电器元件扩大损失；对真皮座椅不及时清晒，皮革发霉造成损失扩大；故意启动发动机，故意使自动变速器转动等。

复习思考题

一、简答题

1. 水灾造成汽车的损失有哪些？如何区分是否为保险责任？

2. 汽车发生水灾事故后应如何施救？

3. 汽车必须涉水时应如何操作？

二、填空题

1. 行车时应尽量躲避对方来车行驶时所拥起的水浪，必要时可_____让对方汽车先行通过。

2. 施救水淹汽车时，一般应采用_____，或将_____托起后牵引，一般不要采用软牵引方式救援，以防被拖汽车的发动机损坏。

三、单选题

1. 车辆浸水后，要把（　　）拆下来，这样就可以避免车上的电器因进水导致短路，造成更大的损失。

　　A. 电瓶正极线　　　　B. 电瓶负极线　　　　C. 电源开关　　　　D. 电控单元

2. 当汽车被水浸入时，驾驶员应马上（　　），及时拨打保险公司的报案电话，或者同时拨打救援组织的电话，等待拖车救援。

　　A. 驶离水域　　　　B. 下车断电　　　　C. 熄火　　　　D. 熄火后再次启动

四、多选题

1. 下列属于汽车被水淹后，未经必要处理致损失扩大的部分是（　　）。

A. 被水淹熄火后，又启动发动机，致连杆断裂、气缸破裂

B. 被水淹后，未进行晾晒，接通电源致电控单元烧坏

C. 在保险人的主持下对进水后的发动机进行了清理，日后又出现连杆断裂、缸体损坏的

D. 车辆在水中被漂浮物撞击造成损伤

2. 汽车被水淹后，属于车辆损失险赔付范围的是（　　）。

A. 汽车及发动机的清洗费用

B. 更换机油、油底垫等的费用

C. 拖车施救费用

D. 驾驶员自行安装的中控锁

项目八
车辆火灾事故及损失评估

项目要求

（1）掌握车辆火灾事故现场查勘的基本要求，熟悉现场查勘程序，掌握现场查勘的内容和技术要求。

（2）能够运用所学知识，进行车辆火灾事故的原因分析，准确查勘事故责任，能根据查勘结果评估事故的损失。

相关知识

机动车是现代社会使用最为广泛的交通运输工具，截至2014年，我国机动车保有量已经达到1.4亿辆，且个人拥有汽车的数量日益增多。机动车上除了油箱、油路易燃外，其他部件如轮胎、内部饰件等也都是易燃物，尤其现在车辆大多有复杂和多功能的电气设备，这些都是造成火灾的重要隐患。此外，汽车行驶时呈流动状态，一旦发生火灾，火势发展迅猛，扑救难度较大，甚至造成爆炸，可能引发更大的损失。下面就来探讨车辆火灾的相关问题。

一、火灾事故的定义和类型

（一）火灾的定义

1. 火灾

火灾，是指在时间和空间上失去控制的燃烧造成的灾害。

保险公司定义的车辆火灾，是指被保险机动车本身以外的火源引起的、在时间和空间上失去控制的燃烧（即有热、有光、有火焰的剧烈氧化反应）所造成的灾害损失。自燃及不明原因火灾造成的损失属于责任免除范围。

燃烧，是指可燃物与氧化剂发生的一种氧化放热反应，通常伴有光、烟或火焰。

燃烧的三要素即可燃物、助燃物、着火源。有焰燃烧一定存在自由基的链式反应这一要素。

2. 车辆自燃

车辆自燃，是指在没有外界火源的情况下，由于本车电器、线路、供油系统、供气系统等车辆自身原因发生故障或所载货物自身原因起火燃烧。

保险公司定义的自燃险及保险责任：因被保险机动车电器、线路、供油系统、供气系统发生故障或所载货物自身原因起火燃烧造成本车的损失；发生保险事故时，被保险人为防止或者减少被保险机动车的损失所支付的必要的、合理的施救费用。

责任免除：自燃仅造成电器、线路、供油系统、供气系统的损失；所载货物自身的损失。

灭火的主要措施：控制可燃物、减少氧气、降低温度、化学抑制（针对链式反应）。

（二）火灾的分类和火灾后的注意事项

1. 汽车火灾的分类

汽车火灾根据可燃物的类型和燃烧特性分为五类。

（1）固体物质火灾。这种固体通常具有有机物性质，一般在燃烧时能产生灼热的余烬，如木材、煤、棉、毛、麻、纸张等火灾。

（2）液体或可熔化的固体物质火灾，如煤油、柴油、原油、甲醇、乙醇、沥青、石蜡等火灾。

（3）气体火灾，如煤气、天然气、甲烷、乙烷、丙烷、氢气等火灾。

（4）金属火灾，如钾、钠、镁、铝镁合金等火灾。

（5）带电火灾，即物体带电燃烧的火灾。

汽车发生火灾主要和上述固体、液体、气体、带电物体关联性比较强。汽车发生火灾不仅毁损车辆，还严重影响交通秩序，而且严重威胁司乘人员的生命安全。尤其乘客多的车辆，要果断采取自救、防护和逃生措施，保障乘客的生命和财产安全。

2. 汽车失火时的注意事项

汽车起火部位不同、原因不同，施救的方法和采取的措施不同。

（1）汽车发动机起火。汽车发动机起火时应迅速熄火停车，切断电源，用随车灭火器对准着火部位灭火（不要马上打开机盖），防止烧伤。

（2）车厢货物起火。车厢货物起火时应立即将汽车驶离重点要害地区或人员集中场所，并迅速报警，同时用随车灭火器扑救。周围群众应远离现场，以免发生爆炸时受到伤害。

案例 一辆载重量达40 t的东风载重车满载而行。在高速公路上刚经过一个隧道后，后车超车时提醒中部轮胎冒浓烟，车辆及货物燃烧，停车后发现是中轴轮胎处起火。由于高速公路上没有什么可以救火的物品，试图用随车毛毯和灭火器灭火，未果。赶紧拨打119电话求救，最后火被消防警察扑灭，但损失惨重。

经查勘，汽车左侧的7个轮胎、全车线路、驾驶室几乎全部烧光，但右侧轮胎无恙。经询问得知，汽车的行驶方向，当时的风向与左侧轮胎烧光的事实基本吻合。进一步查勘发现，差速器、轴承均无问题，但汽车中轴的左侧丢失了一个外轮毂，内轮毂四周只留下了一个螺母。

经鉴定分析，东风载重车双轮毂的中轴右侧，在运行过程中某一个螺钉首先松动了，负重运行中引发四周其他的螺钉相继松动，外轮被撕裂丢失，导致内轮毂与钢板弹簧相接触而摩擦起火。

（3）汽车加油过程中起火。汽车加油过程中起火时应立即停止加油，疏散人员，并迅速将车开出加油站（库），用灭火器等将油箱上的火焰扑灭。地面如有流洒的燃料着火，立即用库区灭火器或沙土将其扑灭。

（4）汽车在修理过程中起火。汽车在修理过程中起火时应迅速切断电源，及时灭火。

（5）汽车被撞后起火。汽车被撞后起火时应先设法救人，再进行灭火。

（6）公共汽车在运营中起火（图8-1）。

公共汽车在运营中起火时应立即开启所有车门，让乘客有秩序地下车，然后迅速用随车灭火器扑灭火焰。若火焰封住了车门，乘客可用衣服蒙住头部，从车门冲下，或者打碎车窗玻璃，从车窗逃生。

图8-1　公共汽车在运营中起火

特别提示：

不准携带易燃、易爆等危险品乘坐交通工具。

应随车配备灭火器，并学会正确使用。

如果火势很大，或者经过初步施救后，仍然无法将火扑灭，应尽快远离现场并及时拨打119火警电话。

不要急着抢救车内的财物，防止被意外烧伤。

二、火灾原因分析及车辆防火措施

（一）车辆常见火灾原因

1. 外界原因

1）外界火源

汽车被其自身以外的火源引发燃烧。无论是建筑物起火引燃、周边可燃物起火引燃、其他车辆起火引燃，还是被人为纵火烧毁等，都属于汽车被外界火源引燃的范畴。

2）碰撞起火

车辆本来具有弹性的输油管容易老化，一经猛烈撞击容易损毁漏出燃油，油缸也可能因老化而出现渗漏，裂痕在意外撞击时加深，燃油接触高热即酿成火灾事故，如图8-2所示。

由于乘用车油箱多位于后座座椅之下，汽油经输油管传送到车头的引擎，当遇上猛烈撞击，车头或底盘出现严重扭曲，输油管有可能爆裂漏油。溢出的燃油，当接触到排气管、废气催化器、刹车盘等高热部件或高温摩擦中的车身，油一旦溅上便有可能发生火灾。

图8-2　碰撞起火

近年来，新车的输油管已大幅改良，多转用强化塑料及钢材制造，令油管兼具延展性及高抵抗力，大大降低撞车引致输油管爆裂的机会，安全性能好的车辆油箱及输油系统都能抵受更高车速的意外撞击。

大多数车龄长（泛指车龄超过 10 年或以上）的车辆输油系统都可能有轻微渗漏，难以察觉，存在较高的自燃火灾风险。

3）爆炸

车辆装载有易爆物品，或者被人为在车体上安装了爆炸物品，爆炸物品自身的爆炸会引起汽车的起火，甚至导致油箱爆炸，从而引发更为严重的燃烧。

4）雷击

雷电是大气中一种剧烈的放电现象，云层之间、云层和大地之间的电压可以达几百万伏至几亿万伏，放电时的电流可达到几万安至几十万安，完全可以在流着雨水的车体与地面之间构成回路，从而将汽车上的某些电气电子设备击穿，严重者可以引起汽车起火。

2. 车辆自身原因导致的火灾

（1）油路管道损坏，油品漏出，遇电火花、高温起火。

如汽车油路管道固定不牢或老化，很容易引起油管与汽车其他部件撞击摩擦，造成管道外壁磨损漏油，遇电火花、高温起火。漏油点大多集中在管件接头处、橡胶管接触体外易摩擦处、固定部位与非固定部位的结合处等薄弱地方。图 8-3 和图 8-4 是车辆油路管道损坏引发燃烧的场景。

图 8-3　油路管道损坏引发燃烧场景一　　　　图 8-4　油路管道损坏引发燃烧场景二

其中，图 8-4 是停放不久渗漏的油滴挥发遇到灼热的排气管引发的燃烧。

案例　一辆装有柴油发动机的解放牌自卸汽车，在行驶途中发现发动机冒烟，停车查看时起火，火势迅速蔓延，将整个驾驶室、变速箱、方向机等部件全部烧毁。驾驶员拨打 119 火警电话求救后，大火被消防警察扑灭。

经查勘：该车系刚买 7 个月的自卸车，于白天起火，起火后驾驶员首先拨打 119 电话求救，排除了道德风险。由于是比较新的车，电路老化问题可以基本排除，重点关注油路和管件接头。询问驾驶员在行车途中有无发动机动力不足的现象，驾驶员称无此现象发生。据此，排除供油管漏油的可能，重点在回油管查找原因。

进一步检查：回油管有一处不明原因的折痕，且位置恰好对准发动机的排气管，估计是该处发生的漏油漏在排气管上，引起车辆自燃（柴油自燃温度为 300 ℃以上，而排气管温度高达 600 ℃以上），该处起火后，引燃了汽车线束，将火引入驾驶室，导致整个驾驶室起

火，变速箱、方向机等全部烧毁，其中方向机、变速箱是在高温烘烤下，其内的润滑油溢出被引燃，烧化了外壳。

（2）电气设备老化、故障等导致起火。

① 汽车电路承担着极其重要的任务，而汽车电路起火在自燃事故中占有较大比例。发动机的温度经常在 80 ℃ 以上，水汽和脏污也经常对线路和元件进行侵蚀；加上部件相互摩擦和碰撞，容易造成线路元件老化、龟裂、漏电、短路，从而引起汽车自燃。汽车电路负荷过高也会引起电路起火而导致汽车自燃。如今，汽车逐渐智能化，汽车耗电量也相应大幅度提高，电路系统各部件容易造成损伤，从而增加电路的负担，引起汽车自燃。

② 线路短路。因线路故障引发的自燃事故中，主要原因是线路短路。特别是很多新购车的用户，对自己刚购置的爱车疼爱有加，可能会给车辆添加防盗器，换装高档音响，改进造型，还可能会添加空调等，这些改装行为都有可能是造成电线短路的原因，也是发生汽车自燃的原因之一。

案例 一辆长安微型面包车在行驶过程中发动机冒烟，打开发动机舱盖后，一股火光冲天而起，幸亏众人及时施救，才将大火扑灭。

经查勘：该车的点火线束、水管、油管、三角带等橡胶制品全部烧光，初步确定起火位置在发动机舱内。经仔细询问和现场观察，发现驾驶员私接了一条不受点火开关控制的喇叭控制线路，而且线束捆扎不牢。

分析：汽车运行过程中，震动使得车主私接且线束捆扎不牢的导线与进气管不断发生摩擦，导致导线绝缘层破损。当发动机熄火以后，可能震动的作用恰巧使火线与进排气管相接触，搭铁后产生的大电流首先导致线束起火，并引燃了车内的各种橡胶件。

按照规定，汽车电气系统的导线、开关都有各自额定的容量，如果导线或开关的容量偏小，就会使它们经常处于过载状态，过度发热导致绝缘体变质，有可能引起火灾。

③ 电器失效短路。常见启动开关由于触点烧结而发生熔焊，启动机磁力开关无法释放，导致启动机长时间启动（启动机安全启动时间一般为 5 s），造成启动机发热起火。

（3）机械摩擦起火。

车辆发动机的润滑系统缺油，机件的表面相互接触并做相对运动，摩擦产生高温，如果接触到可燃物就可能导致火灾；汽车零件损坏脱落与地面摩擦，引燃可燃物起火；货车严重超载，在高速行驶时，车厢底部的货物会发生挤压、摩擦，从而产生高温，导致自燃起火；如果汽车超载行驶，频繁的制动会使产生的热量增多。一旦液压油出现泄漏聚集的热量就可能会将油液加热到燃点使其起火。

（4）汽车修理后有油污的手套、抹布、棉纱等遗忘在排气管或发动机上，因高温加热引燃引发火灾。

（5）公路上晒有谷草等，缠绕在转动轴上摩擦发热起火。

在夏季乡村道路上，往往存在打场晒粮现象，车辆在晒有谷草的公路上行驶较快时，谷草易缠绕在转动轴上摩擦发热引发火灾。所载易燃货物超高，与架高的电线碰撞摩擦产生火花，导致货物燃烧，也可能引燃机动车。

（6）乘客吸烟乱扔烟蒂引起火灾；乘客携带化学危险品上车引起火灾。

（7）在装运可燃货物时，押运人员随手乱扔烟头或被外来火源（如烟囱飞火）引发火灾；车上装载的易燃物因泄漏、松动摩擦而起火时，导致汽车起火。

（8）制动器出现故障（制动摩擦片摩擦、高温引燃轮胎）引发火灾或者当相邻的两个轮胎中有一个气压不足，可能会导致相邻的轮胎承受将近2倍载荷而形成过载，导致轮胎摩擦过热起火。

（9）明火烘烤柴油油箱。

采用柴油发动机的汽车，在冬季，因柴油标号不同，有时会出现供油不畅的现象。为了解决问题，某些驾驶员会违规操作，在油箱外用明火烘烤，极易引起火灾。

另外，要引起注意的是停放时发生火灾，其原因大多是在停放前遗留火种，或电气线路短路、油箱漏油等原因所引起。停车位置不当也可能造成火灾。现在生产的汽车一般都装备三元催化反应器，而这个位于排气管上的装置温度很高。如果停车的时候位置不当，如靠近可燃物，也可能发生火灾。

（二）车辆防火要求及注意事项

驾驶员要有防患于未然的风险意识，保险公司要将防灾防损放在第一位，对车险客户加大宣传力度，加大宣传范围，把火灾风险扼杀在萌芽之中，在承保时就要友情提醒车险客户。要注意以下几点。

（1）汽车上路行驶前，要认真进行检查，确认机件良好，特别是电路、油路良好，才能投入运行，防止"带病"运行。行驶中如发生故障，要认真查明原因进行维修，避免车辆行驶中自燃，如图8-5所示。

图8-5 汽车燃烧

（2）车辆在有谷草的道路上行驶时，驾驶员要特别注意，保持低速行驶，当发现异常情况，立即停车检查。

（3）严禁携带化学危险品的乘客上车，如有发现，应立即采取安全措施。

（4）装运可燃货物时，必须对货物进行严密包裹覆盖，押运人员和其他随车人员不得抽烟。

（5）严格遵守交通规则，防止发生交通事故，再引发火灾、爆炸事故。

（6）汽车上装有化学物品或进入有易燃、易爆场所及其他禁火区域，应佩戴火星熄灭器（防火帽）。如汽车驶入禁火区域时发生故障，不得就地修理，应推出禁火区域后再进行修理。

（7）汽车要随车配备灭火器材，如灭火毯、灭火器、防火沙等。

（8）在高温季节，不要在汽车的挡风玻璃、驾驶座等处放置打火机、花露水等易燃易爆物品，以防高温暴晒引发火灾。

三、车辆火灾现场查勘

对火灾事故现场的勘验工作十分重要，是摸清事故真实原因的主要手段，也是明确火灾是否属于保险事故责任的关键要素。

1. 火灾损失现场勘验的基本要求

（1）明确汽车火灾的起火点。

（2）查看周围是否存在易燃物品。

（3）勘验火源与易燃物品的接触渠道中是否有足够的空气可供燃烧。

（4）确定是否是自燃，自燃部位在什么地方，周围及车辆上是否有爆炸物。

（5）记录天气情况如何，是否雷雨天气，是否发生雷击，雷击是否对车辆造成损坏。

（6）对情况不明，原因不清，有疑问之处可请消防部门参与鉴定。

例如，某报案人报案称汽车发生碰撞造成车辆发生火灾，其关注点应为：

碰撞物—车辆被碰位置—碰撞程度如何—碰撞散落物—燃烧痕迹相符—车辆是否有挪动痕迹—车辆未烧完部分的新旧对比—车辆从某地到出险地的行驶路线—车辆是否有刹车痕迹—刹车距离等。应详细了解情况和全部过程，认真分析，不要漏掉任何细节。

仔细观察：观察被询问人对过程的叙述；观察被询问人的谈话语气；观察被询问人的面部表情和姿态；观察询问时被询问人是否躲躲闪闪、含糊其辞；观察驾驶者是否受伤，衣物是否有燃烧痕迹等。还要仔细查勘车辆的起火点在哪里，火灾的蔓延方向如何，与天气有何关联等。此外，还要查清起火车辆的保险合同期限、保险金额、商业往来，以及车主是否与他人有矛盾等。

2. 案例分享

以下案例是一起火灾事故，可以从火灾案情的分析中得到一些启发。

20××年×月×日14点许，一辆豪华轿车从某高速公路行驶至该高速公路收费站前的立交桥斜坡处突发大火，未造成人员伤亡。

火灾调查人员通过对当事人（车上乘坐3人）的询问了解到：汽车在行驶过程中仪表盘显示正常，且无异常现象，突然听到车尾传来"咚"的一声闷响，车身随之一阵轻微震动，随后一股浓烟从车辆后部冒入轿厢内。驾驶员紧急刹车、停车、熄火。三人打开车门立即下车，看见车尾排气管末端有火焰，后备厢的车盖缝隙有浓烟冒出。后座乘客掀开后盖查看冒烟原因，2 m高的大火从后箱一蹿而起，将后座乘客的头发和左眉毛轻微烧焦。三人见火灾已无法控制，就向收费站跑，并立即报警。大火导致汽车轿厢周围的玻璃完全熔化，轿厢内的可燃物完全烧毁，仪表盘、转向盘、车座已荡然无存，车内铁条、弹簧等不燃物完全裸露在外，4个车门严重变形变色。

是什么原因导致汽车燃烧呢？调查人员立即展开调查。汽车当时处于正常行驶过程中，四周无碰撞和刮擦痕迹及漏油痕迹，调查人员首先将起火范围锁定在该轿车上。调查人员对汽车进行查勘发现，左面烧损比右面严重、后面烧损比前面严重。一是左后轮无铝合金，左前轮胎炭化、铝合金完好无损；右后轮有熔融的铝合金残留痕迹，右前轮除烟熏痕迹外基本完好无损。二是后保险杠被烧毁，车尾的牌照已被烧化；汽车车头牌照还清晰可见且前保险杠完好。三是后备厢（打开状态）四周无漆且变色，内部东西严重烧损；引擎盖大部分无漆，打开引擎盖发现仅塑料管有受高温熔融变形痕迹，未见过火痕迹，发动机完好无损。四是汽车处于下坡状态，风向是车头到车尾。当事人在发现起火时轿厢内无明火，仅有从后排座位后蔓延的烟雾，车内人员无烧伤。同时，收费站的工作人员证实了火灾是从轿厢后面向前蔓延的，因此该轿车的起火部位应该在汽车尾部。起火点可能是油箱和后备箱内车载物。

调查人员经过对当事人的询问和现场勘验，很快排除了油箱漏油的因素。油箱位于后备厢与后排座位之间，通过5个方面的原因排除了油箱漏油。一是对油箱进行加水试验未发现油箱壁有漏水现象；二是坐后排的一乘客晕车，对汽油特别敏感，在发现起火后离开车之前没有闻到汽油味道；三是汽车尾部的路面上没有漏油的痕迹；四是在行驶过程中汽车仪表盘显示正常且无异常现象；五是后备箱内紧临油箱壁的装饰板未完全燃烧，从而说明装饰板没有被汽油浸湿。

那么，导致汽车起火的罪魁祸首就只能是车载（后备箱内）的可燃物了。根据事发时的情况，一是起火时车尾传来"咚"的一声闷响，车身随之一阵轻微震动。二是当事人掀开后盖查看时，突然蹿出2 m高的大火轻微烧焦头发和左眉毛，右眉毛没有烤焦。说明后备箱内有气体在燃烧且左侧的火比右侧的大。三是在后备厢的左侧发现有一个铁皮瓶身和脱离的盖子，且瓶身的底部向外凸呈半圆形。经当事人提供相同的产品发现该产品是表板蜡（易燃品）且底部向内凹呈半圆形。瓶身的底部向外凸出，说明瓶底受高压变形。经试验发现，该产品是气体，燃烧时烟雾呈灰色。汽车起火时正在转向行驶，后备箱内CD机和转弯灯处于工作状态，极有可能产生电火花，同时在后备箱内除电气设备和线路未发现任何其他火源。轿身下的排气管周围无可燃物，不能形成物质燃烧的3个条件，所以不可能引起火灾。

经过全体火灾调查工作人员深入开展调查、讨论、分析，认定火灾原因系泄漏的可燃气体遇电火花引起的火灾蔓延成灾。

四、车辆火灾定损

车辆火灾事故的损失确定，根据车辆燃烧的具体程度，可以分为部分损失和全部损失。根据车辆主要着火位置，可以着重分析车厢内、油箱、发动机舱、车辆轮胎等重点部位的损失。

（一）损失程度判定

1. 部分损失

1) 及时扑灭

如果汽车的起火燃烧被及时扑灭，可能只会导致一些局部的损失，损失范围也只是局限在过火部分的车体油漆、相关的导线及非金属管路、过火部分的汽车内饰，只要参照相关部件的价格，并考虑相应的工时费，即可确定损失的金额。

2) 中途扑灭

如果汽车的起火燃烧持续了一段时间之后才被扑灭，虽然没有对整车造成毁灭性的破坏，但也可能造成比较严重的损失。此时车身的外壳、汽车轮胎、导线线束、管路、汽车内饰、仪器仪表、塑料制品、外器件的美化装饰等可能都会损毁，定损时需考虑到相关需更换

件的价格、工时费用。

如果汽车起火燃烧程度严重，车身的外壳、汽车轮胎、导线线束、相关管路、汽车内饰、仪器仪表、塑料制品、外露件的美化装饰等肯定会被完全烧毁。部分零部件，如控制电脑、传感器、铝合金铸造件等，可能会被烧化，失去任何使用价值，甚至一些铸铁、铝合金材料，如发动机、变速器、离合器、车架、悬架、车轮轮毂、前桥、后桥等，在长时间的高温烘烤作用下，会因金属件退火、应力变化而失去应有的机械特性，无法继续使用。根据查勘结果，对这些损坏部分，根据现场实际情况，要考虑更换部分零配件。

2. 全部损失

车辆发生火灾后，发生大面积燃烧，车辆全部过火，且所有能燃烧的零部件基本都成灰烬，部分金属部件高温变形、熔化，车辆已无修复价值，此时，各保险公司可以根据条款约定与客户协商赔付方案。

(二) 重点损失部位确认

车辆发生火灾，其主要燃烧的部位一般有4个地方：一是车厢内，即驾驶室——燃物多；二是发动机部位——线路和油路多且复杂，工作时常处于高温；三是轮胎部位——老化或者机械摩擦强度大、轮毂长距离摩擦发热等；四是油箱部位——油路问题、碰撞后燃烧、在高温的排气管附近等。

1. 车厢内

一般因易燃液体（如汽油、香蕉水、火机等）或驾驶台等部位线路老化起火。着火后车厢内燃烧程度较均匀，内部可燃物基本全部炭化，高温后车体变色、变形严重。易燃液体被点燃后起燃方式为爆燃，造成车上玻璃大面积脱落或破碎，玻璃内侧附有大量烟尘，车门严重变形，甚至出现较大裂缝，状态均匀，有的驾驶舱位地面局部烧损严重，座位部位烧损严重，局部弹簧出现烧损严重且失去弹力。不同的着火原因，被烧车辆在细节上有明显的差别。若因易燃液体导致，火灾后从玻璃内附烟尘、车厢地面残留物内，可提取出液体成分，通过高精尖检测设备，甚至能确定汽油标号。

若驾驶室线路老化燃烧，车厢内可燃物燃烧缓慢，常表现为挡风玻璃出现被慢火烧熔变形。若抢救及时，会发现车内多为局部燃烧且燃烧痕迹明显。

2. 车辆发动机部位

火灾从机舱内蓄电池、空气滤清器、缸体部位、配电盒等易燃部位燃烧，大多数情况下燃烧程度局限于局部，燃烧不完全或仅烧一部分，一般是局部损失。但若考虑到风力、风向、燃烧时间、抢救措施不力等因素，可能会出现燃烧程度严重且会造成除可燃物被烧损外，部分金属附件（如铝合金附件）表面由于高温，也留有火烧痕迹或熔化（图8-6）。

3. 车辆轮胎部位

车辆长时间在山路、连续下行弯道等行驶，尤其是载重货车，有可能因摩擦生热或制动片部分过热等原因，引起轮胎局部受热炭化，引发局部着火。但是一般情况下，不会出现轮胎全部烧毁或烧蚀，甚至将金属轮毂烧熔（特别是铝合金轮毂，300 ℃~500 ℃的温度就可能烧熔）的情况，大多数是轮胎部位局部燃烧，出现一面重一面轻的过火特征，若无其他部位燃烧，此时只需更换轮胎，检修轮毂、轮辋等即可。

图 8 - 6　车内烧痕迹或熔化

4. 车辆油箱部位

由于乘用车油箱多位于后座座椅之下、大货车油箱在车身左右两侧，汽车输油管路一般具有弹性但容易老化，一经猛烈撞击容易损毁、爆裂漏出燃油，另外油箱也可能因老化而出现慢渗漏，裂痕在意外撞击时加深，若此时燃油接触到排气管、废气催化器、刹车盘等高热部件或高温摩擦中的车身高热很容易酿成火灾。此时，油箱有可能因高温而引发内部压力加大，发现喷射式火焰自油箱口喷出，油箱甚至会因火烧高温，内部急剧膨胀发生爆炸，将油箱盖炸飞。另外，较高级车辆多采用特殊塑料油箱，一旦遇高温即熔化，燃油外泄，局部表现为较严重的过火特征。

以上 4 个主要着火点的部位，在确定损失时，要根据实际情况，逐一登记损失部位和损失零部件，尤其对已经变形的非金属配件要考虑更换。

五、火灾事故欺诈的特点

发达国家每年查处的车辆骗赔案件占总赔案的 5% ~ 10%，车险火灾欺诈的比例在火灾案件中占比更高。在查勘、定损火灾事故时，要全方位分析、判断案件的真实性。发生火灾的真实原因是是否赔付的主要依据。

1. 疑似火灾欺诈案件的特征

（1）出险车辆为老旧车型，且投保金额较高，营运车辆没有营运能力，车主无明确使用指向。

（2）车辆刚刚过户，破旧不堪。

（3）出险时间不在夏季。

根据火灾实际发生的情况统计，汽车夏季自燃的发生概率远远大于其他季节。这是因为夏季气温高，油气蒸发多，汽车的散热又相对困难，在同等条件下，更容易发生自燃。

（4）距保险起止日期较近，火灾发生在夜晚、节假日、偏僻地区、起火以后车主或驾驶员施救不积极，比如首先选择向投保的保险公司报案，而不是拨打 110 或 119 报警电话请求灭火施救。

（5）车内一般无乘客，驾驶人员表情自然，甚至车主或驾驶员随身携带着保单，向保险公司索赔的资料基本齐全，且未曾遭遇任何遇火损失，对赔付规定和索赔流程基本熟悉。

（6）车上无贵重物品，车主急迫索赔。

（7）汽车的烧损程度非常严重，整车呈现出面目全非的概貌，甚至出现不止一处的严

重烧损地方，令人难以判断出最初的起火位置，不符合汽车自燃的一般规律。

（8）易燃物燃烧的灰烬和残片缺少或没有。

2．车辆纵火欺诈防范

为更好地防止汽车火灾欺诈赔案，各保险公司防范策略有以下几个。

（1）严格先验车后承保，堵住源头防范风险。

（2）详细查询出险原因，掌握分析案情脉络。

（3）认真勘验摸排现场，搜寻获取蛛丝马迹。

（4）尽快询问查找监控，发现提炼关键线索。

（5）灵活运用专项技术，审慎鉴别案情真伪。

（6）仔细梳理疑问疑点，及时联系鉴定部门。

（7）完善风险管控制度，确保骗赔无机可乘。

一、简答题

1．汽车火灾形式有哪些？造成火灾的原因有哪些？如何施救？

2．确定火灾是否存在道德风险应从哪些方面入手？

二、填空题

1．汽车起火大致可以分为五类：_____、_____、碰撞起火、_____和雷击起火。

2．汽车起火，尽管原因可能极其复杂，但就其实质而言，始终离不开物体燃烧的三大基本要素，即：_____，_____，充足的氧气（或空气）。

三、单选题

1．汽车自燃多发生于（　　）。

A．发动机舱　　　　B．驾驶室　　　　C．后备厢　　　　D．底盘

2．在对因火灾造成保险车辆损失的查勘定损处理中，应严格掌握（　　）与除外责任的区分，研究、分析着火原因。

A．保险责任　　　B．事故原因　　　C．事故特征　　　D．损失程度

四、多选题

1．下列属于汽车自燃的原因有（　　）。

A．漏油　　　　　　　　　　　　B．线路短路

C．放炮产生的火星　　　　　　　D．接触电阻过大

2．下列正确的灭火方法有（　　）。

A．灭火后及时切断蓄电池负极电瓶线

B．将引擎盖打开一个小缝，用灭火器向内喷射

C．将引擎盖全部打开，用灭火器向内喷射

D．灭火时总是背向风向

3．汽车上的主要易燃物品有（　　）。

A．燃料　　　B．导线　　　C．车身漆面　　　D．内饰　　　E．塑料制品

参 考 文 献

[1] 骆孟波. 汽车保险事故查勘 [M]. 北京：中国铁道出版社，2011.

[2] 中国保险行业协会. 车险查勘定损实务 [M]. 北京：中国财政经济出版社，2015.

[3] 袁西安. 道路交通安全法教程 [M]. 北京：中国人民公安大学出版社，2005.

[4] 傅以诺. 交通事故处理与车辆保险 [M]. 北京：北京理工大学出版社，2001.

[5] 谷正气. 道路交通事故技术鉴定与理赔 [M]. 北京：人民交通出版社，2003.

[6] 傅以诺. 交通事故处理与车辆保险 [M]. 北京：北京理工大学出版社，2001.

[7] 许洪国，何彪. 道路交通事故分析与再现 [M]. 修订版. 北京：警官教育出版社，2000.

[8] 杨学坤，等. 汽车保险与理赔 [M]. 北京：北京理工大学出版社，2007.

[9] 张晓明，等. 机动车辆保险定损员培训教程 [M]. 北京：首都经济贸易大学出版社，2007.

[10] 林洋. 实用汽车事故鉴定学 [M]. 北京：人民交通出版社，2001.

[11] 天天汽车工作室. 轿车车身维修技能实训 [M]. 北京：机械工业出版社，2003.

[12] 谷正气. 道路交通事故技术鉴定与理赔 [M]. 北京：人民交通出版社，2003.

[13] 许洪国. 汽车事故工程 [M]. 北京：人民交通出版社，2004.

[14] 宋年秀. 汽车车身修复技术 [M]. 北京：机械工业出版社，2002.